石油教材出版基金资助项目

石油高职院校特色规划教材

固井与完井作业

（第二版·富媒体）

主　编　樊宏伟　王艳丽
副主编　胡黎明　杨　帆　陈峰博

石油工业出版社

内容提要

本书依据固井与完井作业工作过程，将套管柱附件与管柱设计、油气井水泥浆的选择、固井施工、固井质量评价、完井作业5个学习情境分为17个项目进行编排，每个项目按任务描述、任务分析、学习材料、任务实施、任务考核5个部分编写，各项目之间的安排符合学生认知规律，体现工作过程关系。本书编排任务明确，条理清晰，层次有序，突显实用，在推进高职教学改革与教材建设方面有一定的创新。为方便学习，本书以二维码为纽带，加入了部分富媒体资源。

本书可作为高职高专钻井技术、石油工程、油气开采技术等专业的教材，也可作为油气田生产现场员工的培训教材和固井与完井作业人员的参考书。

图书在版编目（CIP）数据

固井与完井作业：富媒体/樊宏伟，王艳丽主编．—2版．—北京：石油工业出版社，2020.2（2022.8重印）
石油高职院校特色规划教材
ISBN 978-7-5183-3831-3

Ⅰ.①固…　Ⅱ.①樊…②王…　Ⅲ.①固井-高等职业教育-教材②完井-高等职业教育-教材　Ⅳ.①TE25

中国版本图书馆CIP数据核字（2020）第021256号

出版发行：石油工业出版社
（北京市朝阳区安华里2区1号楼　100011）
网　址：www.petropub.com
编辑部：（010）64523693
图书营销中心：（010）64523633　（010）64523731
经　销：全国新华书店
排　版：三河市燕郊三山科普发展有限公司
印　刷：北京中石油彩色印刷有限责任公司

2020年2月第2版　2022年8月第4次印刷
787毫米×1092毫米　开本：1/16　印张：15
字数：360千字

定价：38.00元

第二版前言

本书是按照申报“十三五”职业教育国家规划教材通知的精神，在2012年8月出版的《固井与完井作业》的基础上修订完成的。教材的修订是为进一步适应现代高职高专对培养高端技术技能型人才的需求，以职业岗位需要为依据，结合石油钻井行业的特点，同时兼顾石油工程技术、钻井技术、油气开采技术和油气资源勘探技术等专业学生的综合职业能力培养，重点培养学生在掌握一定理论知识前提下的实际应用能力。

在本书修订过程中，考虑职业技术教育的特点，我们保留了原教材的结构，但对教材内容按照岗位对所需能力和知识的要求进行了适当的修订和补充，删减了部分理论性较强的内容，增加了目前在油田生产现场应用的新方法，进一步突出教材理论与实践相结合的特点，内容选取更加适应高职高专学生对技术技能培养的需要，更加符合高职高专学生的学习要求，突出职业教育的特色。通过对固井与完井作业工艺技术原理的系统讲解及对施工作业中涉及典型工作任务的训练，使学生能熟练掌握固井与完井作业施工工序等专业知识和实际动手操作能力。

固井与完井作业是油气田开发工艺的重要组成部分，是钻井工程中的最后一道工序，固井的成功与否和质量好坏直接影响整个钻井工程的成败及油气井的生产寿命，固井与完井方案和现场施工又对油气层保护具有很大的影响，因此固井与完井工程是钻井工程中最关键的一道环节。近年来，国内外在固井工艺技术、固井工具、油井水泥及外加剂、水泥浆体系等方面做了大量研究，取得了长足进展。为了使石油高职院校学生更好地学习固井与完井作业工艺技术，掌握固井与完井作业操作技能，我们遵循石油钻井岗位职业能力培养的基本规律，以真实工作任务、工艺流程为依据，改革传统的教学方法与手段，将专业理论知识与实际生产过程实训相结合，突出学生的实际操作技能培养。

本书由克拉玛依职业技术学院樊宏伟、中国石油大学胜利学院王艳丽担任主编，克拉玛依职业技术学院胡黎明、大庆职业学院杨帆、承德石油高等专科学校陈峰博担任副主编。教材的编写分工为：绪论和学习情境四由樊宏伟编写，学习情境一中的项目一由杨帆编写，学习情境一中的项目二、项目三和学习情境三中的项目一、项目二、项目三由胡黎明编写，学习情境二由克拉玛依职业技术学院赵博编写，学习情境三中的项目四、项目五由盘锦职业学院赵志明编写，学习情境五由王艳丽和陈峰博编写。全书由樊宏伟和胡黎明统稿。

本书在修订过程中，得到了参编院校和相关油田企业的大力支持，中国石油渤海钻探工程有限公司第一固井分公司何建勇高级工程师提出审定修改意见，克拉玛依职业技术学院刘鹏绘制了相关图片，在此一并表示衷心感谢！

由于油田现场工艺技术发展快、工学结合的深度有限，同时编者的水平所限、实践不足，书中难免存在缺陷和不足之处，敬请使用本书的广大师生和工程技术专家提出宝贵意见。

编　者

2019年9月

第一版前言

固井与完井作业是油气田开发工艺的重要组成部分，是油气井投产前的一项基础性技术手段。为了使石油高职院校学生更好地学习固井与完井作业工艺技术，掌握固井与完井作业操作技能，我们根据“以就业为导向，面向就业岗位，实行项目化教学”的最新职业教育理念，成立了由行业专家和学院教师组成的课程建设团队，首先进行职业岗位分析，确定典型工作任务及行动领域，提炼出相应职业素质和岗位能力要求。再参照石油行业职业资格标准确定了学习领域，制定出课程标准。最后根据课程标准，结合行业发展需要和岗位知识、能力素质要求，以“工作岗位能力需求为主，理论知识够用为度”为原则，精心组织教学内容。

“固井与完井作业”是钻井技术专业的专业核心课程之一。本课程遵循石油钻井岗位职业能力培养的基本规律，以真实工作任务、工艺流程为依据，改革传统的教学方法与手段，将专业理论知识与实际生产过程实训相结合，突出学生的实际操作技能培养。本教材根据2009年3月在克拉玛依职业技术学院召开的全国石油高等职业教育“钻井技术专业课程改革与教材规划研讨会”确定的大纲编写而成。本教材是一本面向高职院校钻井技术专业的工学结合教材，也可作为油气田生产现场员工专业培训教材。

本教材依据固井与完井作业工作过程，将固井施工的准备、油井水泥及其外加剂的选择等共7个学习情境分为24个项目进行编排，每个项目分任务描述、任务分析、学习材料、任务实施、任务考核5个部分编写。

本教材的编写分工为：学习情境一由克拉玛依职业技术学院胡黎明编写，学习情境二由天津石油职业技术学院李建铭和徐建功编写，学习情境三由天津工程职业技术学院刘桂和编写，学习情境四由渤海石油职业学院于久远编写，学习情境五由克拉玛依职业技术学院樊宏伟编写，学习情境六由大庆职业学院王欣玉和辽河石油职业技术学院林洪义编写，学习情境七由克拉玛依职业技术学院胡黎明编写。本书图片由克拉玛依职业技术学院刘鹏绘制，本教材由樊宏伟、于久远任主编，胡黎明任副主编，全书由樊宏伟统稿。

本教材在编写过程中，得到了中国石油西部钻探工程有限公司有关领导和专家的大力支持，中国石油西部钻探工程有限公司钻井工艺研究院总工程师张兴国博士提出审定修改意见，在此一并表示衷心感谢！

由于油田现场工艺技术发展很快，工学结合的深度有限，编写者的水平有限，书中难免存在一些不足之处，敬请使用本教材的广大师生和工程技术专家提出宝贵意见。谢谢！

编　者

2012年5月

目　　录

富媒体资源目录

本教材的富媒体资源由樊宏伟提供。若教学需要，可向责任编辑索取，邮箱为 826630050@ qq. com。

绪　　论

一、固井的发展过程

（一）世界油气井固井技术的发展过程

世界石油工业的发展是从美国、英国等西方国家开始的，美国石油工业通常是以 1859 年德雷克井的钻进为起点，直到 1903 年才在加利福尼亚劳木波斯油田使用水泥浆封堵井内油层上部的水层。据说他们使用的方法是：法兰克福联合石油公司把 50 袋纯硅酸盐水泥与水混合好后，用捞砂筒送到井内，28d 以后把井眼内的水泥钻掉，再钻开下部的油层后完井，这样水层就被有效封堵（图 1）。于是这种方法成为一种有效、可行的方法，不久该方法在加利福尼亚州具有同样情况的井中得到推广应用，后来发展成为早期的套管注水泥固井。

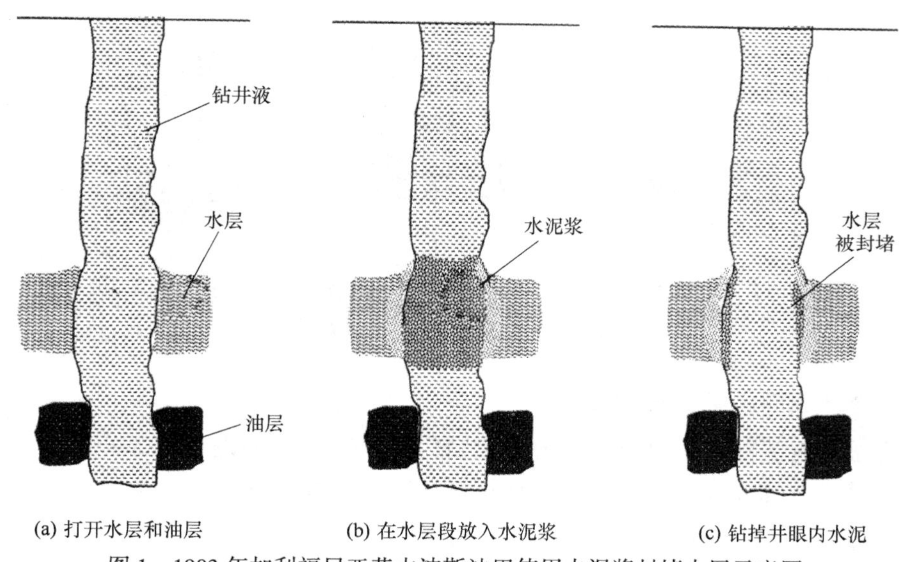

图 1　1903 年加利福尼亚劳木波斯油田使用水泥浆封堵水层示意图

1. 第一次提出了双塞固井法

经过早期的捞砂筒固井法及简单的套管固井法（图 2）的慢慢使用，人们不断总结经验、对固井方法不断完善，1910 年贝尔金斯在加利福尼亚油田提出了双塞固井法（图 3），并申报了专利，从此代替了早期的捞砂筒固井法及简单的套管固井法。近代固井技术也就由此产生。那时的隔离塞是用生铁做的，其上装有皮板，用以刮掉套管内壁上的钻井液，固井泵是蒸汽泵，当蒸汽泵把套管内的钻井液替净时，塞子被承托环阻挡，导致注入压力上升，从而使蒸汽泵停止工作。贝尔金斯专利的特点是：使用两个塞子，一个前隔离塞，一个后隔离塞（碰压塞）。

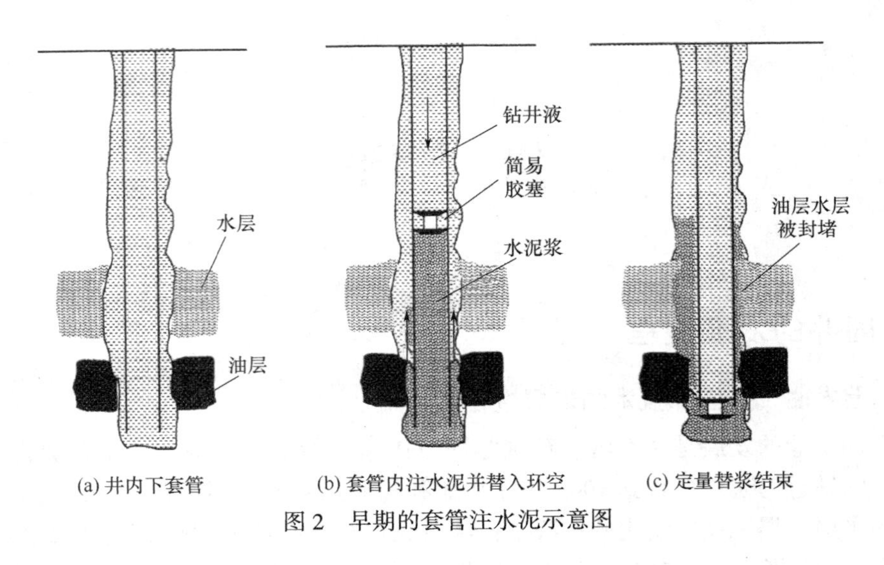

(a) 井内下套管　(b) 套管内注水泥并替入环空　(c) 定量替浆结束

图 2　早期的套管注水泥示意图

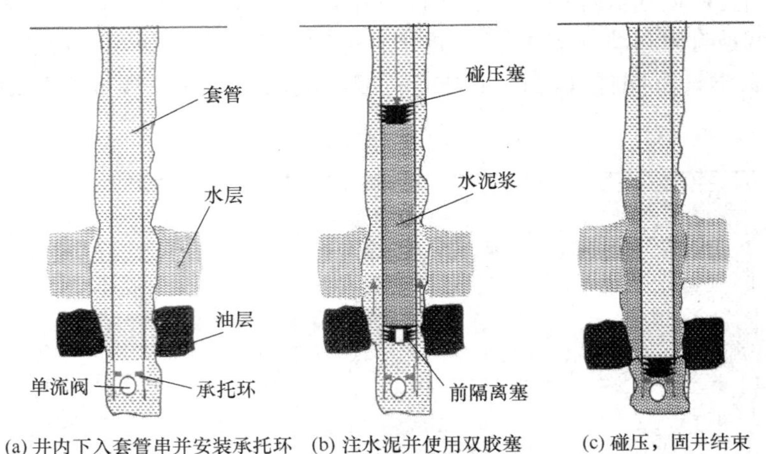

(a) 井内下入套管串并安装承托环　(b) 注水泥并使用双胶塞　(c) 碰压，固井结束

图 3　贝尔金斯双塞固井法示意图

2. 第一个专业化固井公司的成立

早期的固井施工都是由钻井队自己施工的（图 4），固井设备也是以钻井设备为主，1919 年哈里伯顿（Halliburton）在俄克拉何马州成立了新方法油井固井公司，这标志着固井走出了专业化公司的第一步。

3. 固井技术的进一步发展

早期的固井水泥及水泥外加剂的种类很少，直到 1930 年，只有一种水泥用于固井，没有任何外加剂；到 1940 年，已发展 2 种水泥和 3 种外加剂；到 1965 年已有 8 个级别的 API 水泥和 38 种外加剂用于固井；到 1975 年，虽然常用的 API 水泥已减少到 4 个级别，但外加剂却增加到 44 种。

早期的固井都是以袋装水泥经过现场人工破袋进行固井施工的，破袋速度慢、劳动强度大、水泥供应速度不均匀，很不适合高质量固井和大水泥量固井，更不能完成水泥外加剂与水泥干混，后来发展了散装水泥系统，从散装水泥的拉运、储存、混拌和现场下灰，形成了全密闭过程。

图 4　早期的固井施工现场

我国是 20 世纪 70 年代开始研制生产散装水泥系统的，先是研究生产了散装水泥的拉运和储存及下灰设备，主要是气动运灰车、气动下灰罐车和气动储灰罐；80 年代后期最早在胜利油田又研制开发了散装水泥混拌设备。目前，我国散装水泥系统在固井中的应用已达到国际先进水平。

早期的固井泵是以蒸汽双缸泵（1921—1947 年）为主，后来逐渐发展为动力驱动双缸泵（1939—1955 年）、立式双缸双作用泵（1939—1954 年）和三缸柱塞泵（1947 年至今）。早期的混浆设备是漏斗混合器，后来发展为龙卷风混合器、多喷嘴混合器和高能混合器。总之，固井设备不断向轻便、高功率、高泵压、高造浆能力、高安全性、数据自动采集和自动化控制方向发展。

早期的固井也几乎没有固井附件，自美国贝尔金斯发明隔离塞以来，才开始有了固井附件，人们为了实现多种固井工艺方法、提高固井质量和保证施工安全，不断研究开发多种固井附件，目前已有碰压塞、隔离塞、扶正器、滤饼刷、套管外封隔器、分级箍、水泥头、浮箍、浮鞋、套管预应力地锚、旋流器、旋流短节、尾管悬挂器、漂浮接箍等 20 多个种类 100 多种型号及尺寸的固井工具附件，并且每个种类均已系列化，为解决各种复杂井的固井施工提供了保证。

（二）我国油气井固井的发展过程

我国油气井固井的发展是从 20 世纪 50 年代开始的，最早发展于玉门油田、克拉玛依油田、大庆油田和胜利油田。早期没有专门的固井公司，50 年代末才相继成立了固井专业队伍（固井大队）。以胜利油田为例，1961 年 8 月，为了加快华北地区石油勘探步伐，华北石油勘探处和华东石油勘探局合并，固井队从当时华北石油勘探处固井试油联队中独立出来，在接收玉门调来的一批技术骨干后形成 30 多人规模，这即为胜利固井队伍的前身。建队初期，固井设备十分简陋，队内仅拥有 6 部水泥车，包括华北石油勘探处 2 部、华东石油勘探局 2 部，以及从银川石油勘探局调来的 2 部。当时配备的机修工具仅为 2 台老虎钳。1964 年在钻井工程处成立了固井队，1965 年 12 月从大庆调入 10 台水泥车后成立钻井指挥部固井大队。当时，我国石油工业处于发展初期，走向苏联“老大哥”学习的路线，而当时苏联的钻井和固井技术也较为落后。我国的固井技术级别在参考苏联技术模式摸索着发展。

当时使用的套管全部从苏联进口，采用苏联标准圆锥螺纹连接方式，共 6 个级别 15 个不同规格的套管，并形成包括曲率、尺寸误差、加工精度、螺纹误差等技术检验要求。由于当时套管质量较差，形成了串联试压、水浸聚焦探伤、外观检查等检验方法和手段，建立了具有规模检测能力的套管场，这个做法在当时取得了良好的效果。

在油井水泥方面，由于胜利油田临近淄博的山东铝厂三分厂，在建材部管庄水泥研究所的技术支持下，在该厂生产普通水泥的基础上每年给油田批量生产 75℃油井水泥。当时除75℃油井水泥外，深井用的油井水泥还有两种，一种是四川嘉华水泥厂生产的 95℃油井水泥，另一种是苏州立新水泥厂生产的 120℃油井水泥。

当时的水泥化验设备也很简陋，采用苏联固井水泥浆试验标准，使用国产静态化验测试仪器，通过设定水灰比、现场取水样和钻井液，在设定水泥浆密度后，采用手工搅拌方式搅拌后，上水浴锅进行养护，养护期间要不断地检测初凝和终凝，并相应完成养护 48h 抗折强度的检验。对难度大的固井施工，需要将从现场取回的钻井液样品，分别按不同比例和水泥浆混合搅拌，测试受钻井液污染后的水泥浆试验数据。调整水泥浆性能的外加剂品种也较少，结合当时现场使用钙基钻井液的条件，在表层固井中使用无水 $CaCl_2$ 作促凝早强剂，一般使用剂量在 2%左右。缓凝剂有单宁酸、栲胶、褐煤等。以后随着 KCl 和聚丙烯酰胺钻井液的使用，又相应开发了铁铬盐、磺化丹宁和 CMC 等外加剂。

套管设计采用等强度设计方法，即按照选用套管抗挤毁强度，计算出满足抗挤安全系数≥1. 25 后，自下而上进行设计，再根据满足抗螺纹滑脱的负荷，依照抗拉安全系数≥1. 8 进行自上而下的校核。由于上部套管的抗拉负荷最大，安全系数通常难以达到要求，选择同尺寸提高一个钢级或壁厚来满足，形成一个中间壁薄、两端壁厚的套管排列次序。水泥浆量根据测井提供的平均井径，按不同地区、不同井眼尺寸、不同泥塞高度、不同封固段高度进行计算，并按照总量的 10%~20%计算附加量。现场施工采用人工配浆的落后方法，注水泥是“人海战术”固井。固井理论的资料、书籍也非常匮乏，当时仅有郝俊芳教授翻译的苏联的《固井工程》、北京石油学院苏联专家盖维年编写的《钻井工程》讲义、建材工业出版社出版的《胶凝物质工艺学》及周万江翻译的《美国油井水泥》。文献资料很少，根本不能满足生产需要。当时的固井工程技术人员面对实际困难，不断探索、不断研究，克服了种种困难，在固井装备与固井技术方面做了大量工作，使固井装备和固井技术有了长足发展。在固井装备方面，研制了气动灰车、固井管汇车、供水车、中功率和大功率水泥车及各种固井新工具附件；在固井技术方面，研究了提高水泥浆顶替效率方法、新固井工艺技术、水泥浆体系、固井外加剂开发等；通过科技攻关及产业化应用，解决了油田多项固井难题，各项成果都广泛应用于固井生产，取得了良好的经济效益和社会效益。

二、固井的概念、意义及发展现状

（一）固井的概念

视频 1　钻井过程演示动画

固井是每开次钻井工程的最后一次作业，是衔接钻井和采油的关键工程（钻井过程动画见视频 1）。固井就是用合适的设备、工艺及固井工作液将井内下入的套管串与地层或外层套管之间的环形空间进行有效封固。常用的固井方法有注水泥固井及 MTC 固井。注水泥固井就是利用注水泥设备采用某种工艺在下入套管的井眼中对套管外某段环形空间（或整个环形空间）注水泥，使套管和地层或外层套管之间的环形空间得到有效封固（图 5 及视频

2)；MTC 固井就是利用碱激活方法将钻井液转变成像水泥浆一样可固化的凝胶，使套管和地层或外层套管之间的环形空间得到有效封固。

视频 2　固井标准化施工演示动画

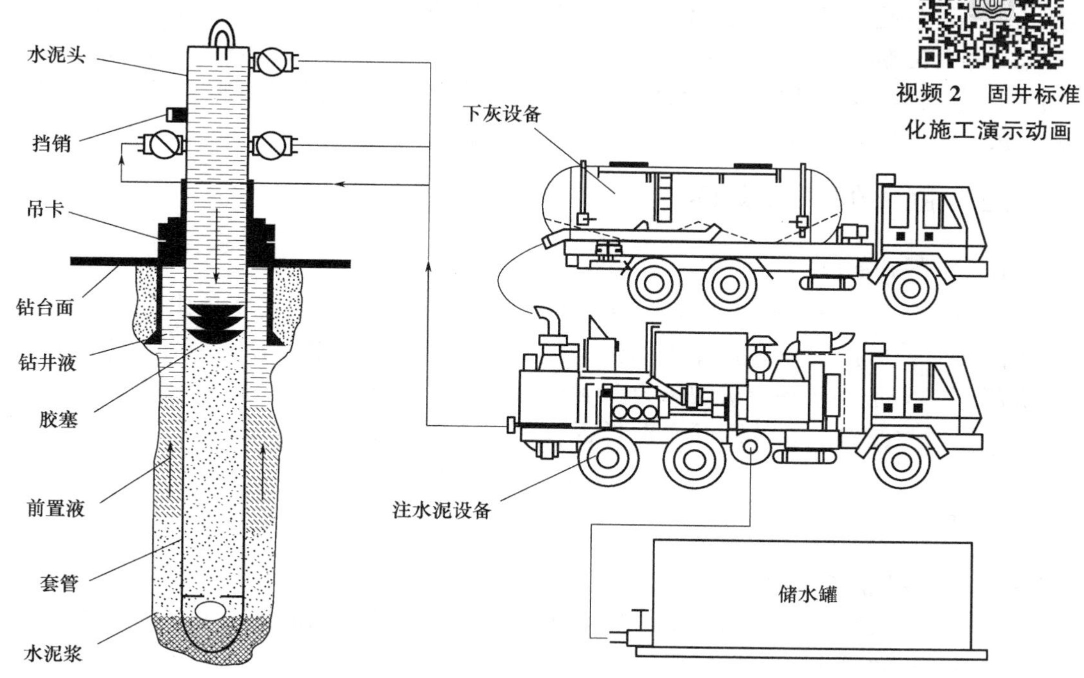

图 5　常规注水泥固井工艺流程示意图

（二）固井的意义

油气井固井的目的是：封隔疏松、易塌、易漏、高压等地层；封隔油、气、水层，防止互窜；安装井口、控制油气流，以利于钻进和生产；除此之外，固井还有助于防止套管腐蚀、通过水泥浆的快速凝固阻止井喷、减少钻下部井段时套管所受的冲击载荷、悬挂套管、在长期生产过程中保护套管等。对固井质量的基本要求是：固井施工后，要在套管与井壁或外层套管之间形成一个完整的水泥环，使套管与水泥、水泥与井壁或外层套管形成良好的胶结，保证油气水层互不窜通，达到有效封隔的目的。固井是钻井过程的最后一个环节，是一口井的关键性工程。固井的成败，不仅关系到一口井的前期钻井工程的成败，而且固井质量的好坏也会对油井的后期生产产生较大影响。一口油气井设计生产周期通常为十几年，甚至几十年，若固井质量不好，不仅对后续的钻进（对技术套管而言）、试油带来困难，而且对油井的生产寿命影响极大。因此，必须贯彻“油井百年大计，固井质量第一”的方针，搞好固井工作。

（三）固井技术的发展现状

随着石油工业的不断发展，以及钻井、勘探、开发的水平不断提高，固井技术的发展基本上与钻井技术保持同步，从最初的单级固井到现在的多级固井，从最初几百米深的浅井固井到现在数千米甚至上万米深的超深井固井，从最初固井的简单计算到固井软件的开发，从最初的固井仅为封固地层满足生产需求发展到今天的固井保护油气层，从最初的纯水泥浆固井到现在的 MTC 固井、替代水泥胶凝材料固井，固井的概念和方法已被大大拓展。固井技术的发展主要包括固井工艺、固井设备、固井水泥浆体系、固井外加剂、固井工具附件、固井软件等的发展，并针对复杂井形成了配套技术。现在的固井技术不但能解决漏失井、高压井、长封固段井、大位移井、水平井、小间隙、盐膏层井等复杂井的固井，同时把固井的作用扩大到不仅是为了能够达到生产要求，还要实现油气层保护和增产增效。随着勘探开发区块地质条件复杂程度增加，钻井及开发新技术的不断发展，对固井技术的要求也越来越高。固井既是一门涉及多学科的综合性学科，又是一门专业性很强的高风险技术，因此固井技术的发展与进步，需要相关科研技术人员不断地创新。

三、固井的基本条件

（一）固井的压力条件

如图6所示，通过套管注水泥固井时，液柱压力必须满足两个要求：（1）应大于地层孔隙压力，以控制地层孔隙中的油、气、水不会进入环空，影响固井质量或固井时发生溢流；（2）应小于地层破裂压力（对于高渗地层或破碎地层，应小于漏失压力），防止压破地层发生漏失、导致固井水泥低返。因此，套管注水泥固井井下压力必须满足以下条件：

$$p_P > p_Y > p_K$$

式中 p_P——地层破裂压力，MPa；

p_Y——液柱压力，指动态液柱对地层的压力（静态时为静液柱压力），MPa；

p_K——地层孔隙压力，MPa。

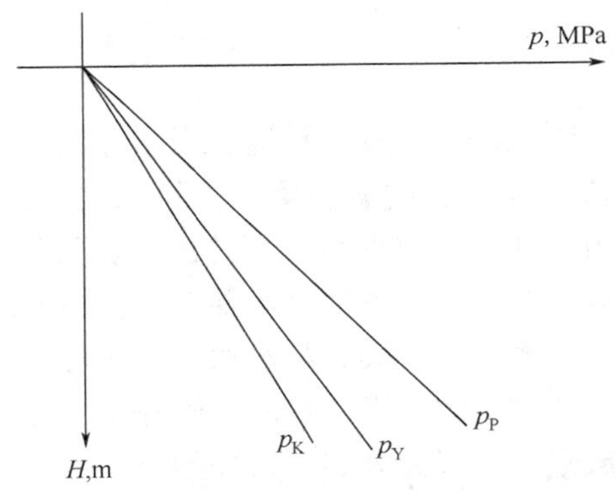

图6　固井施工中液柱压力、地层破裂压力、地层孔隙压力之间的关系图

（二）固井的井眼条件

由于从套管内通过井底向套管外环空注水泥浆，水泥浆在流动过程中，会受到钻井液、地层水、地层油气、井壁稳定、地层渗透性、井底沉砂、井眼形状等因素的影响，因此要想将套管顺利下入井内，将水泥浆顺利泵送到预定位置，并且保证固井质量，井眼必须满足如下条件：

（1）满足下套管和固井施工的基本条件。

① 油气水不溢流；

② 井下不漏失；

③ 井壁不垮塌掉块；

④ 井斜变化曲率小于套管允许曲率；

⑤ 井底清洁（无岩屑、砂子）。

（2）保证固井质量的基本条件。

① 套管居中，居中度大于67%；

② 环空间隙大于19mm，并且小于50mm；

③ 水泥浆密度大于钻井液密度，密度差大于0.12g/cm^3；

④ 油水上窜速度小于10m/h，气体上窜速度小于15m/h；

⑤ 井径扩大率小于10%，且井眼相对规则，井径变化率小，无明显糖葫芦井眼或大肚子井眼现象。

学习情境一　套管柱附件与管柱设计

固井施工准备中认知套管柱附件与掌握管柱设计是场施工人员必须掌握的技能。本情境由对套管柱的认知、套管柱附件的使用维护和套管柱设计组成，主要介绍套管柱结构和作用、套管柱附件的使用与维护、固井水泥的使用与维护、套管地锚的检查使用、套管柱的设计等专业技能知识，要求在理解知识的基础上，熟练操作与维护常规固井工具、套管附件，了解管柱的设计，确保在固井施工前熟练完成各项准备工作。

知识目标

（1）掌握套管柱结构及作用；
（2）掌握常规水泥头的结构；
（3）掌握联顶节的结构及计算联顶节长度的方法；
（4）会分析套管柱结构示意图；
（5）会检查使用套管地锚；
（6）理解有关套管柱设计的基本概念；
（7）了解井身结构设计和套管柱设计的基本原则；
（8）掌握井身结构设计和套管柱设计的方法步骤。

能力目标

（1）能正确检查保养常规水泥头；
（2）能正确检查保养联顶节并计算联顶节的长度；
（3）能看懂常规套管附件的结构示意图；
（4）能使用常规套管附件；
（5）能根据地层资料进行井身结构设计；
（6）能根据所提供资料进行套管柱设计。

项目一　套管柱认知及套管柱附件的使用和维护

任务描述

在固井施工中对套管柱认知及套管柱附件的使用和维护是现场施工人员必须掌握的技能。套管附件是为保证固井施工顺利进行的一系列工具，正确检查与使用各种套管附件是确保固井施工顺利进行的前提条件。通过本项目的学习，要求在掌握套管柱的结构与作用的基础上能正确地使用和保养水泥头及套管柱附件。

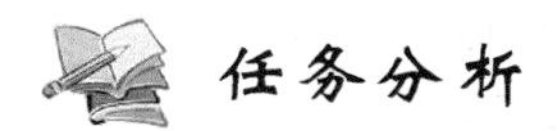

任务分析

检查使用水泥头及套管附件的关键是要熟练掌握检查使用套管附件的方法和步骤，熟悉其结构原理，并能正确使用检查仪器工具。在此基础上，按照任务实施要求，对套管各附件进行检查与使用。

学习材料

一、套管和套管柱

（一）套管

油井套管是优质钢材制成的无缝管或焊接管，两端均加工有锥形螺纹，如图 1-1 所示。油井套管有其特殊的标准，每种套管都应符合标准。我国现用套管标准与美国 API（美国石油学会）标准类似。

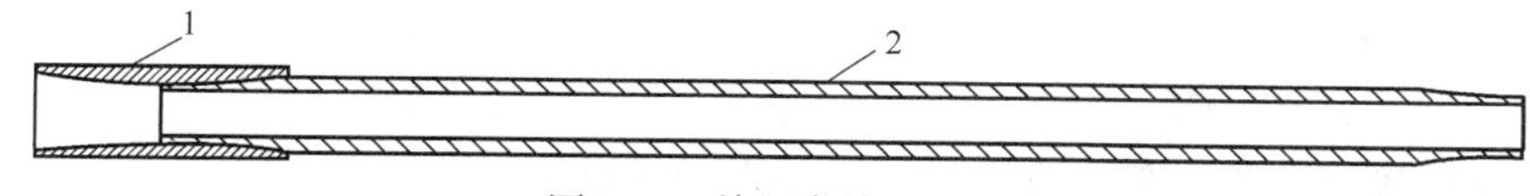

图 1-1　单根套管示意图

1—接箍；2—套管本体

1. 套管的钢级

根据在不同受力情况下的强度要求，套管由不同钢级的钢材轧制而成。国产套管由 D40、D55、D75 等三种不同钢级的钢材轧制而成。API 套管有 H-40、J-55、K-55、C-75、N-80、P-110、L-80、C-90、C-95、Q-125 等 10 种钢级。其中 6 种适用于含硫化物地区，即 H-40、J-55、K-55、C-75、L-80 和 C-90，4 种不抗硫化物的是 N-80、P-110、C-95 和 Q-125。

API 标准规定，钢级代号后面的数值乘以 1000lbf/in^2（6894. 75kPa）代表套管以 lbf/in^2 为单位的最小屈服强度。国产套管钢级代号表示以 kgf/mm^2 为单位的套管的最小屈服强度。

2. 套管的尺寸

套管的尺寸是指套管管体的外径和壁厚。为了满足各种井深结构和不同受力情况下的强度要求，套管制成了各种外径和不同的壁厚。

国产套管尺寸系列：外径为 114mm、127mm、146mm、168mm、178mm、194mm、219mm、245mm、273mm、299mm 和 340mm 等 11 种，而每一种套管又分别制成 6~12mm 的各种壁厚。

API 套管尺寸系列为：114. 3mm、127mm、139. 7mm、168. 3mm、177. 8mm、193. 7mm、219. 1mm、244. 5mm、273. 0mm、298. 4mm、339. 7mm、406. 4mm、473. 1mm 和 508. 0mm 等 14 种，每种套管均有不同壁厚。

3. 套管的连接螺纹

API 螺纹分为圆螺纹、偏梯形螺纹和直连形螺纹。其中圆螺纹又分长圆螺纹和短圆螺纹，螺纹尖角为60°，锥度为1：16，每25.4mm长度内有8扣（8扣/in）。从连接强度来看，长圆螺纹比短圆螺纹的连接强度大，偏梯形螺纹比圆螺纹连接强度大。

4. 套管的识别标志

（1）接箍标志。API 5A、API 5AX标准为打印或热滚、热压。API 5AC标准只用模板漆印、热滚或热打印，禁止冷模打印。

N-80的淬火与回火应漆印上“0”字，钢级应用模子打印，其符号分别为H、J、K、N、P、C75、C95及L80等。

（2）无缝标志为S，电焊套管的标志为E。

（3）API标准规定，标志用API或会标，当管体按API标准加工，螺纹为非API标准的，则应在API会标后加入符号“CF”。

国外厂家生产的API套管，螺纹类型符号如下所示：

ROUND，THREAD	圆螺纹
CSG	短圆螺纹
LCSG	长圆螺纹
BUTTRESS THREAD	偏梯形螺纹
EXTREME-LINE	直连形螺纹

（4）从靠近接箍的管体表面查漆印、钢印来识别钢级。

（5）从管体表面查漆印的外径和壁厚。

（6）API套管钢级与颜色标志，见表1-1。

表1-1 API套管钢级和颜色标志

钢级	代号	颜色标志	
		接箍	管体
H-40	H	无色或黑色	一条黑色环带
J-55	J	绿色	一条深绿色环带
K-55	K	绿色	两条深绿色环带
N-80	N	红色	一条红色环带
C-75	C-75	蓝色	一条蓝色环带
L-80	L	红带棕色	一条红色环带，一条棕色环带
C-90	C-90	紫色	一条紫色环带
C-95	C-95	棕色	一条棕色环带
P-110	P	白色	一条白色环带
Q-125	Q	白色	一条绿色环带

（二）套管柱

套管柱是由同一外径、不同钢级、不同壁厚的套管用接箍连接成的管柱，特殊情况下也使用无接箍套管柱。油气井的井身结构中所采用的套管均系无缝钢管。根据套管的结构及作用不同，套管可分为导管、表层套管、技术套管及油层套管，如图1-2所示。

1. 导管

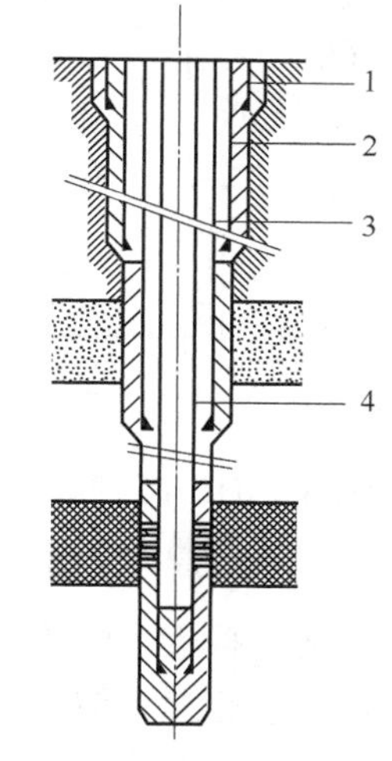

图 1-2 套管柱结构示意图
1—导管；2—表层套管；
3—技术套管；4—油层套管

井身结构中靠近裸眼井壁的第一层套管称为导管。导管的作用是防止井口地表松软的土层（或砾石层）坍塌，使钻井一开始就建立起钻井液循环，并作为循环钻井液的出口；引导钻头钻井、保证所钻凿井眼的垂直。导管常用壁厚 3~5mm 的螺旋管，按需要的长度对焊连接。导管的直径大小决定于开钻钻头的尺寸。导管的下入深度一般取决于地下第一层较坚硬岩层所在的位置，通常下入深度为 2~40m。导管与岩石井壁之间用石子与水泥砂浆浇灌封固，导管下部要用混凝土打底，以防导管下沉。

2. 表层套管

在完整的井身结构中靠近裸眼井壁的第二层套管称为表层套管。表层套管的作用是封隔地表部分易塌、易漏的松软地层和水层；安装第二次开钻的井口装置，以控制井喷，并支撑技术套管与油层套管的部分重量。其下入深度是根据地表部分易塌、易漏的松软地层和水层的深度而定，一般表层套管的下部深度为 30~100m，也有下到几百米深的。表层套管外用水泥浆封固，水泥浆通常都上返到地面。

3. 技术套管

在完整的井身结构中表层套管和油层套管之间的套管称为技术套管。技术套管的作用是封隔用钻井液难以控制的复杂地层，以保证钻井工作顺利进行。如钻遇无法堵塞的严重漏失层、非目的层的油气层、压力相差悬殊所要求的钻井液性能相互矛盾的油气水层等情况时应下技术套管。技术套管不是一定要下的，也不一定只下一层。技术套管的下入层次是由复杂地层的多少和复杂程度以及钻井队的技术水平决定的。一般要争取不下或少下技术套管。技术套管外也用水泥浆封固，其管外的水泥浆一般返至需要封隔的复杂地层顶部 100m 以上。对于高压气层，为了防止天然气窜漏，其管外的水泥浆要返至地面。

4. 油层套管

井身结构中最靠井眼中心的一层套管称为油层套管，也称为完井套管，简称套管。生产层的油气就是由井底沿这层套管及下入这层套管内的油管流至地面的。油层套管的作用是封隔油气生产层和其他地层，并把不同压力的油、气、水层封隔起来，以防止互窜；在井内建立一条油气流通道，保证油气井的长期生产，并能满足油气的合理开采和增产措施的要求。油层套管的下入深度是根据目的油气层的深度和不同完井方法来决定的，一般应超过油层底界面 30m 以上。油层套管外也用水泥浆封固，其管外的水泥浆一般要返至最上部的油气层顶部 100m 以上。对于高压气井或有易坍塌地层的井，其管外的水泥浆通常要返至地面，以利于加固套管，增强套管螺纹的密封性，使其能承受较高的关井压力。

二、常规固井水泥头的维护与使用

水泥头是连接联顶节和固井管汇之间的完成注水泥作业的井口装置。在固井作业中，水泥头通过螺纹和快装接头直接与套管柱连接，接在套管的最上端，并且跟固井管线相连接，通过它来完成循环、注隔离液、注水泥浆、释放胶塞、替浆等施工工序。水泥头能承受高压，适应各种工艺固井；固井时如果套管柱上的回压阀失灵，可实现憋压，控制水泥浆倒流，同时可以通过水泥头实现活动套管操作，提高固井质量。水泥头型号表示方法如下：

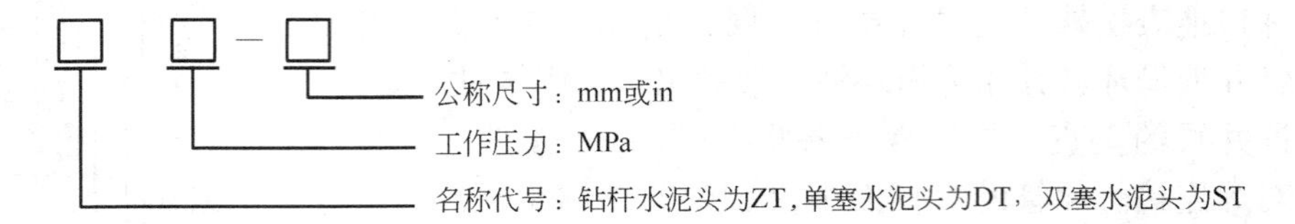

例如，DT 14-340 表示工作压力为 14MPa、公称尺寸为 340mm 的单塞水泥头。

（一）水泥头的类型

水泥头按连接螺纹分为钻杆水泥头、套管螺纹水泥头和快装水泥头；按形状结构分为简易水泥头、普通水泥头、带平衡管水泥头和带胶塞指示器水泥头；按胶塞的作用和个数分为单塞水泥头和双塞水泥头；按安装位置分为套管水泥头、尾管水泥头等。下面分别详细介绍最常见的单塞水泥头、双塞水泥头、尾管水泥头和快装水泥头。

1. 单塞水泥头

单塞水泥头是用于常规固井和非连续分级注水泥的一种专用井口工具。单塞水泥头的结构如图 1-3 所示。单塞水泥头由底部加工成螺纹或活接头形状的快装接头、中间筒体、螺旋挡销等机构组成。打开上部的顶盖可以将胶塞装入水泥头内；活接头接口与注水泥、钻井液和压胶塞等固井管线相连接；顶盖和筒体相接的螺纹以及快装接头螺纹是大螺距梯形螺纹，便于快速安装；平衡管用来平衡注水泥过程中胶塞上下端面的压力。

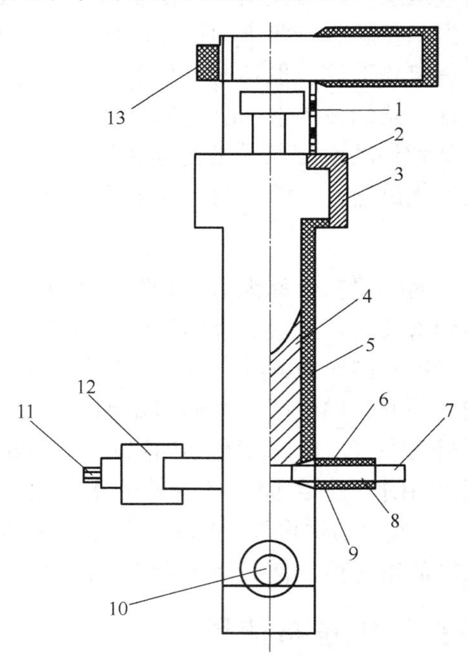

图 1-3 单塞水泥头结构图

1—提环；2—垫子；3—水泥头盖子；4—胶塞；5—水泥头体；6—密封圈压盖；7—销子；8—密封圈；9—密封盒；10—快装接头；11—销子密封圈压盖；12—销子密封盒；13—丝堵

2. 双塞水泥头

当注水泥作业需要分两次完成或注水泥作业方式采用双塞固井时，使用双塞水泥头。其作用是通过下胶塞分隔前置液与钻井液以及刮除套管内壁上的滤饼，上胶塞分隔钻井液与水泥浆以及刮除套管内壁水泥浆膜。双塞水泥头与单塞水泥头结构基本相同，只是加长了水泥头本体，同时还装入了上、下两个胶塞。在注水泥之前释放第一个胶塞（下胶塞），水泥浆注完后，再释放其内部的第二个胶塞（上胶塞）。这样，在一次施工中不需要中间打开水泥头。双塞水泥头的结构如图 1-4 所示。

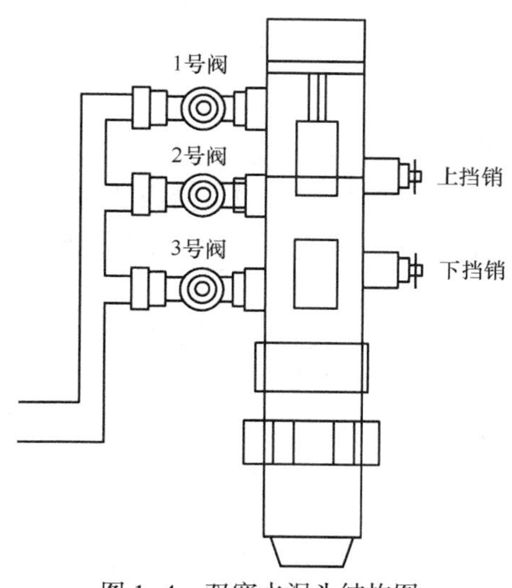

图 1-4　双塞水泥头结构图

3. 尾管水泥头

尾管水泥头与套管水泥头的结构基本相同，主要用于尾管作业期间存放和泵送胶塞，其本体下部为钻杆螺纹，内部装有钻杆胶塞，并且有挡销存放系统。图 1-5 为液压式悬挂器配套的尾管水泥头结构图。

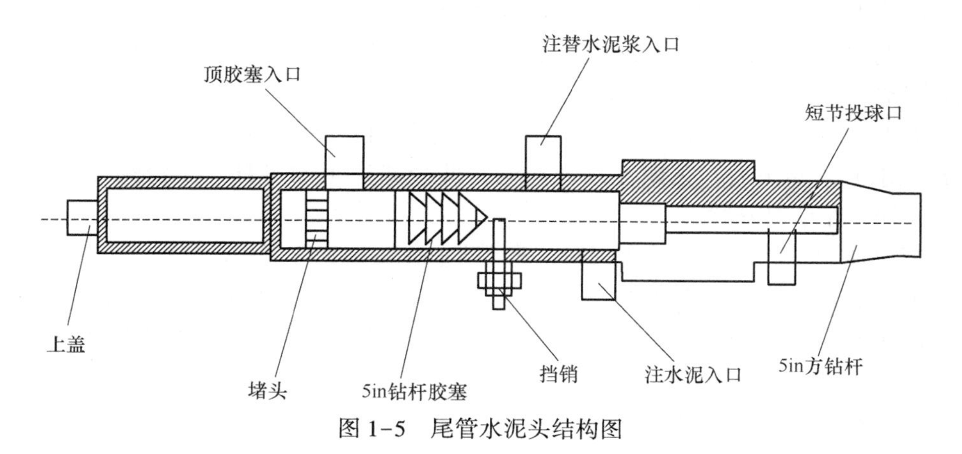

图 1-5　尾管水泥头结构图

4. 快装水泥头

快装水泥头的结构与其他类别的水泥头基本相同，只是在水泥头本体下端具有三个纵向槽的梯形螺纹，与快速连接接头配合，可实现快速装卸。

快装水泥头是用来连接联顶节与水泥头的一种接头。此接头的下端为套管外螺纹，上端是梯形螺纹，在梯形内螺纹中沿周向铣出三条等距离的纵向槽。该槽应与水泥头本体下端纵向槽对应，装水泥头时，本体下端螺纹垂直插进快速接头的上端螺纹，向右旋转60°，然后用快速连接接头上的锁紧装置锁紧，以防松动。

现在制造的水泥头，一般都带平衡管和胶塞显示装置。平衡管的作用是使胶塞上下连通，注水泥过程中，通过此管可以平衡胶塞上下压差，避免胶塞因压差作用而出现事故。胶塞显示装置是用来指示胶塞的去留，以提示施工人员做出正确的指挥命令，保证固井质量。

（二）水泥头的使用方法

1. 水泥头的安装

（1）检查水泥头阀门、挡销是否完好。投入胶塞前，应将螺旋挡销手柄右旋到位，以免胶塞装错位置；指示器手柄与筒体轴线平行时，筒内的楔形拨块缩回；指示器手柄处于水平位置时，里面的模型拨块伸出。当指示器手柄从水平位置转动到与筒体轴线方向平行时说明胶塞通过。装完胶塞后必须把压盖上紧。

（2）卸掉水泥头压盖，关闭挡销，装入固井胶塞。装胶塞前，应确认所用胶塞长度、直径是否与水泥头尺寸匹配。挡销必须灵活好用。螺旋挡销手柄右旋为进（即挡销伸入筒体内，销住胶塞）；手柄左旋为退（退出，允许胶塞通过）。开关挡销必须到位，以免卡住胶塞或损坏挡销。

（3）检查压盖密封胶垫并旋紧水泥头压盖。

（4）用小绞车吊起水泥头，使水泥头直对联顶节，手动引扣与联顶节相连，不准错扣。

（5）用B型大钳紧扣，余扣不超过一扣，上扣扭矩不得超过规定值。上扣时使注水泥阀门朝向钻台前门方向，以利于固井施工。

（6）连接好注水泥及压胶塞阀门、管线及计量装置。

（7）再次检查水泥头挡销及各阀门的完好性，为固井施工做好准备。

2. 水泥头的常规操作

现以单塞水泥头为例介绍水泥头的常规操作方法。

（1）准备好试压合格的水泥头并安装在井口上，检查阀门及挡销是否处于关闭状态。

（2）打开洗管线阀门，清洗注水泥管线。

（3）打开注水泥阀门，关闭洗管线阀门，开始注前置液、水泥浆。

（4）注水泥浆结束后，关闭注水泥阀门，两个井口工同时打开水泥头左右两个挡销，使两个挡销处于完全打开状态。

（5）打开压胶塞阀门，进行压胶塞替浆作业。

（6）确认胶塞已离开水泥头后，关闭挡销，替浆结束后，根据施工要求放回压，根据止回阀工作是否正常来确定敞压或憋压。关闭替浆阀门，候凝。待水泥浆初凝后卸掉水泥头。

3. 水泥头的常规维护保养

（1）清洗设备，冲洗水泥头各部位。

（2）检查水泥头本体的外观质量，观察是否有裂纹、碰伤、凹坑等缺陷。水泥头本体不能有裂纹，水泥头的任何缺陷深度不能大于规定壁厚的12.5%。测量水泥头尺寸时应测准水泥头装胶塞部位的长度，保证固井胶塞顺利装入。

（3）检查本体内部冲蚀程度，用内卡钳测量内径并与标准内径对比。

（4）检查螺纹质量。清洗、擦净螺纹，检查螺纹有无不完整性缺陷。水泥头上的连接螺纹应符合 GB/T 9253. 2—2017《石油天然气工业 套管、油管和管线螺纹的加工、测量和检验》的规定，水泥头与套管串连接的螺纹必须配有保护接头或快速转换接头。

（5）检查挡销总成。挡销在完全关闭位置，两挡销中空间距不能大于所挡胶塞金属芯直径的一半，挡销在完全开启位置必须有限位装置。

（6）检查保养水泥头压盖。水泥头压盖的梯形螺纹应符合 GB/T 5796《梯形螺纹》的规定。

（7）检查活接头螺纹及密封面有无伤痕，有伤者修复或更换后涂上润滑脂，戴上护丝。

（8）检查水泥头平衡管是否畅通，有无堵塞。

（9）检查焊缝质量有无裂纹。焊缝应符合 NB/T 47015—2011《压力容器焊接规程》的规定。

（10）清水试压，试压合格后，螺纹涂润滑脂，戴上护丝，立式放置。

4. 水泥头的试验方法和检验规则

固井水泥头必须用清水进行内压力强度试验，试验压力及要求应符合表 1-2 的规定。

表 1-2　水泥头试验压力及要求

工作压力，MPa	试验压力，MPa	要求
14	28	压力持续时间不少于 3min，在此时间内不得有任何渗漏现象
21	42	
35	70	

三、套管柱附件

（一）联顶节

连接套管串与固井水泥头的一根短套管称为联顶节，联顶节实际上就是一根具有严格长度的短套管。在下完套管后，联顶节安装在套管串顶部，选用适当长度的短套管，可以使套管柱下到预定的深度和得到标准的套管井口高度，从而满足安装防喷器和采油树对井口高度的要求。

1. 联顶节长度计算

由于井架底座的高度和套管层次的不同，联顶节的长度也不相等。为了能正确安装好井口装置，准确计算联顶节是必要的。如图 1-6 所示，假定放喷管线从四通处接出，并从下底座工字梁上面通过，要求管线中心距底座上平面 100mm，则联顶节长度为

$$L=L_1+L_2+L_3+h$$

$$h=H-a-100+\frac{1}{2}h_4+\delta+L_4+h_0$$

式中　L——联顶节有效长度，mm；

L_1——接箍长度，mm；

L_2——吊卡高度，mm；

L_3——垫块厚度，mm；

h——联入长度，mm；

h_4——四通高，mm；

L_4——底法兰厚度，mm；

h_0——底法兰短节长度，mm；

H——地补距（转盘面与基墩面之间的距离），mm；

a——下底座工字梁高度，mm；

δ——四通下法兰与底法兰之间的间隙，mm。

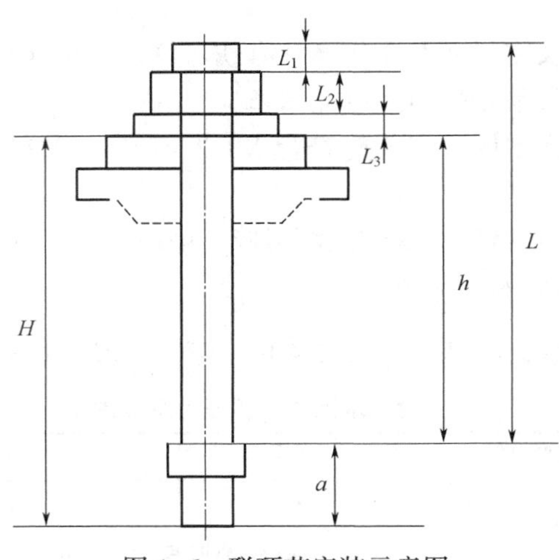

图 1-6　联顶节安装示意图

2. 联顶节的检查与使用

（1）测量套管联顶节接箍外径，允许偏差为±1%，但不超过±3.175mm；接箍表面不得有肉眼可见的裂纹和孔隙，接箍表面若有凹坑、圆底凿痕及类似缺陷等，均不能超过表 1-3 中的规定值。从原始表面或缺陷上部轮廓线测量，若带夹痕、尖底凿痕和类似缺陷，均不能超过表 1-4 中的规定；接箍端面的内外边缘应是圆角或倒角，但不能影响承载截面宽度 b，见图 1-7；承载截面宽度符合表 1-5 中的规定。同时，接箍的两端面应与轴线垂直；除此之外，接箍螺纹不能有连续性不完整缺陷。

表 1-3　接箍表面缺陷深度规定值

接箍所配套管，mm	允许缺陷深度，mm
≤139.7	0.89
168.3 177.8 193.7	1.14
≥219.1	1.52

表 1-4　规定值

接箍所配套管，mm	允许缺陷深度，mm
≤139.7	0.76
≥168.3	1.02

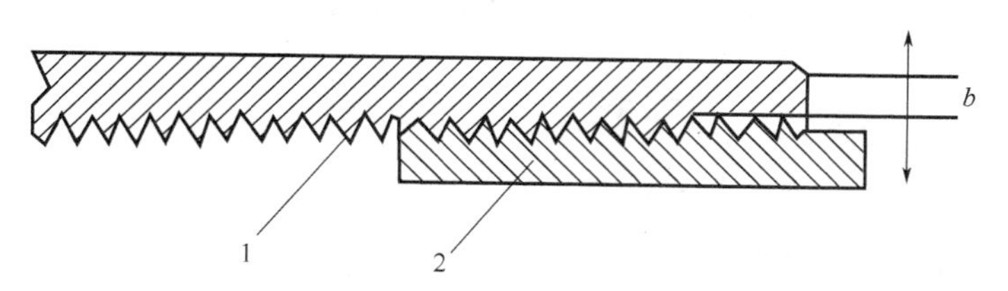

图 1-7　套管接箍承载截面宽度指示

1—接箍；2—套管

表 1-5　联顶节接箍承载面宽度规定

套管外径，mm	接箍外径，mm	承载面宽度，mm	
		圆螺纹	偏梯形螺纹
127.0	141.3	4.8	4.0
139.7	153.7	3.2	4.0
177.8	194.5	4.8	5.6
193.7	215.9	6.4	7.9
244.5	269.9	7.1	9.5
339.7	365.1	7.9	9.5
508.0	533.4	7.9	9.5

（2）管体外表面不应有任何缺陷。如果有裂纹、划痕、凹坑等缺损时，其深度不能大于规定壁厚的 12.5%。管体外径公差为-0.5%～+1%，但上限公差不能超过 3.175mm。管体壁厚不均度，要求管体最小壁厚不小于标准壁厚的 87.5%。管体椭圆度标准，其长短轴之差不得大于 0.8mm。联顶节管体必须使用通径规进行通径检验，并进行联顶节管体直线度检验，用直尺或拉紧的线绳进行直线度检验，管体对直线的偏离（弦高）要求是不应超过管体总长的 0.2%，在管体两端 1.5m 长度范围内不应超过 3mm；并对管体进行探伤检验。

（3）螺纹几何尺寸要用标准螺纹规测量，不完整螺纹的缺损，其深度不能延伸到螺纹牙底以下或延伸到超出规定壁厚的 12.5%；只允许损伤一个螺距，任何一个损伤的螺距，其深度不大于 0.5mm，长度不大于 5mm；若螺纹断牙，只允许一个断牙，其长度不大于 2mm，深度不超过 0.5mm，不允许有因管体裂纹延伸至螺纹造成的断牙；对于黑顶螺纹只允许有一牙黑顶螺纹，且黑顶螺纹是一个点或一条线；螺纹不能有歪扭、波纹或几何尺寸不合要求；螺纹侧面不能形成麻坑、麻点以影响螺纹粗糙度。

（4）静水压力试验，根据井别需要，在规定值范围内选择试压值，试压范围见表 1-6。

表 1-6　联顶节试压范围

联顶节尺寸，mm	试压范围，MPa
≤219	20～30
244.5～298.45	15～20
298.45～339.7	10～15
≥406.4	8～10

（5）扣好吊卡用游车起吊并对扣。

（6）用旋绳引扣，液气大钳紧扣，上扣扭矩不得大于井口套管的上扣扭矩。

（7）用液气大钳卸扣，卸扣时应防止将井口套管卸脱。

3. 维护方法

（1）清洗联顶节各部位。

（2）检查联顶节钢级、壁厚、长度是否符合要求。

（3）检查内、外螺纹有无缺陷。

（4）用标准通径规通内径。

（二）浮鞋与浮箍

1. 浮鞋

带回压装置、下套管时能产生浮力的套管引鞋称为浮鞋，其结构见图 1-8。浮鞋具有耐高温、密封性好、可钻性好、连接方便、成本低、制造简单等特点。浮鞋可用于表层套管、技术套管和浅油层套管固井。安装在套管上的浮鞋，对套管产生一定的浮力，下放时可减少由套管自重引起的井架负荷，使用浮鞋还可减少套管对地层的冲击压力。

使用浮鞋时应注意以下几点：

（1）浮鞋接在套管末端。

（2）浮鞋接到套管柱上之前，认真检查混凝土部分是否有裂纹，回压球是否活动，密封面是否光滑、有无杂物。

（3）套管掏空压力不得大于浮鞋试验压力的 70%。

（4）可以制成自动灌浆式浮鞋。

2. 浮箍

带回压阀、能产生浮力的套管接箍短节称为浮箍，其结构见图 1-9。浮箍主要用于技术套管或先期完成井，其作用与回压阀的作用相同。

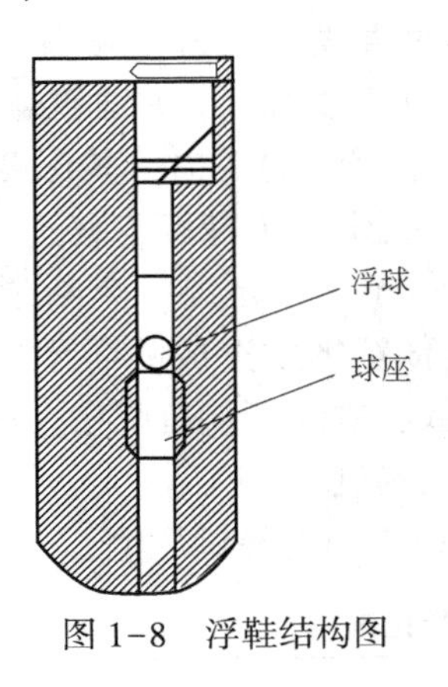

图 1-8　浮鞋结构图

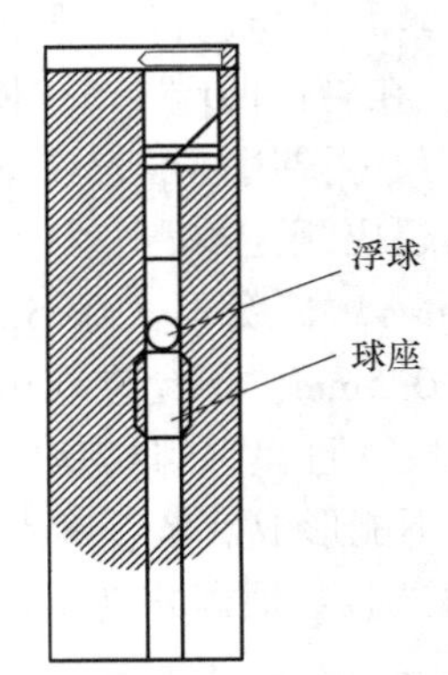

图 1-9　浮箍结构图

使用浮箍时应注意以下几点：

（1）浮箍接在距套管柱末端 20~30m 处，起承托环和回压阀的作用。

（2）下井前必须检查本体有无外伤、水泥胶结情况，两端螺纹是否完好。

（3）下井前要检查浮球是否齐全完好，在限制范围内能否上下自由活动，以保证固井完成后能够迅速回位。密封面要光滑、无杂物。

（4）装卸及在井口连接时，要注意保护螺纹。避免猛烈撞击，防止损坏。

（5）套管掏空压力不得大于浮箍试验压力的 70%。

3. 检查浮鞋（引鞋）、浮箍的技术要求

（1）钢级、壁厚、公称尺寸符合该井的设计要求。

（2）水泥与本体的胶结牢固，不能有裂缝。

（3）浮鞋本体及球面不能有裂缝伤痕。

（4）螺纹符合 API 螺纹规范，不能有损伤、断牙、畸形及影响粗糙度要求的锈蚀、麻坑、麻点等缺陷。用手上紧后余扣不大于 3.5 扣。

（5）浮鞋内孔直径符合要求。

（6）浮球在限制的范围内活动自如。

（7）密封面及球面上不得粘有水泥等杂物。

（8）检查中不能碰伤水泥部件的表面。

（三）套管扶正器

装在套管体外面，起扶正套管作用的装置称为套管扶正器，简称扶正器。扶正器用来扶正套管，保持套管在井眼中居中，为驱替洗井液提供均匀畅通的流道，保证套管柱与井壁环形空间的水泥浆分布均匀，提高水泥环质量。扶正器被用来防止套管在高渗透地层段黏卡，减少套管磨损，保证套管顺利下井，刮掉井壁上的疏松滤饼，提高水泥与地层的胶结质量，它被广泛用于各类固井中。套管扶正器的型号表示方法如下：

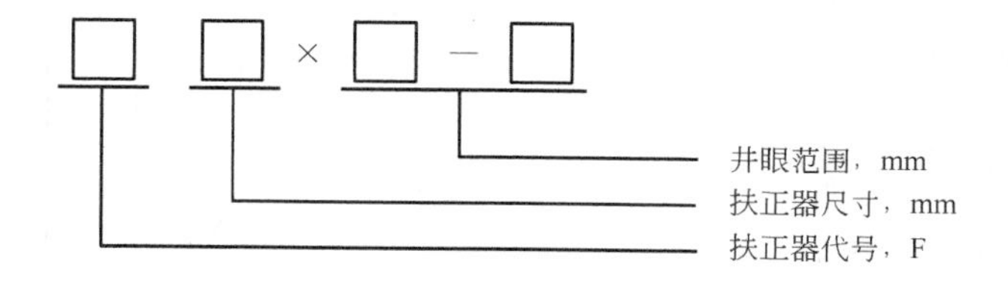

要使扶正器能起到扶正作用，必须合理设计扶正器的安放位置、数量及相邻两个扶正器之间的距离。扶正器一般安放在油气层部位、井径规则和井斜方位变化较大的井段。

套管扶正器有弹簧式和焊接筋条式两大类。目前，大多使用弹簧式扶正器，因此下面主要介绍弹簧（或称弹性）扶正器。

1. 单弓弹簧扶正器

单弓弹簧扶正器是常用套管扶正器，用高质量的弹簧板压制成弓形弹簧板，再经搭焊而成，它的结构见图 1-10。其特点是：

（1）弹簧板可提供足够大的扶正力，保证了扶正套管环空的均匀性。

（2）减小了套管转动时的阻力。

（3）不需要另外的夹紧和限位。弹簧板不与套管接触，弹簧板的弯曲力直接传到扶正器两端卡箍上。在正常井眼条件下，扶正力足够大，保证了套管的转动和往复运动。

（4）扶正力方位正确。

（5）弹簧板搭焊在扶正圈上，焊接处接触面大，受力时不易断裂。

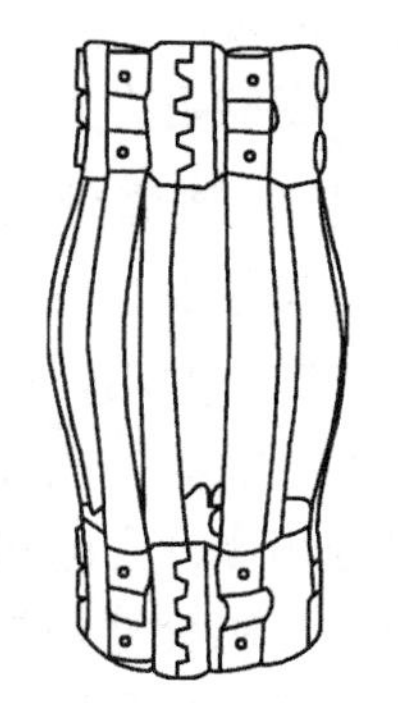

图 1-10　单弓弹簧扶正器结构图

（6）与井壁接触面大。当管柱转动或往复运动时，不易刮坏井壁。

2. 导流板式扶正器

导流板式扶正器利用外部的机械构件来有效地改善水泥浆的流动特性，见图 1–11。导流板式扶正器在弓形扶正器的弹簧板内固定一导流用的宽叶片钢板，使流体通过扶正器时形成螺旋流动。导流叶片相对井筒有一个流线型反角，可以破坏流体的层流运动，根据不同的井径情况，对流体的干扰程度为 25%~40%，依据流体在环空中的流速，机械地改变流体的流动方向，从而使流体成为螺旋或转动式流动，有助于水泥浆的径向分布。在环空固井中，这种流动的洗井液和冲洗液，更有助于从扶正器附近的裸眼井壁上冲走滤饼和沉淀物。

导流板式扶正器一般用在生产层段的上下部位和要求水泥浆固结质量较高的关键层段上，这样将有助于带走滤饼，获得满意的固井效果。由于导流叶片固定在弹簧板内，这就要求扶正器不能安装在环空间隙小的套管接箍上。

3. 刚性扶正器

刚性扶正器属于焊接筋条扶正器，分为螺旋式和直条式两种，如图 1–11、图 1–12 所示。它主要应用于水平井的水平段。

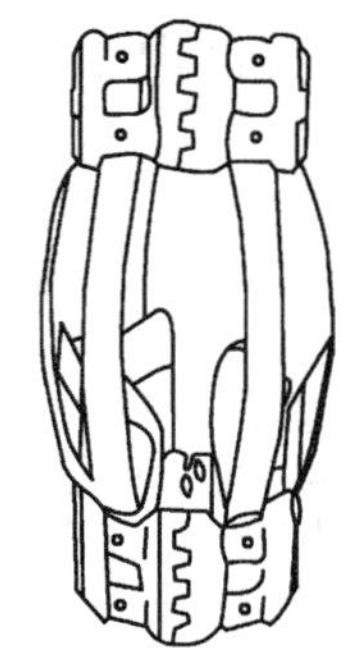

图 1–11　导流板式扶正器结构图

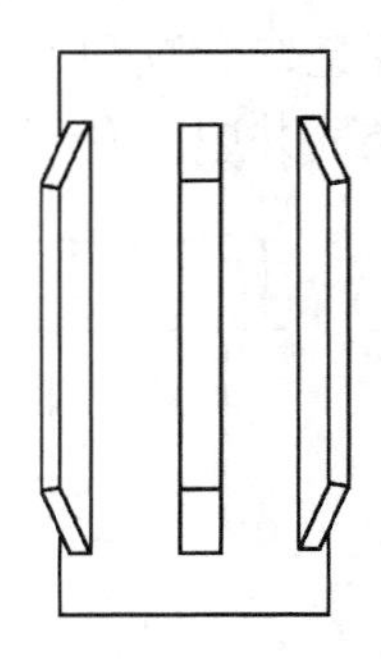

图 1–12　刚性直条扶正器结构图

随着钻井技术的发展，为提高固井质量、减少阻卡，又研制了刚性螺旋扶正器。

刚性螺旋扶正器的扶正条与轴线夹角为 30°，螺旋式比常规直条式更为优越。一是当井壁不规则时，下套管过程中，对螺旋扶正器产生一定的横向分力，使扶正器产生转动，从而减轻下套管的阻力；二是在管外环空中，当水泥浆穿过螺旋片时，产生旋流，从而提高水泥浆的顶替效率，这对提高固井质量十分有利。但是，刚性扶正器无弹性变形量，由于接触面积大，摩擦阻力大，套管柱在井内下放过程中易发生阻卡事故。

（四）套管外封隔器

为保证固井质量及提高水泥石的强度，在套管柱上通常会安装套管外封隔器。它是用来封隔套管与井眼环形空间的装置，其作用是使套管与井眼之间的环形空间形成永久性桥堵。套管外封隔器一般分为压缩式封隔器和膨胀式封隔器，现大多采用膨胀式封隔器，同压缩式封隔器相比，它的膨胀体积大，封隔段长，封隔不规则或椭圆形井眼能力强，并有多级封隔能力。常用套管外封隔器的结构见图 1–13。

套管外封隔器适用于以下情况：

（1）解决复杂井固井问题，例如解决高压油气窜、调整井的高压流动窜动。

（2）控制漏失层，防止水泥浆漏失。

（3）多层的薄油层井的固井。

（4）增强套管居中效果。

（5）满足封隔，进行有效注水泥。

（6）便于憋回压，有利于提高固井质量。

1. 套管外封隔器的结构及各部件的作用

套管外封隔器由中心管、密封环、胶筒及阀环组成。中心管为一短套管，内径与套管内径相同，可与套管直接连接。胶筒是一件能承受高压的可膨胀的密封元件，它由内胶筒及硫化在骨架上的外胶筒组成，外胶筒两端有可变形的金属支撑套，用于加强胶筒的承压能力。阀环由一只锁紧阀、一只单流阀和一只限压阀环组成。

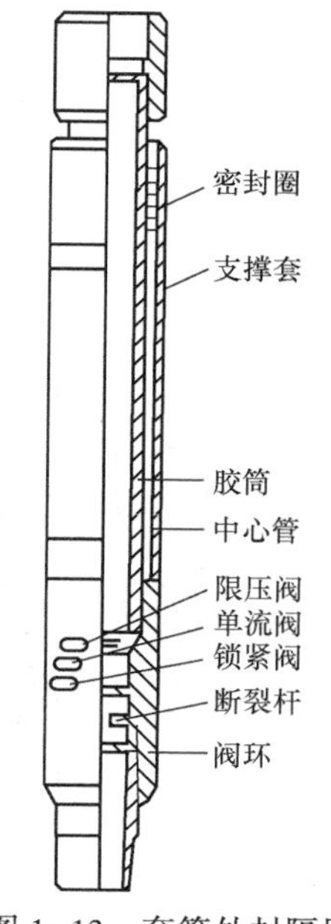

图 1-13　套管外封隔器结构图

（1）内外胶筒：是形成环形桥塞的主要部件，要求具有耐腐蚀、耐高温的特点，内胶筒的作用是承受膨胀压力和密封，外胶筒被硫化在钢片上，其作用是保护钢片，并与井壁接触而密封。

（2）钢片叠层：由 127 片柔性钢片组成，两端焊接在金属接头上，其作用是承受压力，并保护内胶筒。

（3）支撑套：是由塑性变形较好的低碳钢制成的，呈杯状，一端厚，另一端逐渐变薄，套在钢片叠层两端的外面，在胶筒膨胀过程中，它能分解应力，防止钢片与金属接头端部受剪力过大，因此，膨胀体的承压能力与支撑套有很大关系。

（4）金属接头：由合金钢制成，其作用是用焊接方法来固定钢片叠层和支撑套，它与中心管、阀环等连接。

（5）锁紧阀：该阀上装有一只剪切销钉，用以控制封隔器的膨胀压力和膨胀时间，当封隔器膨胀坐封，套管卸压后，此阀永久自锁，也可防止管内压力再次升高而破坏封隔器。

（6）单流阀：该阀起单向作用，防止膨胀后的封隔器泄压收缩。

（7）限压阀：用销钉限制封隔器的膨胀压力，当膨胀压力达到预定压力时，安全销被剪断，阀关闭，使封隔器受到保护。

（8）断裂杆：封隔器坐封前，防止高压循环产生的压力使封隔器坐封。

（9）中心管：用套管制成，其作用是与内胶筒形成膨胀腔，组成管串。其强度和内径应与套管一致。

2. 套管外封隔器的工作原理

封隔器一般在压力超过封隔器预调压力后才开始膨胀，膨胀坐封压力应该足够高，以防下套管和固井期间封隔器过早坐封。通常选用一个断裂杆来预防封隔器过早坐封，其方法是用一密封装置盖住膨胀孔眼，直到替浆时上胶塞打断断裂杆。套管内部的高压液体，在断裂杆被打断后，经过断裂杆外的通口依次经过锁紧阀、单流阀、限压阀、阀槽进入胶筒，使封隔器胶筒膨胀，同时通过沟槽作用使限压阀工作，切断通向胶筒的通道，不仅使胶筒内不能再进入液体，而且胶筒内的高压液体也不能泄压，一旦封隔器张开后，内部机械阀装置即保持膨胀位置，然后可以释放地面压力。其工作原理见图 1-14。胶筒能承受的环空压差见表 1-7。

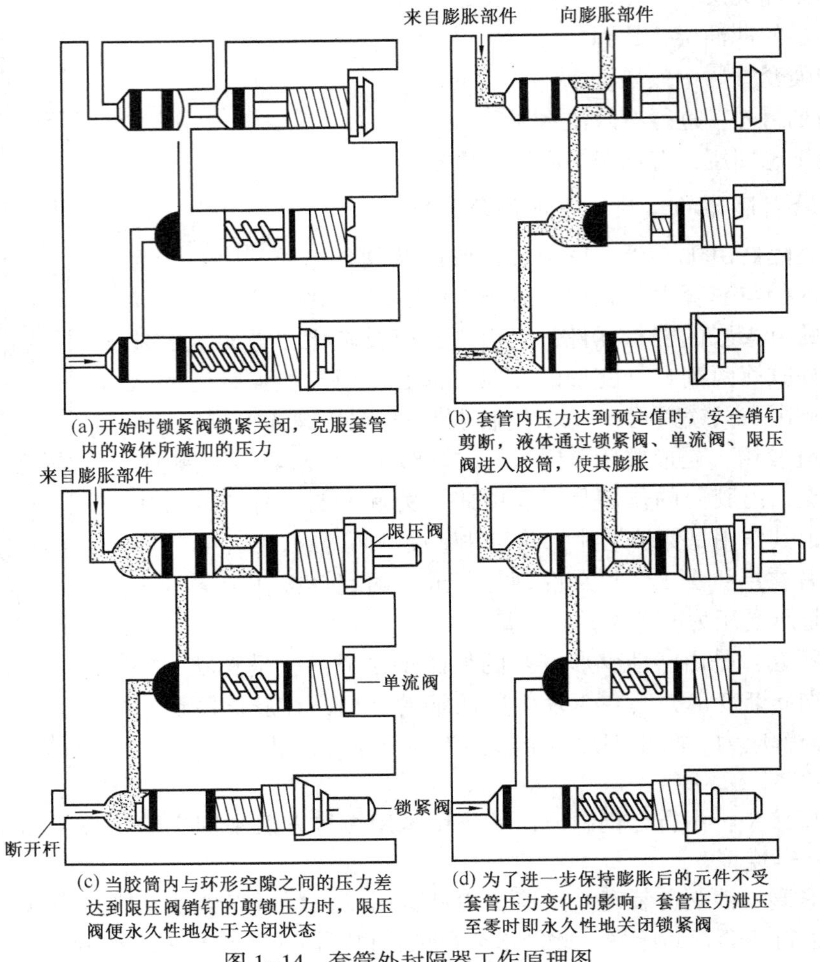

图 1-14　套管外封隔器工作原理图

表 1-7　胶筒能承受的环空压差

井径，mm	260	248	241	216	191
内压，MPa	9	9	9	9	9
环空压差，MPa	7	10.5	12.3	19.8	28

3. 下入封隔器时的注意事项

（1）封隔器上钻台动作要轻，不允许剧烈碰撞。

（2）按照套管串设计要求的位置下入封隔器，为防止井壁刮坏胶筒，应在封隔器相邻的套管上加套管扶正器。

（3）严格按照封隔器本体的标识打大钳、卡卡瓦。

（4）封隔器螺纹涂抹密封脂，上扣时用旋绳引扣，液压套管钳按标准扭矩紧扣。

4. 技术要求

（1）除两端的螺纹外，其余三处的套管长圆螺纹装配时应涂厌氧胶 350。

（2）各焊缝全部采用电弧焊，焊接时不得烧坏各橡胶件。

（3）采用专用工具，在防止胶筒开起的情况下，用HF-20号机械油做3MPa油压试验，30min内不得渗漏。

（4）钢体部分涂绿色醇磁漆，标上不许打大钳标志。

（5）在不同井径条件下，橡胶筒所能承受的上下环空压差见表1-7。

（6）阀环、本体、锁紧阀、限压阀、中心管清水试压压力为30MPa。

（7）锁紧阀不装销钉时启动压力为1.7MPa，自锁状态下试压压力为30MPa时不得顶开，阀芯在阀孔中运动自如，不阻卡。

（8）单流阀启动压力不大于0.7MPa。

（9）限压阀的阀芯运动自如，不阻不卡，无销钉时启动压力不大于1MPa，剪切压力为9MPa。

四、套管地锚

套管地锚是为解决热应力引起套管破坏而设计的一种特殊装置。在井眼内，将套管底端与地层锚定在一起的装置称为套管地锚。在固井作业之前或之后，给套管施加一定的拉伸预应力，该预应力在水泥浆凝固之后依然存在，从而可以避免或减少高温热采作业对套管的损坏。套管地锚的型号表示方法如下：

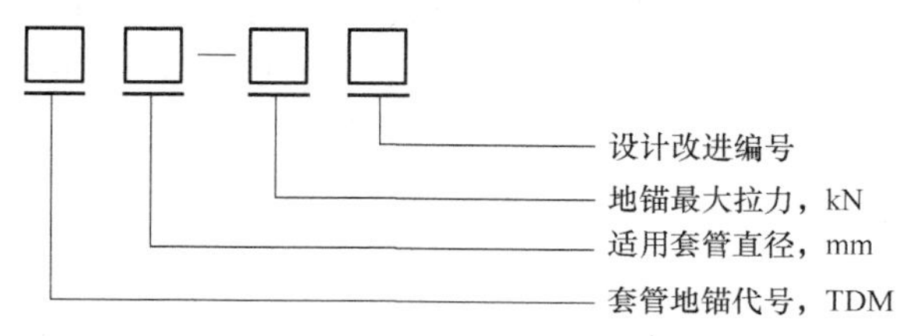

目前，国内外使用的地锚分两类，一类是打捞式地锚，另一类是卡壁式地锚。

（一）打捞式地锚

打捞式地锚又称尾管式地锚，即在井内预先下入一段同尺寸尾管，坐在井底，并用水泥封固，打成锚桩，然后下入套管串，套管串下部接一只套管捞矛，用以捞住锚桩。对套管串施加拉力而获得预应力。这种方法费时、费力且成本高，经济效益差。

（二）卡壁式地锚

卡壁式地锚是直接接在套管串下部，下入井底，在液压作用下卡壁器能直接牢固地卡着井壁，然后按设计对套管串施加拉力。这种方法施工简单，省时省力，有很好的经济效益。卡壁式地锚有机械式套管地锚和液压活塞式地锚两种。液压活塞式与机械式的相比有如下特点：

（1）机械式套管地锚是固井碰压后才提预应力，这就要求下完套管循环洗井一直到固井施工完之前，都必须不停地活动套管，以防黏卡。否则，预应力就不起作用。由于现场客观条件的限制，不停地活动套管柱往往是很难做到的。而液压活塞式地锚则不然，它是在下完套管后立即实施预应力拉伸，然后循环固井，它减轻了工人劳动强度，也降低了固井后打不开卡壁器的危险。

（2）在同样液压作用下，双活塞卡壁器要比机械式套管地锚所获得的卡爪推动力几乎大一倍。

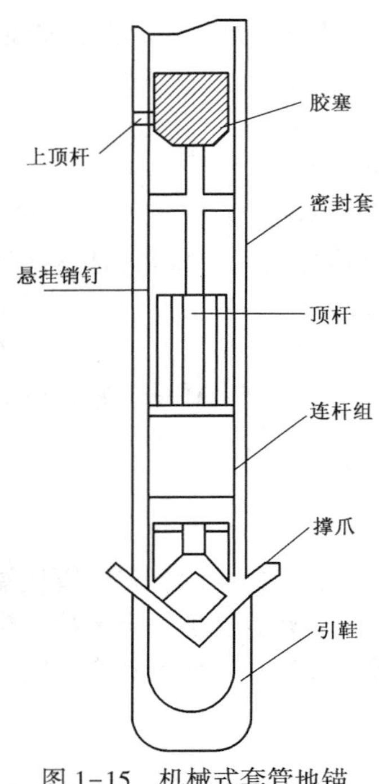

图 1-15　机械式套管地锚

（3）液压活塞式地锚比机械式套管地锚的锚芯短得多，只有 1.6m。运输安装要方便得多，而且能降低钻井成本。

随着科技的发展，现在有的油田已使用一种可复位式预应力固井地锚，这种地锚的特点是：为了达到设计预应力要求和合适地联入重复悬挂，同时，在下套管过程中遇到井下复杂情况时可上下活动、中途循环，或起出套管后通井再下。因此，锚爪既能打开，又能复位，在施加预应力再固井方面提高了预应力固井的安全性和可靠性。这种地锚的结构与其他地锚的区别之处就是在中心管（顶杆）上套装了复位弹簧。

（三）机械式套管地锚的结构与工作原理

机械式套管地锚主要由引鞋、撑爪、连杆组、顶杆、悬挂销钉、上顶杆、密封套、胶塞、本体等组成，其结构见图 1-15。其工作原理为：下套管时，地锚接在套管柱下端并下到井底，然后注水泥、替顶替液、碰压、憋压 15~20MPa，胶塞推动上顶杆，剪断悬挂销钉，推动顶杆和连杆组，将连杆组的安全销钉剪断，推动撑爪，使之与井壁卡死。然后用大钩上提预应力，并将套管坐在井口上。

任务实施

一、任务内容

（1）在规定时间内对套管外封隔器的外观、胶筒表面质量、螺纹进行检查，并将检查结果填入任务工单，检查套管外封隔器是否有打大钳、卡瓦的标注，核对封隔器铭牌标注压力是否与所需压力相符等，将其核对结果填入任务工单。测量套管外封隔器的公称尺寸，将测量结果填入任务工单。

（2）完成任务考核内容的相关理论知识。

二、任务要求

任务完成时间：40min。每超时 1min 扣 2 分，超过 5min 停止操作。

任务考核

一、理论考核

（1）导管的作用是（　　）。

（A）防止井口地表松软的土层坍塌　　（B）封隔住油、气、水层

（C）封隔地下水层　　（D）封隔油层上部难以控制的复杂地层

（2）套管外封隔器一般分为（　　）封隔器。

（A）机械式和液压式　　（B）卡壁式和液压式

（C）活塞式和机械式　　（D）压缩式和膨胀式

（3）套管外封隔器能使套管与井眼之间的环形空间形成永久性（　　）。

（A）失重　　（B）桥堵　　（C）胶凝　　（D）凝结

（4）固井施工应用的套管外封隔器，不能起（　　）的作用。

（A）控制水泥浆漏失　　（B）便于憋回压

（C）避免热应力破坏　　（D）防止高压油气窜

（5）套管外封隔器的作用是（　　）。

（A）防止水泥浆在套管内窜槽　　（B）减少顶替浆量

（C）减少水泥浪费　　（D）控制漏失层，解决复杂井固井问题

（6）套管外封隔器的阀环总成、本体、锁紧阀、限压阀、中心管要用清水试压（　　）。

（A）15MPa　　（B）20MPa　　（C）25MPa　　（D）30MPa

（7）（　　）在封隔器坐封前，可防止高压循环产生的压力使封隔器提前坐封。

（A）断裂杆　　（B）单流阀　　（C）锁紧阀　　（D）限压阀

（8）检查封隔器时首先测量公称尺寸是否与（　　）尺寸匹配。

（A）套管　　（B）浮箍　　（C）刮壁器　　（D）水泥头

（9）为防止井壁刮坏封隔器胶筒，应在封隔器相邻的套管上加（　　）。

（A）套管扶正器　　（B）水泥伞　　（C）刮壁器　　（D）变径接头

（10）套管外封隔器（　　）不装销钉时，启动压力为1.7MPa。

（A）密封器　　（B）锁紧阀　　（C）限压阀　　（D）单流阀

（11）套管外封隔器（　　）启动压力不大于0.7MPa。

（A）密封器　　（B）锁紧阀　　（C）单流阀　　（D）限压阀

二、技能考核

序号	考试内容	考试要求	评分标准	配分	扣分	得分
1	套管外封隔器下井前的检查	检查封隔器外观质量，应特别仔细地检查胶筒表面质量	封隔器表面质量特别是胶筒表面质量漏检，扣10分	10		
2		测量公称尺寸	公称尺寸漏检或量错，扣10分	10		
3		检查螺纹，清洗干净，涂螺纹密封脂	螺纹质量漏检且不润滑，扣20分	20		
4		管内断裂杆是否存在，中心管内有无堵塞物	中心管漏检，扣20分	20		
5		检查封隔器上是否有不能打大钳或卡瓦的标注	不许打大钳部分漏检或未补加注明，扣10分	10		
6		核对封隔器铭牌标注压力是否与所需压力相符	未核对铭牌压力扣10分	10		
7		对照说明书，检查核对各附件质量及数量	封隔器附件漏检，扣10分	10		

续表

序号	考试内容	考试要求	评分标准	配分	扣分	得分
8	安全文明	安全生产	劳动保护用品穿戴不符合要求一处扣5分，扣完10分为止；操作严重失误者取消其考试资格	10		
合计				100		

项目二　井身结构设计

任务描述

井身结构设计是钻井工程的基础设计，它的主要任务是确定套管的下入层次、下入深度、水泥浆返深、水泥环厚度、生产套管尺寸及钻头尺寸。井身结构设计的质量关系到油气井能否安全、优质、高速和经济钻达目的层及保护储层防止伤害。本项目介绍井身结构设计的内容原则及具体方法，在学习本项目时，要在理解各个基本概念的前提下运用井身结构设计方法进行油气井的井身结构设计。

任务分析

井身结构设计的主要依据是地层压力和地层破裂压力剖面。学习本项目前要掌握地层压力和地层破裂压力剖面图，在此基础上才能按照井身结构设计方法步骤进行套管下入深度以及套管尺寸的设计。

学习材料

一、井身结构设计的原则

进行井身结构设计所遵循的原则主要有：

（1）有效地保护油气层，使不同地层压力的油气层免受钻井液的伤害。

（2）应避免漏、喷、塌、卡等井下复杂情况的发生，为全井顺利钻进创造条件，以获得最短建井周期。

（3）钻下部地层采用重钻井液时产生的井内压力不致压裂上层套管处最薄弱的裸露地层。

（4）下套管过程中，井内钻井液柱的压力和地层压力之间的压力差，不致产生压差卡套管现象。

二、设计系数

（1）抽吸压力系数 s_b：上提钻柱时，由于抽吸作用使井内液柱压力降低的值，用当量密度表示。

（2）激动压力系数 s_g：下方钻柱时，由于钻柱向下运动产生激动压力使井内液柱压力的增加值，用当量密度表示。

（3）安全系数 s_t：为避免上部套管鞋处裸露地层被压裂的地层破裂压力安全增值，用当量密度表示。

（4）井涌允量 s_k：由于地层压力预测的误差所产生的井涌量的允值，用当量密度表示，它与地层压力预测精度有关。

（5）压差允值 Δp：不产生压差卡套管所允许的最大压力差值。它的大小不仅与钻井工艺技术和钻井液性能性能有关，也与裸眼井段有关的地层孔隙压力有关。若正常地层压力和异常高压同处一个裸眼井段，卡钻已发生在正常压力井段，所以压差允值又有正常压力井段和异常压力井段之分，分别用 Δp_N 和 Δp_A 表示。

以上设计系数要根据当地的统计资料确定。

三、井身结构设计的方法

在井身结构设计的时候，首先要建立设计井所在地区的地层压力何地层破裂压力剖面，如图 1-16 所示。图中纵坐标表示井深，横坐标表示地层压力和地层破裂压力梯度，在此基础上按下列步骤进行井深结构设计。

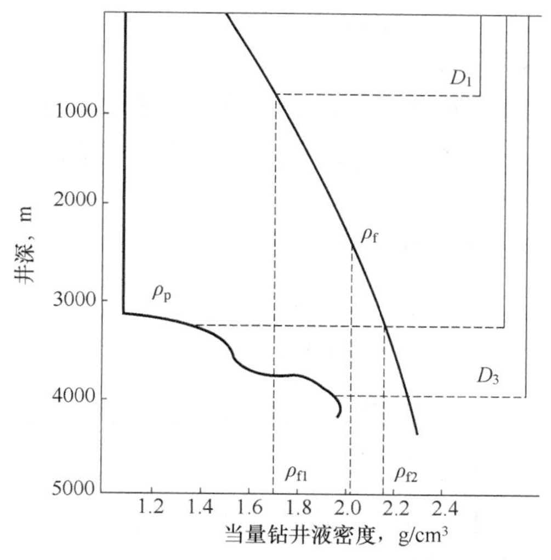

图 1-16　地层压力和地层破裂压力曲线

油层套管的下深取决于油气层的位置和完井方法，所以设计步骤从中间套管开始。

（一）求中间套管下入深度的假点

确定套管下入深度的依据，是钻下部井段的过程中所预计的最大井内压力不致压裂套管鞋处的裸露地层。利用压力剖面图中最大地层压力梯度求上部地层不致被压裂所应具有的地层破裂压力梯度的当量密度 ρ_f。ρ_f 的确定有两种方法，当钻下部井段时肯定不会发生井涌，可用式(1-1）计算：

$$\rho_f=\rho_{pmax}+s_b+s_g+s_k \tag{1-1}$$

式中　ρ_{pmax}——剖面图中最大地层压力梯度的密度，g/cm^3。

在横坐标上找出地层的地层的设计破裂压力梯度 ρ_f，从该点向上引垂线与破裂压力线相交，交点所在的深度即为中间套管下入深度假定点（D_{21}）。

若预计要发生井涌，可用式(1-2) 计算：

$$\rho_f=\rho_{pmax}+\rho_b+s_t+\frac{D_{pmax}}{D_{21}}\times s_k \tag{1-2}$$

式中　D_{pmax}——剖面图中最大地层压力梯度点所对应的深度，m。

式(1-2) 中的 D_{21} 可用试算法求得，试取 D_{21} 的值代入式（1-2）求得 ρ_f，然后在地层破裂压力梯度曲线上求 D_{21} 所对应的地层破裂压力梯度。若计算值 ρ_f 与实际值相差不大或略小于实际值，则 D_{21} 即为中间套管下入深度的假定点。否则另取 D_{21} 值计算，直到满足要求为止。

(二) 验证中间套管下到深度 D_{21} 是否有被卡的危险

求出该井最小井段地层压力的最大静止压差：

$$\Delta p=0.00981(\rho_m-\rho_{pmin})D_{pmin} \tag{1-3}$$

式中　Δp——压力差，MPa；

ρ_m——钻井深度 D_{21} 时采用的钻井液密度，g/cm^3（$\rho_m=\rho_{pmin}+s_b$）；

ρ_{pmin}——该井段内最小压力当量密度，g/cm^3；

D_{pmin}——最小地层压力点所对应的井深，m。

若 $\Delta p<\Delta p_N$，则假定点深度为中间套管下入深度。若 $\Delta p>\Delta p_N$，则有可能产生压差卡套管，这时中间套管下入深度应小于假定点深度。在第二种情况下，中间套管下入深度按下面方法计算。

在压差 Δp_N 下允许的最大地层压力为

$$\rho_{pper}=\frac{\Delta p_N}{0.00981D_{pmin}}+\rho_{pmin}-s_b \tag{1-4}$$

在压力剖面图上找出 ρ_{pmin} 值，该值所对应的深度即为中间下入深度 D_2。

(三) 求钻井尾管下入深度的假定点

当中间套管下如深度小于假定时，则需要下入尾管，并确定尾管下如深度。根据中间套管下入深度 D_2 处的地层破裂压力梯度 ρ_{f2}，由下式可求得允许的最大地层压力梯度。

$$\rho_{pper}=\rho_{f2}-s_b-s_f-\frac{D_{31}}{D_2}\times s_k \tag{1-5}$$

式中　D_{31}——钻井尾管下入深度的假定点，m。

式(1-5) 的计算方法同式(1-2)。

(四) 校核钻井尾管下到假定深度 D_{31} 处是否产生压差卡套管

校核方法同（二），压差允许值用 Δp_A。

(五) 计算表层套管下入深度 D_1

根据中间套管鞋处（D_2）的地层压力梯度，给定井涌条件 s_k，用试计算方法计算表层套管下入深度。每次给定 D_1 并代入下式计算：

$$\rho_{fE}=(\rho_{p2}+s_b+s_f)+\frac{D_2}{D_1}\times s_k \qquad (1-6)$$

式中 ρ_{fE}——井涌压井时表层套管鞋处承受的压力的当量密度，g/cm^3；

ρ_{p2}——中间套管鞋 D_2 处的地层压力当量密度，g/cm^3。

试算结果，当 ρ_{fE} 接近或小于 D_2 处的破裂压力梯度 $0.024\sim0.048g/cm^3$ 时符合要求，该深度即为表层套管下入深度。

以上套管下入深度的设计是以压力剖面为依据的，但是地下的许多复杂情况是反映不到压力剖面上的，如易漏易塌层、盐岩层等，这些复杂地层必须及时地进行封隔。必须封隔的层位在井深结构设计中又称必封点。

四、设计举例

某井设计井深为 4400m，地层孔隙压力梯度和地层破裂压力梯度剖面如图 1-16 所示。给定设计系数如下，试进行该井井身结构的设计。

$$s_b=0.036g/cm^3; s_g=0.04g/cm^3; s_k=0.06g/cm^3;$$

$$s_t=0.03g/cm^3; \Delta p_N=12MPa; \Delta p_A=18MPa$$

解：由图查最大地层孔隙压力梯度为 $2.04g/cm^3$，位于 4250m 处。

（一）确定中间套管下入深度初选点 D_{21}

将各值代入式(1-2) 得

$$\rho_f=2.04+0.036+0.030+\frac{4250}{D_{21}}\times0.06$$

试取 $D_{21}=3400m$，将 3400m 代入上式得

$$\rho_f=2.04+0.036+0.030+\frac{4250}{3400}\times0.06=2.181(g/cm^3)$$

由图 1-16 查得 3400m 处 $\rho_{f3400}=2.19g/cm^3$，因为 $\rho_f<\rho_{f3400}$ 且相近，所以确定中间套管下入深度初选点为 $D_{21}=3400m$。

（二）校核中间套管下入到初选点 3400m 过程中是否发生压差卡套管

由图 1-16 查得，3400m 处 $\rho_{p3400}=1.57g/cm^3$，$\rho_{pmin}=1.07g/cm^3$，$D_{pmin}=3050m$，由式(1-3) 得

$$\Delta p=0.00918\times3050\times(1.57+0.036-1.07)=16.037(MPa)$$

因为 $\Delta p<\Delta p_N$，所以中间套管下深应浅于初选点。

在 $\Delta p_N=12MPa$ 下允许的最大地层压力梯度可由式(1-4) 求得

$$\rho_{pper}=\frac{12}{0.00981\times3050}+1.07-0.036=1.435(g/cm^3)$$

由图中地层压力梯度曲线上查出与 $\rho_{pper}=1.435g/cm^3$ 对应井深为 3200m 则中间套管下深度 $D_2=3200m$。因为 $D_2<D_{21}$ 所以还必须下入尾管。

（三）确定尾管下入深度

确定尾管下入深度初选点为 D_{31}，由剖面图查得中间套管下入深度 3200m 处地层压力梯度 $\rho_{f3200}=2.15g/cm^3$，根据式(1-5)，并代入各值有

$$\rho_{pper}=2.15-0.036-0.030-\frac{D_{31}}{3200}\times0.060$$

试取 $D_{31}=3900\text{m}$，代入上式得

$$\rho_{pper}=2.011(\text{g/cm}^3)$$

由图 1-16 上查得 3900m 处的地层压力梯度 $\rho_{p3900}=1.940\text{g/cm}^3$，因为 $\rho_{p3900}<\rho_{pper}$，且相差不大，所以确定尾管下入深度初选点 $D_{31}=3900\text{m}$。

(四) 校核尾管下入到初选点 3900m 过程中能否发生压差卡套管

由式(1-3) 得

$$\Delta p=0.00981\times3200(1.94+0.036-1.35)=16.98(\text{MPa})$$

因此 $\Delta p<\Delta p_A$，所以下入尾管深度 $D_3=D_{31}=3900\text{m}$，满足设计要求。

(五) 确定表层套管下深度 D_1

将各值代入式(1-6) 得

$$\rho_{fE}=1.435+0.036+0.030+\frac{3200}{D_1}\times0.060$$

试取 $D_1=850\text{m}$，代入上式得

$$\rho_{fE}=1.435+0.036+0.030+\frac{3200}{8500}\times0.60=1.737(\text{g/cm}^3)$$

由剖面图查井深 850m 处 $\rho_{f850}=1.740\text{g/cm}^3$。因 $\rho_{fE}<\rho_{f850}$，且相近，所以满足设计要求。

该井的井深结构设计结果见表 1-8。

表 1-8　某井井身结构设计结果

套管层次	表层套管	中间套管	钻井尾管	生产套管
下入深度，m	850	3200	3900	4400

五、套管尺寸和井眼尺寸的选择

套管层次和每层套管的下入深度确定之后，相应的套管尺寸和井眼直径也就确定了。套管尺寸的确定一般由内向外依次进行，首先确定生产套管的尺寸，再确定下入生产套管的井眼尺寸，然后确定中间套管的尺寸等，依次类推，直到确定表层套管的井眼尺寸，最后确定导管的尺寸。套管和井眼之间要有一定的间隙，间隙过大则不经济，过小则不能保证固井质量。间隙值最小一般在 9.5~12.7mm 范围内，最好为 19mm。

套管尺寸和井眼尺寸的配合目前已经系列化。图 1-17 给出了系列化的套管和井眼尺寸的选择表。表的流程表明下该层套管所需要的井眼尺寸，实线表明套管和井眼的常用配合，虚线表明不常用配合。

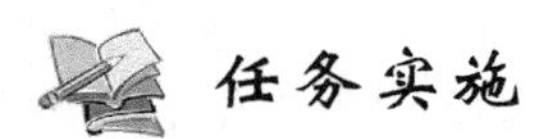

任务实施

油井层位位于 2600m，预测地层压力的当量钻井液密度为 1.30g/cm^3，钻至 200m 下表层套管，液压实验测得套管鞋处地层破裂压力的当量钻井液密度为 1.85g/cm^3，不下技术套管是否可以顺利钻达油层？已知：$s_b=0.038\text{g/cm}^3$，$s_k=0.05\text{g/cm}^3$，$s_f=0.036\text{g/cm}^3$，$s_g=0.04\text{g/cm}^3$。

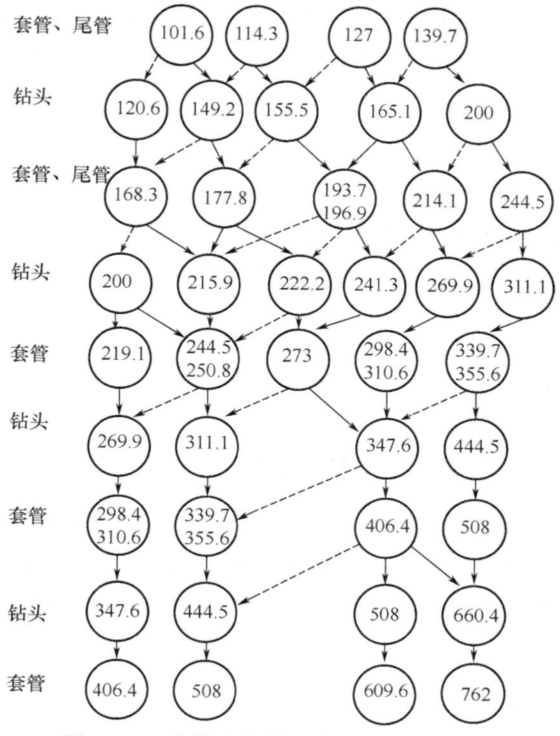

图 1-17　套管和井眼尺寸（mm）配合表

任务考核

一、理论考核

（1）简述井身结构设计的原则。

（2）简述套管的种类及其功用。

二、技能考核

（1）准备要求：查阅信息包。

（2）考核时间：40min。

（3）考核形式：笔试。

项目三　套管柱设计

任务描述

套管柱设计主要内容包括套管强度设计和校核，套管柱设计直接关系到安全钻进和油气井寿命，同时也影响钻井成本。实际上，套管柱在井内要受到各种外力作用，但可归结为三轴应力作用，即轴向应力、径向应力和周向应力，根据三轴应力的类型，用第四强度理论求出套管柱受力情况，并令其等于套管的屈服强度，以此为依据进行强度设计和校核。本任务介绍套管柱的设计内容和方法，要求学生能按照套管柱设计方法进行套管柱强度设计和校核。

任务分析

要求学生首先能对套管柱受力进行分析，然后根据套管柱受力情况进行套管柱强度设计和校核，在此基础上按照套管柱设计的原则采用常用套管柱设计方法对套管柱强度进行设计和校核。

学习材料

一、套管柱的受力分析及套管强度

套管柱下入井中之后要受到各种力的作用。在不同类型的井中或在一口井的不同生产时期，套管柱的受力是不同的。套管柱所受的基本载荷可分为轴向拉力、外挤压力及内压力。套管柱的受力分析是套管柱强度设计的基础，在设计套管柱时应当根据套管的最危险情况来考虑套管的基本载荷。

（一）轴向拉力及套管的抗拉强度

1. 轴向拉力

套管的轴向拉力是由套管的自重产生的，一般情况下，套管柱在入井过程中（即下套管过程中）承受的拉力最大，这时，除了套管柱的自重外，还有上提下放时的动载、上提时弯曲段处的阻力，或者是遇卡上提时多提的拉力等附加拉力。在计算时，一般只计算套管的自重，将动载、遇卡上提多提的拉力等附加拉力用设计安全系数考虑，或以其他方式考虑。

计算套管自重所产生的轴向拉力，有考虑钻井液浮力与不考虑钻井液浮力两种方法。当不考虑钻井液的浮力时计算的是套管在空气中的重量；当考虑钻井液的浮力时，计算的是套管在钻井液中的重量，常简称为浮重。

（1）套管本身自重产生的轴向拉力。套管自重产生的轴向拉力，在套管柱上是自下而上逐渐增大，在井口处套管所承受的轴向拉力最大，其拉力 F_0 为

$$F_0=\sum qL\times10^{-3} \tag{1-7}$$

式中 q——套管单位长度名义重力，N/m；

L——套管长度，m；

F_0——井口处套管的轴向拉力，kN。

实际上套管下入井内是处在钻井液的环境中，套管要受到钻井液的浮力，各处的受力要比在空气中的拉力要小，考虑浮力时拉力 F_m 为

$$F_m=\sum qL\left(1-\frac{\rho_d}{\rho_s}\right)\times10^{-3} \tag{1-8}$$

式中 ρ_d——钻井液密度，g/cm^3；

ρ_s——套管钢材的密度，g/cm^3。

若令

$$K_B = 1 - \frac{\rho_d}{\rho_s}$$

则有

$$F_m = \sum K_B q L \times 10^{-3} = \sum q_m L \times 10^{-3}$$

其中

$$q_m = K_B \cdot q \tag{1-9}$$

式中 K_B——浮力系数；

q_m——单位长度浮重。

我国现场套管设计时，一般不考虑在钻井液中的浮力减轻作用，通常用套管在空气中的重力来考虑轴向拉力，认为浮力被套管柱与井壁的摩擦力所抵消。但在考虑套管双向应力下的抵抗挤压强度时采用浮力减轻下的套管重力。

（2）套管弯曲引起的附加应力。当套管随井眼弯曲时，由于套管的弯曲变形增大了套管的拉力载荷，当弯曲的角度及变化率不太大时，可用简化经验公式计算弯曲引起的附加力：

$$F_{bd} = 0.0733 d_{co} \theta A_c \tag{1-10}$$

式中 F_{bd}——弯曲引起的附加应力，kN；

d_{co}——套管外径，cm；

A_c——套管截面积，cm^2；

θ——每 25m 的井斜变化角度。

在大斜度定向井、水平井以及井眼急剧弯曲处，都应考虑套管弯曲引起的拉应力附加量。

（3）套管内注入水泥引起的套管柱附加应力。在注入水泥浆时，当水泥浆量较大，水泥浆与管外液体密度相差较大，水泥浆未返出套管底部时，管内液体较重，将使套管产生一个拉应力，可近似按下式计算：

$$F_c = h \frac{\rho_m - \rho_d}{1000} d_{cin}^2 \frac{\pi}{4} \tag{1-11}$$

式中 F_c——注入水泥产生的附加力，kN；

h——管内水泥浆高度，m；

ρ_m——水泥浆密度，g/cm^3；

d_{cin}——套管内径，cm。

当注水泥过程中活动套管时应考虑该力。

（4）其他附加力。在下套管过程中的动载，如上提套管或刹车时的附加拉力、注水泥时泵压的变化等，皆可产生一定的附加应力。这些力是难以计算的，通常考虑用浮力减轻来抵消或加大安全系数。

另外，套管在生产过程中会受到温度作用，引起未固结部分套管的膨胀，也会引起附加应力。如果温度变化较大，引起的附加力很大时，应当从工艺上予以解决。

2. 轴向拉力作用下的套管强度

套管柱受轴向拉力一般为井口处最大，是危险截面。套管柱受拉应力引起的破坏形式有两种：一种是套管本体被拉断；另一种是螺纹处滑脱，称为滑扣（thread slipping）。大量的室内研究及现场应用表明，套管在受到拉应力时，螺纹处滑脱比本体拉断的情况多，尤其是使用最常见的圆扣套管时更是如此。

圆扣套管的螺纹滑脱负荷比套管本体的屈服拉力要小，因此在套管使用中给出了各种套管的滑扣负荷，通常用螺纹滑脱时的总拉力（kN）来表示。在设计中可以直接从有关套管手册中查用。

（二）外挤压力及套管的抗挤强度

1. 外挤压力

套管柱所受的外挤压力，主要来自管外液柱的压力、地层中流体的压力、高塑性岩石点的侧向挤压力及其他作业时产生的压力。

在具有高塑性的岩层如盐岩层段，在一定的条件下垂直方向上的岩石重力产生的侧向压力会全部加给套管，给套管以最大的侧向挤压力，会使套管产生损坏。此时，套管所受的侧向挤压力应按上覆岩层压力计算，其压力梯度可按照 23~27kPa/m 计算。

在一般情况下，常规套管的设计中，外挤压力按最危险的情况考虑，即按套管全部掏空（套管无液体），套管承受钻井液液柱压力计算，其最大外挤压力为

$$p_{oc}=9.81\rho_d D \tag{1-12}$$

式中 p_{oc}——套管外挤压力，kPa；

D——计算点深度，m；

ρ_d——套管钻井液密度，g/cm^3。

式(1-12) 表明，套管柱底部所受的外挤力最大，井口处最小。

2. 套管的抗挤强度

套管受外挤作用时，其破坏形式主要是丧失稳定性而不是强度破坏，丧失稳定性的形式主要是在压力作用下失圆、挤扁，如图 1-18 所示。

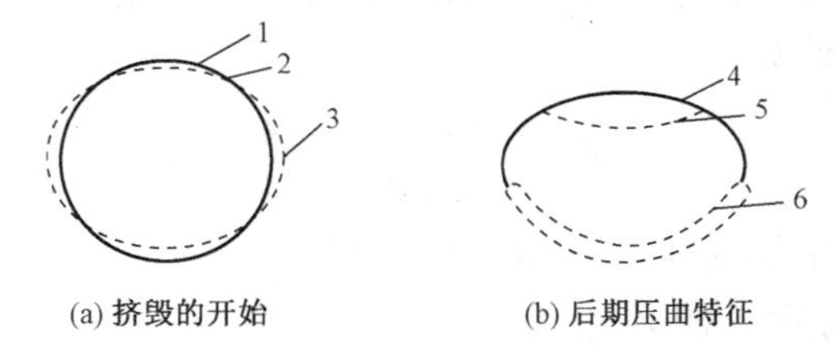

图 1-18　套管截面抗外挤失效

1—原始截面；2—交替平衡位置；3—继续变形后期压曲特性；4—继续变形；5—较弱一侧压凹；6—挤毁截面的最后形状

在实际应用中，套管手册给出了各种套管的允许最大抗外挤压力数值，可直接使用。

3. 有轴向载荷时的抗挤强度

在实际应用中，套管是处于双向应力的作用，即在轴向上套管承受有下部套管的拉应力，在径向存在有套管内的压力或管外液体的外挤力。由于轴向拉力的存在，使套管承受内在或外挤的能力会发生变化。

设套管自重引起的轴向拉应力 σ_z，由外挤或内压力引起的套管的圆周向应力为 σ_t 及径向应力 σ_r。由于多数套管属于薄壁管，σ_r 比 σ_t 小得多，可以忽略不计，故只考虑轴向拉应力 σ_z 及周向应力 σ_t 的二向应力状态。根据第四强度理论，套管破坏的强度条件为

$$\sigma_z^2+\sigma_t^2-\sigma_z\sigma_t=\sigma_s^2$$

式中　σ_s——套管钢材的屈服强度，MPa。

上式可以改为

$$\left(\frac{\sigma_z}{\sigma_s}\right)^2-\frac{\sigma_z\sigma_t}{\sigma_s^2}+\left(\frac{\sigma_t}{\sigma_s}\right)^2=1 \tag{1-13}$$

该方程是一个椭圆方程，用$\frac{\sigma_z}{\sigma_s}$的百分比为横坐标、$\frac{\sigma_t}{\sigma_s}$的百分比为纵坐标，可以绘出应力图（图 1-19），称为双向应力椭圆。从图中可以看出：

第一象限是拉伸与内压联合作用，表明在轴向拉力使套管的抗内压强度增加，使套管的应力趋于安全，因此设计中一般不予考虑。

第二象限是轴向压缩与套管内压的联合作用。由于套管受压应力的情况极少见，故这种情况一般不予考虑。

第三象限是轴向压缩压力和外挤力的联合作用。基于和第二象限相同的理由，一般不予考虑。

第四象限是轴向拉应力与外挤压力联合作用，这种情况在套管柱中是经常出现的。从图中可以看出，轴向拉力的存在使套管的抗挤强度降低，因此在套管设计中应当加以考虑。

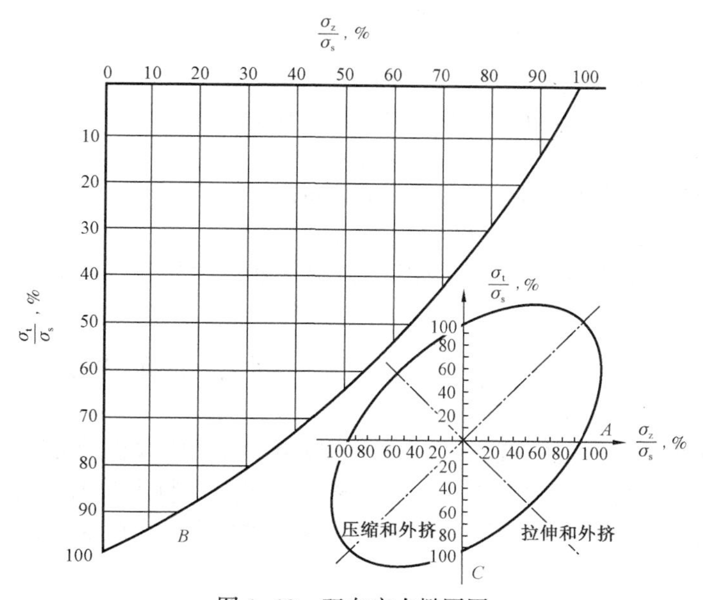

图 1-19　双向应力椭圆图

当存在轴向拉应力时，套管抗挤强度的计算可采用以下近似公式：

$$p_{cc}=p_c\left(1.03-0.74\frac{F_m}{F_s}\right) \tag{1-14}$$

式中　p_{cc}——存在轴向拉力时的最大允许抗外挤强度，MPa；

p_c——无轴向拉力时套管的抗外挤强度，MPa；

F_m——轴向拉力，kN；

F_s——套管管体屈服强度，kN。

式(1-14) 中 p_c 及 F_s 皆可由套管手册查出。该公式在 $0.1 \leqslant F_m/F_s \leqslant 0.5$ 范围内计算误差与理论计算值相比在2%以内。

(三) 内压力及抗内压强度

1. 内压力

套管柱所受内压力的来源是地层流体（油、气、水）进入套管产生的压力及生产中特殊作业（压裂、酸化、注水）时的外来压力。在一个新地区，由于在钻开地层之前，地层压力是难以确定的，故内压力也是难以确定的。对已探明的油区，地层压力可参考邻井的资料。

当井口敞开时，套管内压力等于管内流体产生的压力，当井口关闭时，内压力等于井口压力与流体压力之和。井口压力的确定方式有三种。

（1）假定套管内完全充满天然气，则井口处的内压力 p_i 近似为

$$p_i = \frac{p_{gas}}{e^{1.1155 \times 10^{-4} GD}} = \frac{p_{gas}}{e^{0.00011155 GD}} \tag{1-15}$$

式中 p_{gas}——井底天然气压力，MPa；

p_i——井口内压力，MPa；

D——井深，m；

G——天然气与空气密度之比，一般取0.55。

（2）以井口防喷装置的承压能力为井口压力。

（3）以套管鞋处的地层破裂压力值决定井口内压力，则

$$p_i = D(G_f + \Delta G_f) \tag{1-16}$$

式中 G_f——套管鞋处地层破裂压力梯度，MPa/m；

ΔG_f——附加系数，一般取0.0012MPa/m。

实际应用中有效的内压力可按套管内完全充满天然气时的井口处压力来计算。

2. 抗内压强度

套管在承受内压力时的破坏形式是管体爆裂。各种套管的允许内压力值在套管手册均有规定，在设计中可以从手册中直接查用。

实际上套管在承受内压时的破坏形式除管体爆裂之外，螺纹连接处密封失效也是一种破坏形式，密封失效的压力比管体爆裂时要小。螺纹连接处密封失效的压力值是难以计算的。对于抗内压要求较高的套管，应当采用优质的润滑密封油脂涂在螺纹处，并按规定的力矩上紧螺纹。

二、套管柱强度设计原则

套管柱的强度设计是依据套管所受的外载，根据套管的强度建立一个安全的平衡关系：

套管强度≥外载×安全系数

套管柱的强度设计就是根据技术部门的要求，在确定了套管的外径之后，按照套管所受外部荷载的大小及一定的安全系数选择不同钢级及壁厚的套管，使套管柱在每一危险截面上都建立上述表达的关系。设计必须保证在井的整个使用期间，作业在套管上的最大应力应在允许的范围之内。

设计的原则应考虑以下三个方面：

（1）应能满足钻井作业、油气层开发和产层改造的需要；

（2）在承受外载时应有一定的储备能力；

（3）经济性要好。

在套管设计中，我国做了若干规定。其中关于安全系数的规定为：抗外挤安全系数＝1.0；抗内压安全系数＝1.1；套管抗拉力强度（抗滑扣）安全系数＝1.8。

三、常用的套管柱强度设计方法

各国根据各自的条件都规定了自己的套管柱强度设计方法，最常见的有等安全系数法、边界载荷法、最大载荷法、AMOCO法、BEB法及苏联的设计方法等。

套管柱的设计通常是由下而上分段设计的。按常规，自下而上把最下一段套管称为第一段，其上为第二段，依次上推等等。

（一）等安全系数法

等安全系数法基本的设计思路是使各个危险截面上的最小安全系数等于或大于规定的安全系数。设计时，先考虑下部套管的抗外挤强度满足需求，通常在水泥面以上的套管还应考虑双向应力，上部套管应满足抗拉及抗内压要求。

（二）边界载荷法

边界载荷法，也称拉力余量法，该方法的抗外挤强度设计与等安全系数法相同，抗拉设计不用安全系数来设计，而是改用第一段以抗拉设计的套管的抗拉强度和安全系数所决定的一个边界载荷（拉力余量）值，以此值为设计上部套管的拉力强度标准。其设计方法为：以抗拉设计的第一段套管的可用强度＝抗拉强度/抗拉安全系数；边界载荷（拉力余量）＝抗拉强度−边界载荷；以抗拉设计的第二段套管的可用强度＝抗拉强度−边界载荷；以后各段均按同一个边界载荷来选用可用强度。

这种设计方法的优点是在套管柱各段的边界载荷相等，使套管在受拉时，各段的拉力余量是相等的，这样可避免套管浪费。

（三）最大载荷法

最大载荷法是20世纪80年代美国提出的一种设计方法，其设计思路是将套管按技术套管、表层套管、油层套管等分类，将每一类套管的载荷按其外载荷性质及大小进行设计。其设计方法是先按内压力筛选套管，再按有效外挤力及拉应力进行强度设计。该方法对外载荷考虑细致，设计精确。

（四）AMOCO法

AMOCO法的独到之处在于：在抗挤设计中应考虑拉力影响，按双轴应力设计，在计算外载时考虑接箍处的受力，在计算内压力时也考虑拉应力的影响。设计中用解析法与图解法结合。

（五）BEB法

该方法主要是图解法，设计特点是将套管分类进行设计。在设计中考虑抗外挤及内压强度时，必须考虑拉应力的影响，拉应力一律按在钻井液中的浮重计算，并考虑浮力作用在套管底部的截面上使底部受压应力。

（六）苏联的设计方法

苏联的设计方法较为繁琐，设计思想是考虑外载按不同的时期的变化，考虑不同井段的抗拉安全系数不同，不考虑双向应力，但是当拉应力达到管体屈服强度的 50%时，把抗拉安全系数增加到 10%。

我国目前无规定的套管设计方法，常用等安全系数法及 BEB 法。

在套管柱强度设计中，不宜将套管段分得太复杂，实际上应当采用 2～3 种钢级的套管，壁厚也只宜选用 2～3 种。套管分段太细，分得种类多，虽然比较符合经济原则，但给现场管理造成过多麻烦。

四、各层套管的设计特点

对表层套管、油层套管和技术套管的设计来讲，各有其设计特点及设计的侧重部分。

（一）表层套管的设计特点

表层套管是为巩固地表疏松层并安装井口防喷装置而下入的一层套管。表层套管还要承受下部各层套管的部分重量。因此，表层套管的设计特点是要承受井下气侵或井喷时的地层压力，套管在设计中主要考虑抗内压力，防止在关井时，套管承受高压而压爆裂。

（二）技术套管的设计特点

技术套管是为封隔复杂地层而下入的，在后续的钻进中要承受井喷时的内压力和钻具的碰撞和磨损。技术套管的设计特点是既要有较高的抗内压强度，又要有抗钻具冲击磨损的能力。

（三）油层套管的设计特点

油层套管是在油气井中最后下入的，并在其中下入油管，用于采油生产。由于该套管下入深度较大，抗外挤是下部套管应考虑的重点。该层套管应按其可能在生产中遇到的问题分别考虑。例如，有的井是用来注水的，有的井在采油中要进行压裂或酸化等，套管内也可能承受较大内压力，对这种井的油层套管应严格校核抗内压强度；有的井主要是注热蒸汽等进行热力开采，套管长期受热力作用，会膨胀，引起较大的压应力，设计中应考虑施加预拉应力时的拉力安全系数等。

五、等安全系数法

等安全系数法是一种较为简单的方法，它应用时间较久，在一般井中是比较安全的。

由套管柱受力图（图 1-20）中可以看出，轴向拉应力、外挤压力、内挤压力在套管柱的各个截面上是不同的。轴向拉力自上而下逐渐变小，外挤力自下而上变小，内压力的有效应力自下而上变大。在设计中为了使套管柱的强度得到充分发挥并且尽可能地节省，在不同的井段，套管柱应当有不同的强度。因此，设计出的套管柱是由不同钢级及不同壁厚的套管组成的。

设计时通常是先根据最大的内压载荷筛选套管，挑出符合抗内压强度的套管；再自下而上根据套管的外挤载荷进行设计；最后根据套管的轴向拉力设计、校核上部的套管。

我国在等安全系数法中已规定了安全系数，如前所述。等安全系数法设计的具体方法和步骤如下：

（1）计算本井所能出现的最大内压值，筛选符合抗内压强度的套管。如果是一般的井，可以在套管全部设计完后进行抗内压校核。

（2）按全井的最大外挤载荷初选第一段套管。最大外挤载荷可按式(1-17）计算：

$$p_{oc}=9.81\rho_d D_1 \tag{1-17}$$

第一段选择的套管其允许抗外挤强度 p_{c1} 必须大于等于 p_{oc}。

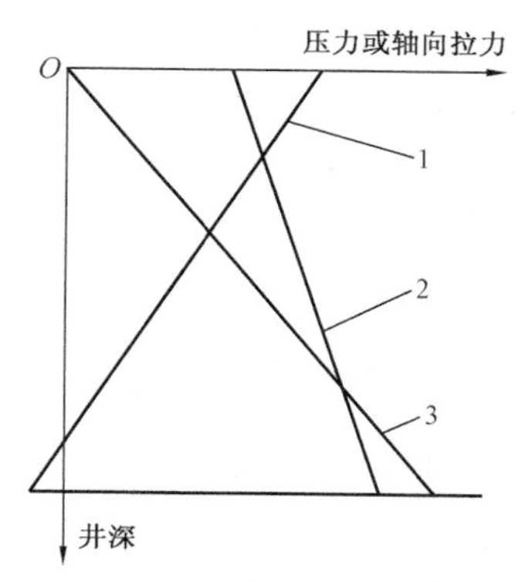

图 1-20　套管柱受力示意图

1—轴向力（考虑浮力）；2—内压力；3—外挤压力（按钻井液柱压力）

（3）选择厚壁小一级或钢级低一级（也可二者都低）的套管为第二段套管。该段套管的可下深度为

$$D_2=\frac{p_{c2}}{9.81\rho_d} \tag{1-18}$$

由此可以确定第一段套管的允许使用长度 L_1 为

$$L_1=D_1-D_2 \tag{1-19}$$

根据第一段的长度 L_1 计算出该段套管在空气中的重力为 $L_1\times q_1$，校核该段套管顶部的抗拉安全系数 s_{t1} 应大于或等于 1.8，即

$$s_{t1}=F_{s1}/(L_1\times q_1)\geqslant 1.8 \tag{1-20}$$

式中　F_{s1}——套管允许抗压力。

（4）当按抗挤强度设计的套管柱超过水泥面或中性点时，应考虑下部套管的浮重引起的抗挤强度的降低，可按双向应力设计套管柱。

按式(1-14）计算降低后的抗挤强度，校核抗挤安全系数能否满足要求。如不能满足要求，用试算法将下部套管向上延伸，直至双向应力条件下的抗挤安全系数满足要求为止。

这样由下而上确定下部各段套管。由于越往上套管受外挤力越小，故可选择抗挤强度更小的套管。当到一定深度后，套管自重产生的拉力负荷增加，外挤力减小，则应按抗拉设计确定上部各段套管。

（5）按抗拉设计确定上部各段套管。设自下而上，第 i 段以下各段套管的总重力 $\sum_{n=1}^{i-1}L_n\times q_{mn}$，该段套管抗拉强度 F_{si}，则第 i 段以下各段套管顶截面的抗拉安全系数 s_t 为

$$s_t=F_{si}/\left(L_n\times q_{mn}+\sum_{n=1}^{i-1}L_i\times q_{mn}\right) \tag{1-21}$$

所以根据抗拉强度设计第 i 段许用长度的计算公式为

$$L_i = F_{si}/s_t - \sum_{n=1}^{i-1} L_n \times q_{mn} \tag{1-22}$$

式中 L_i——第 i 段套管许用长度，m；

q_{mn}——第 i 段套管单位长度浮重，kN/m；

F_{si}——第 i 段套管的抗拉强度，kN；

s_t——抗拉安全系数；

$\sum_{n=1}^{i-1} L_n \times q_{mn}$——第 i 段以下各段套管的总重力，kN。

按式(1-22）进行设计。L_i 若能延伸至井口时，在第 i 段上不再选用抗拉强度较大的套管计算，一直设计到井口为止，整个套管柱设计即告完成。

（6）抗内压安全系数校核。对事先未按内压力筛选套管的一般的井，校核内压力可按下式计算：

$$s_i = p_{ri}/p_i \tag{1-23}$$

式中 p_{ri}——井口套管的抗内压强度，MPa；

p_i——井口内压力，MPa；

s_i——抗内压安全系数。

资料表明，对中深井或深井，地层压力在正常压力梯度范围内，按以上步骤设计出的套管柱，一般能满足抗内压要求。若实际抗内压安全系数 s_i 小于所规定的抗内压安全系数，则在井控时控制井口压力。井口压力限制在套管（或井口装置）允许的最大压力之内，或将套管柱设计步骤改为先进行抗内压强度设计，选出抗内压强度的套管后在进行抗拉设计。

任务实施

一、任务内容

某井用 ϕ139.7mm、N-80 钢级、壁厚 9.17mm 的套管，其额定抗外挤强度 p_c = 60881kPa，管体抗拉屈服强度为 2078kN，其下部悬挂 194kN，试计算 p_{cc}。

二、任务要求

任务完成时间：40min。每超时 1min 扣 2 分，超过 5min 停止操作。

任务考核

一、理论考核

（1）套管柱所受的基本载荷可分为________、________及________。

（2）套管自重产生的轴向拉力，在套管柱上是自下而上逐渐________，在井口处套管所承受的轴向拉力________。

（3）套管柱受拉应力引起的破坏形式有两种：________；________。

（4）套管柱的强度设计是依据套管所受的外载，根据套管的强度建立________平衡关系式。

（5）使用等安全系数法设计套管柱强度通常是先根据________载荷筛选套管，挑出符合的套管；再自下而上根据套管的________进行设计；最后根据套管的轴向拉力设计、校核上部的套管。

二、技能考核

（1）准备要求：查阅信息包。

（2）考核时间：40min。

（3）考核形式：笔试。

学习情境二　油气井水泥浆的选择

油气井水泥浆是封固套管和井壁环形空间的重要材料。由于每口油气井在地质构造、温度、压力、井深等方面各有不同，所以要求油气井水泥浆有广泛的适应能力。目前我国使用的油井水泥有8个级别和三个类型。不同级别和类型的水泥适用不同的井下条件。所以，油井水泥的选择是注水泥作业的首要任务，是保证固井质量的基础，它直接关系到固井质量。

知识目标

（1）能正确认识油井水泥的矿物成分及水化反应；
（2）能掌握各类固井水泥浆的基本性能、参数含义及作用；
（3）能掌握水泥浆的基本性能测试方法；
（4）能掌握常用固井外加剂的种类及功能，了解几种常见的特种水泥浆体系。

能力目标

（1）能准确把握水泥浆制备的方法和常见技术要求分析的技能要素；
（2）能够熟练使用各种仪器对水泥浆的各种性能进行分析；
（3）能分析处理水泥浆分析中的常见问题，排除实验异常现象；
（4）能在配置水泥浆过程中正确使用固井外加剂。

项目一　油井水泥认知及水泥浆性能测试

任务描述

油井水泥是封固套管和井壁环形空间的主要材料。充分认识油井水泥的性能，认知油井水泥及其水化反应原理，对于我们如何根据井的深度和温度选择油井水泥至关重要。在现场操作中，油井水泥一般是以水泥浆的形式注入井内的，根据每口油气井自身情况的不同，需要采用实验的方式调整和确定水泥浆性能。认识水泥浆基本性能及其测试方式，了解常见的特种水泥浆体系，对于解决实际固井问题，具有非常重要的意义。

任务分析

掌握油井水泥的矿物组成及化学成分、油井水泥分级方法、各级别油井水泥的特性及适用温度和深度范围；掌握油井水泥水化机理及影响水化反应的主要因素；掌握水泥浆的基本性能及测试方式，了解常见的特种水泥浆体系。

学习材料

一、油井水泥的组成、分级及水化反应

（一）油井水泥的矿物成分

油井水泥是应用于油气田各种钻井条件下进行固井、修井、挤注等作业的硅酸盐水泥（波特兰水泥）和非硅酸盐水泥的总称，包括掺有各种外掺料或外加剂的改性水泥，后者有时被称为特种油井水泥，目前国内外广泛采用的油井水泥主要是硅酸盐类水泥。这种水泥由石灰或石灰质的凝灰岩、黏土（或页岩）和少量的铁矿石等按一定比例配成生料，在1427~1649℃温度下煅烧成为以硅酸钙为主要成分的熟料，再加上适量的石膏，最后磨成细粉而成。

水泥熟料是一种不平衡的多组分固溶体系统，由许多不同的矿物和中间体组成，主要有硅酸三钙（$3CaO \cdot SiO_2$）、硅酸二钙（$2CaO \cdot SiO_2$）、铁铝酸四钙（$4CaO \cdot Al_2O_3 \cdot Fe_2O_3$）及铝酸三钙（$3CaO \cdot Al_2O_3$）等四种固溶体组成，其中硅酸盐矿物质量分数约为80%。所含微量组分为MgO、K_2O、Na_2O、Ti_2O、FeO、SiO_2等，在上述四种固溶体中并非均匀分布。

（1）硅酸三钙（$3CaO \cdot SiO_2$，缩写为C_3S）：多边形晶体，占水泥总量的50%~60%。硅酸三钙水化速度很快，对水泥抗压强度的形成有很大影响，尤其是水泥早期强度。

（2）硅酸二钙（$2CaO \cdot SiO_2$，缩写为C_2S）：圆形晶体，占水泥总量的10%~25%。硅酸二钙水化缓慢，不影响水泥初凝时间，但对水泥最终强度有影响。

以上两种硅酸盐占水泥总量的75%。

（3）铁铝酸四钙（$4CaO \cdot Al_2O_3 \cdot Fe_2O_3$，缩写为$C_4AF$）：围绕两种硅酸钙而形成主要的空隙结构。铁铝酸四钙不影响凝结时间，对水泥抗压强度也影响甚小，主要在煅烧中可降低熟料的塔融温度和熔体黏度。

（4）铝酸三钙（$3CaO \cdot Al_2O_3$，缩写为C_3A）：针状，铝酸盐，也属于空隙状结构。C_3A和C_4AF两相总量大约占水泥矿物的25%。铝酸三钙对水泥最终抗压强度影响不大，但影响水泥的稠化时间和凝固速度，特别是对水泥早期抗压强度的形成起重要作用。

（二）油井水泥的分级和各级别油井水泥特性

1. API水泥分级

美国石油学会API标准根据化学成分和矿物组成进行分级，以适应不同的井深和井下条件。目前API标准和我国标准把油井水泥分为A、B、C、D、E、F、G、H八个级别，每种水泥都适用于不同的井深、温度和压力。同一级别的油井水泥，又根据C_3A含量分为：普通型（O）——$C_3A<15\%$；中抗硫酸盐型（MSR）——$C_3A \leq 8\%$，$SO_3 \leq 3\%$；高抗硫酸盐型（HSR）——$C_3A \leq 3\%$，$C_4AF+2C_3A \leq 24\%$，以示抗硫酸盐侵蚀的能力。其化学性能要求见表2-1。

表 2-1　API 波特兰水泥的化学性能要求

水泥中各组分的质量分数	水泥级别					
	A	B	C	D、E、F	G	H
普通型（O）						
氧化镁 MgO 含量（最高），%	6.0		6.0			
三氧化硫 SO_3（最高），%	3.5		4.5			
烧失量（最高），%	3.0		3.0			
不溶残渣（最高），%	0.75		0.75			
铝酸三钙 $3CaO \cdot Al_2O_3$（最高），%			15			
中抗硫酸盐型（MSR）						
氧化镁 MgO 含量（最高），%		6.0	6.0	6.0	6.0	6.0
三氧化硫 MgO（最高），%		3.0	3.5	3.0	3.0	3.0
烧失量（最高），%		3.0	3.0	3.0	3.0	3.0
不溶残渣（最高），%		0.75	0.75	0.75	0.75	0.75
硅酸三钙 $3CaO \cdot SiO_2$（最高），%					58	58
硅酸三钙 $3CaO \cdot SiO_2$（最低），%					48	48
铝酸三钙 $3CaO \cdot Al_2O_3$（最高），%		8	8	8	8	8
以氧化钠 Na_2O 当量表示的总含碱量（最高），%					0.75	0.75
高抗硫酸盐型（HSR）						
氧化镁 MgO 含量（最高），%		6.0	6.0	6.0	6.0	6.0
三氧化硫 MgO（最高），%		3.0	3.0	3.0	3.0	3.0
烧失量（最高），%		3.0	3.0	3.0	3.0	3.0
不溶残渣（最高），%		0.75	0.75	0.75	0.75	0.75
硅酸三钙 $3CaO \cdot SiO_2$（最高），%					65	65
硅酸三钙 $3CaO \cdot SiO_2$（最低），%					48	48
铝酸三钙 $3CaO \cdot Al_2O_3$（最高），%		3	3	3	3	3
铁铝酸四钙 $4CaO \cdot Al_2O_3 \cdot Fe_2O_3$ 加二倍铝酸三钙 $3CaO \cdot Al_2O_3$（最高），%		24	24	24	24	24
以氧化钠 Na_2O 当量表示的总含碱量（最高），%					0.75	0.75

注：摘自 API 规范 10：油井水泥材料与测试。

2. API 各级别油井水泥的特性

1）A 级和 B 级水泥

A 级水泥是一种相对粗磨的普通波特兰水泥，只有普通型（O）一种，适合无特殊性能要求、循环温度低于 77℃的浅层固井作业，深度范围 0~1830m。B 级水泥具有中抗硫酸盐型（MSR）和高抗硫酸盐型（HSR），一般适用于需抗硫酸盐循环温度低于 77℃的浅层固井作业，深度范围 0~1830m。B 级水泥还具有较好的施工性，与 A 级水泥相比，其 C_3A 含量较低，易泵送和顶替，常用于灌浆。一般地，A 级水泥比 B 级水泥抗压强度高一些。

2）C 级水泥

C 级又被称作早强油井水泥，具有普通型（O）、中抗硫酸盐型（MSR）和高抗硫酸盐型（HSR）三种类型。API 标准要求 C 级水泥的水灰比比 G 级、H 级基本油井水泥规定的水灰比都高得多，需要更多的水量，而水泥浆没有离析与失水的现象，因而可成功地制作各种低密度水泥浆。一般适用于需要早期强度较高循环温度低于 77℃ 和抗硫酸盐的浅层固井作业，深度范围 0～1830m。

3）D 级、E 级、F 级水泥

D 级、E 级、F 级水泥又被称作缓凝油井水泥，具有中抗硫水泥熟料，来达到 D 级油井水泥的指标要求。D 级油井水泥有中抗硫酸盐型（MSR）和高抗硫酸盐型（HSR），通常可用于循环温度 77～127℃ 的中深井，深度范围 1830～3050m。

4）G 级和 H 级水泥

G 级和 H 级油井水泥被称为基本油井水泥，具有中抗硫酸盐型（MSR）和高抗硫酸盐型（HSR），可以与外加剂和外掺料相混合适用于大多数的固井作业，可在温度 0～93℃ 的中浅层固井作业中使用，深度范围 0～2440m。其中 G 级油井水泥在我国用量最大，生产厂家最多，在我国各个油田都有使用。H 级油井水泥比 G 级油井水泥要磨得粗一些，水灰比小，配成水泥浆相对密度在 1.98 左右，更适合配制成高密度水泥浆体系用于高压气井的封固，在我国塔里木油田使用较多。

3. 其他油井水泥

我国常用的油井水泥除了有 API 油井水泥，还有微细或超细油井水泥、G 级抗高温油井水泥、快凝早强油井水泥。

1）超细油井水泥

水泥中 95%粒子的粒径在 12μm 以下，平均粒径在 3～6μm 左右，或者说水泥的细度（用比表面积表示）达到 $100m^2/kg$ 左右称为超细油井水泥。该系列油井水泥颗粒较为细小，能够渗透到 API 油井水泥不能到达的区域，可用于挤水泥，消除砾石层出水，修复套管泄漏区，封堵地层出水通道以及小间隙固井。性能上由于细度的变化，导致了水化加剧而引起水泥浆各项物理性能的改变，微细油井水泥的细度比表面积值越高，通过窄缝的能力也越强，在相同条件下封堵的效果就越好。与 G 级油井水泥的水灰比 0.44 相比，超细油井水泥的水灰比根据细度的不同，一般可以达到 0.7～1.3，高的甚至可达 2.0 左右。此外在水泥浆中加入固体外掺料配制成的水泥浆，水灰比也会随之变化，这是因为固体外掺料的加入会导致水泥浆流动性能变差，为了使水泥浆具有较好的流变性、保持适宜的凝固时间、满足实际井况需要的抗压强度等一系列指标，会增加水的用量，综合考虑，通过实验的方式确定适合的水灰比。

2）G 级抗高温油井水泥

G 级抗高温油井水泥是 G 级高抗油井水泥与硅粉按一定比例混合的产物，主要用于防止井底静止温度大于 110℃ 的深井、蒸汽注入井和蒸汽采油井由于温度过高造成的强度倒退。当井底静止温度在 110～240℃ 条件下的深井时，石英粉的掺量为 35%～40%。对于蒸汽注入井和蒸汽采油井，温度可达到 350℃ 左右，硅粉掺量通常在 60%以上。

3）快凝早强油井水泥

快凝早强油井水泥是面向低温地层条件（<380℃）固井开发的一种油井水泥。目前固井使用的 API 油井水泥在低温条件下，存在水泥浆凝结时间长、强度发展慢的缺陷。快凝早强油井水泥则凭借其快凝、早强的优势，是较为理想的产品。其性能要求主要是：快凝——凝结时间短而且可调，初终凝时间间隔短；早强——水泥浆体迅速凝

固硬化并产生足够的早期抗压强度；流动性好——在适当的水灰比下水泥浆体的可泵性好。

除此之外还有高铝水泥、低密度油井水泥、膨胀油井水泥、触变油井水泥、高寒地区油井水泥、抗腐蚀油井水泥、抗高温油井水泥、纤维油井水泥、提高胶结强度的油井水泥、抗渗透油井水泥等。高铝水泥主要应用于300℃以上的热采井、地热井固井；低密度油井水泥主要应用于低压油气井、漏失井等井况的固井；膨胀油井水泥可改善胶结性能防止油气窜流，提高固井质量；微细波特兰水泥和微细高炉矿渣混合物可用于小间隙井、套管微缝的修补、含水井的封堵以及挤水泥作业和修井作业；高炉矿渣、微细高炉矿渣可用于泥浆转化成水泥浆（MTC）的固井作业。在应用时往往并不是在水泥厂混合制得，更为常见的是在现场根据固井的需要，由基本油井水泥、外掺料、外加剂按比例混合配成。

（三）水泥水化反应

水泥颗粒与水接触时，组成水泥的各种矿物成分立即与水发生水解或水化作用，形成过饱和的不稳定溶液，生成带有不同数量结构含水的新产物，同时有热量和体积的变化，这种水泥和水的化学反应称为水化反应，水化反应的产物统称为水化生成物。

$$3CaO \cdot SiO_2+3H_2O \longrightarrow 2CaO \cdot SiO_2 \cdot H_2O+Ca(OH)_2$$

$$2CaO \cdot SiO_2+2H_2O \longrightarrow 2CaO \cdot SiO_2 \cdot H_2O$$

$$3CaO \cdot Al_2O_3+6H_2O \longrightarrow 3CaO \cdot Al_2O_3 \cdot 2H_2O$$

$$4CaO \cdot Al_2O_3 \cdot Fe_2O_3+6H_2O \longrightarrow 3CaO \cdot Al_2O_3 \cdot H_2O+CaO \cdot 4Fe_2O_3 \cdot Al_2O_3 \cdot 3H_2O$$

上述反应中，部分水化产物还将发生二次反应，全过程反应较复杂。一般认为，水泥浆从液态凝聚硬化成固体可分为胶溶期、凝结期和硬化期三个阶段。

（1）胶溶期：水泥遇水后，颗粒表面发生溶解和水化反应，水化产物浓度迅速增加，在饱和状态时，部分水化产物以胶态粒子或晶体析出，形成胶溶体系。

（2）凝结期：水化由颗粒表面向深部发展，胶态粒子大量增加，晶体开始互相连接，逐渐凝成凝胶结构，水泥浆已失去流动性。

（3）硬化期：水化过程深入发展，大量的晶体析出，并相互连接，使胶体紧密，结构强度明显增加，逐渐硬化成微晶结构的水泥石固体。

影响油井水泥水化作用的因素主要有以下几点：

（1）油井水泥各个矿物组分的水化速度是不同的。当油井水泥矿物组分有所改变时，水化速度也会改变。

（2）温度是影响水泥水化反应的主要因素之一，主要影响油井水泥的水化速度、水化物性质、稳定性和形态等。提高温度能够增加水泥的水化速度。

（3）油井水泥细度值越大，则水泥粒子反应活性越大，水化速度越快。

（4）从油井水泥熟料矿物溶解和水化角度来看，水灰比越大，在同一时间内油井的水化程度越高，即水化速度加快。但在实际固井作业中，为保证固井质量，通常水灰比控制在0.4~0.7范围内。

（5）提高压力可以加速油井水泥水化。

（6）油井水泥与水发生反应后由于水化产物的绝对密度比反应物的绝对密度大，所以总体积比原来水泥加上水的总体积有所减少。

二、水泥浆的基本性能及测试方式

(一) 水泥浆的基本性能

1. 水泥浆的密度

单位体积水泥浆所具有的质量称为水泥浆的密度。水泥浆正常密度在 $1.78 \sim 1.98 g/cm^3$，干水泥的密度通常为 $3.15 g/cm^3$ 左右，净水泥浆密度范围总受到最大和最小用水量（水灰比）的限制，但实际注水泥作业一般不总是采用净水泥（原浆水泥），大多使用外加剂处理的水泥浆。由于地层承压能力低或在高压层用于注高强度造斜水泥塞，对水泥浆密度有较大的变化范围的要求，因此在密度概念上，对正常水灰比条件下的密度而言，高于正常密度者称为高密度水泥浆，低于正常密度者称为低密度水泥浆。

低密度水泥浆主要是通过外加剂和过量的水来获得，降低密度后，除其他性能满足具体设计要求外，一般尽可能满足强度要求。低密度水泥浆一般用于低压易漏层固井。对于某些低密度水泥浆只作为领浆，起提高顶替效率的作用。

高密度水泥浆主要用于高压层与坍塌层。净水泥在最低用水量时，为满足流动性能要求而加入分散剂，其密度在 $2.1 \sim 2.16 g/cm^3$。为获得高密度水泥浆，更多的方法是掺入加重剂。掺入加重剂时应注意材料颗粒沉淀问题。

2. 水泥浆的水灰比

水泥和水混合能配成均质浆体，适应泵送，并有最低的流动阻力，而且浆体稳定、水泥颗粒不沉降，又不能离析出超过规定的清液。为满足上述要求，应具有合理的水灰比。

配制水泥浆所需水和水泥的质量百分比称为水灰比。

最小用水量：是指任何一种级别水泥混合后，稠度低于 30Bc（水泥稠度单位）的水泥浆所需要的水量。

最大用水量：为能使水泥颗粒悬浮，直到产生初凝，当以 250mL 量筒、配浆静止 2h 后、分离出清液小于 3.5mL 为条件，此时为配浆最大用水量。

API 各级别净水泥规定的水灰比，包含了两方面要求，即 30Bc 与析出 3.5mL 清液两个控制指标，API 水泥析出清液测定只对 G 级和 H 级这两个基本水泥规定了不超过 3.5mL 清液的标准。API 纯水泥标准的水灰比见表 2-2。

表 2-2 API 水泥水灰比

水泥级别	A	B	C	D	E	F	G	H
水泥浆密度，g/cm^3	1.87	1.87	1.78	1.97	1.96	1.94	1.895	1.974
水灰比,%	46	46	56	38	38	38	44	38

当水泥浆用水量小于上述水灰比，即小于最小用水量时，则难以配拌和泵送，在环形空间流动时将产生很高的摩擦阻力。如果环空地层有渗透性好的低压井段，水泥浆在此种条件下，产生压差渗透滤失，使水渗入地层，将造成憋泵事故。

3. 水泥浆的失水

1）控制失水要求

净水泥在渗透受压时，促使水泥浆失水（脱水），致使水泥浆增稠或“骤凝”而造成憋泵，进一步发展将薄弱地层压裂而井漏，引起注水泥作业事故。同时，水泥浆脱水也造成产层污染。水泥浆失水而改变流变性，也是降低顶替效率的一种因素。控制失水要求，是近代注水泥技术的一个主要方面。

2）各种作业类型的正常失水量标准

（1）套管注水泥，推荐失水量控制在100~200mL/30min。

（2）套管注水泥及挤水泥，推荐失水量控制在50~150mL/30min。

（3）能够有效控制气体窜动，推荐失水量控制在30~50mL/30min。

30~50mL/30min的失水量一般认为是最佳控制失水标准。控制水泥失水量，除水泥细度、最小水灰比外，主要通过降失水剂而获得。

4. 水泥浆的流变性

水泥浆对环空钻井液的有效顶替，除了套管居中度（环形面的几何形状）、顶替排量、泥浆与水泥浆的胶凝强度（静切力）、密度差值外，顶替流态是一个重要因素。当排量一定时水泥浆流体的流动剖面取决于流动状态，而流态又取决于流变参数。

测量和调整水泥浆流变参数，工程设计在于允许在排量和压力限制范围条件下，依据流变性能保持设计特性不变，以达到最佳顶替效率。稳定状态下流动的液体流型可分为塞流、层流和湍流，如图2-1所示。

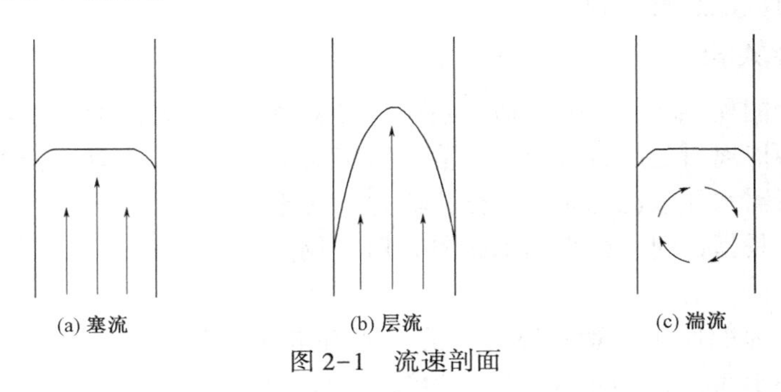
(a) 塞流　(b) 层流　(c) 湍流

图2-1　流速剖面

层流是指流体质点成层状，而且其层状与流动方向平行的流动。各层的流速均不相等，例如流体在管中的流动，当流速不太大时，流体质点在管壁处的流速为零（附壁效应），而且在轴心线上达到最大速度，流速剖面呈抛物线形。

湍流是整个流体体积中都充满小的旋涡，流体在管中流动，流体质点安全不规则流动，但各质点流动速度基本相同。

塞流是指流体通过管子时，质点的流动像塞状，故称为塞流。无论到管子轴心距离是多少，其流动速度都是一个常数。

由流动模式实验得到的结论是，水泥浆在两个极限速度时能有效地驱替钻井液，它是高速的湍流和低速的塞流。层流是顶替效率最差的一种流态。

5. 水泥石的收缩

水泥石在水化过程中会出现体积收缩，过大的体积收缩影响水泥石与套管及地层间的固结。水泥石的体积收缩与水泥浆水灰比、外加剂的选用、水泥的比表面积（水泥颗粒大小）有关。为此，大部分水泥浆应保证所配出的水泥浆体积等于其凝固后水泥石的体积，同时没有自由水分离出来。

6. 水泥浆的稠化时间

油井水泥在规定压力和温度下，从混拌开始至水泥浆稠度达 100Bc 所需要的时间，称为水泥浆的稠化时间。稠化时间是按 API 标准模拟井下条件而测定，现场施工由于条件差异性大，为更接近实际情况，对增温程序、压力应做一定修正。稠化时间的控制可通过加速凝剂和缓凝剂来实现，并考虑其他综合性能对水泥质量的影响和经济成本，尤其要获得合理的候凝时间条件。实际施工时间与稠化时间的关系是，稠化时间是现场施工时间再加 1~1.5h。稠化时间所规定的稠度不是取 100Bc，而是根据施工具体情况，稠度值在 50~70B 范围内，因为达到 70Bc 时水泥浆已很难泵送。

初始稠度为开始配浆后初期的水泥浆的流动性能。API 要求 15~30min 内稠度值应小于 30Bc。现场施工一般控制初始稠度值在 10Bc 以内。好的流动性能在整个注替过程应保持在低的稠度，现场一般控制在 50Bc 以内。碰压工序一结束，就要求达到稠化时间，稠度值应急剧升高。这种情况在现场被称为水泥浆的直角稠化。

要强调的是：直角稠化是指水泥浆符合注水泥设计要求的、在可控的范围内出现快速稠化的情况，要将其与水泥浆的闪凝区别开。水泥浆闪凝一般是指水泥浆在泵送初期出现不受控制的快速凝固，水泥浆出现闪凝，是水泥浆流态最差情况的表现，会引起“插旗杆”“灌香肠”等恶性注水泥事故。

（二）水泥浆的基本性能测试方法

由于油气井固井工程的特殊性，水泥配成浆体，它要适应注替过程、凝固过程及长期硬化过程的各方面要求，为此水泥浆应具备以下特性（基本要求）：

（1）能配成设计需要密度的水泥浆，不沉淀和好的流动度，适宜的初始稠度，且均质和不起泡。

（2）容易混合和泵送，好的分散性，较小的摩擦阻力。

（3）最佳流变性，获得好的顶替效率，其流动性能可通过外加剂进行调整。

（4）在注水泥、候凝、硬化期间应保持需要的物理性能及化学性能。

（5）已被置送在环空的水泥浆固化过程不应受油气水的侵染。顶替及候凝过程具有小的滤失量，固化后不渗透。

（6）当注水泥浆完毕，应当提供足够快的早期强度及其强度迅速发展，并有长期强度的稳定性。

（7）提供足够大的套管、水泥、地层间的胶结强度。

（8）具有抗地层水腐蚀的能力。

（9）满足射孔条件下较小的破裂程度。

（10）满足要求条件的稠化时间和抗压强度。

由于油气井固井工程的特殊性，水泥配成浆体，它要适应注替过程、凝固过程及长期硬化过程的各方面要求，为此水泥浆应具备以下特性：

（1）由于井深变化幅度大，封填井段从地面到 6000m 深度，水泥浆要适应大幅度温度条件变化需要，尤其是一种类型级别水泥，既要满足高温又要适应低温。而注水泥时水泥浆所受环境压力也在常压至 100MPa 的范围内变化。

（2）关于水泥浆的流动性能。由于水泥浆要通过上千米至数千米管道，然后又将被置替到条件复杂、间隙小的环形空间，为此要求水泥浆必须具有良好的流动性、可泵性。大量的浆体在有限注入泵量（受泵的功率和流动阻力限制）下，应有相应长的稠化时间来保证施工安全。同时提出较低的初始稠度，以便有效地顶替钻井液，有最小的滤失量，获得好的水泥环质量。

（3）能配成需要密度的水泥浆。依据平衡固井压力条件原则，针对地层的不同孔隙压力和破裂压力，配制水泥浆，密度可在 0.9~2.45g/cm^3 范围内调节。

（4）水泥浆固化后的抗压强度。由于井下条件要求应提供较高的早期强度，而且要求终凝后，有迅速强度发展特性，并能满足高温（110℃）环境下防止水泥石的强度衰退。抗压强度的形成过程还应满足最短的候凝时间，并能控制在候凝与固结后可能出现的油气水层对水泥浆柱体的窜扰。

（5）应满足水泥环质量要求。

试验 1　油井水泥细度测定

细度（水泥比表面积）是指单位质量的水泥粉末所具有的总表面积，单位为 m^2/kg。细度可影响油井水泥的水化速度和水泥浆流变性。细度值越大，则水泥粒子反应活性越大，水化速度越快，稠化时间越短，初始稠度高，水泥浆不易达到紊流状态。细度值越小，则水泥粒子反应活性越弱，水化速度越慢，水泥浆流动性好，但是形成的水泥石抗压强度低。

水泥细度测定试验一般用于检测油井水泥是否合格，测试方式分水筛法和负压筛法两种，如对两种方法试验结果有争议时，以负压筛法为准。

1. 水筛法

1）主要仪器设备

（1）水筛及筛座，水筛采用边长为 0.080mm 的方孔铜丝筛网制成，筛框内径 125mm，高 80mm。

（2）喷头，直径 55mm，面上均匀分布 90 个孔，孔径 0.5~0.7mm，喷头安装高度离筛网 35~75mm 为宜。

（3）天平（称量范围为 0~100g，感量为 0.05g）、烘箱等。

2）试验步骤

（1）称取已通过 0.9mm 方孔筛的试样 50g，倒入水筛内，立即用洁净的自来水冲至大部分细粉通过，再将筛子置于筛座上，用水压 0.03~0.07MPa 的喷头连续冲洗 3min。

（2）将筛余物冲到筛的一边，用少量的水将其全部冲移至蒸发皿内，沉淀后将水倒出。

（3）将蒸发皿在烘箱中烘至恒重，称量试样的筛余量，精确至 0.1g。

（4）将筛余量的质量克数乘以 2 即得筛余百分数，并以一次试验结果作为检验结果。

2. 负压筛法

1）主要仪器设备

（1）负压筛，采用边长为 0.080mm 的方孔铜丝筛网制成，并附有透明的筛盖，筛盖与筛口应有良好的密封性。

（2）负压筛析仪，由筛座、负压源及收尘器组成。

2）试验步骤

（1）检查负压筛析仪系统，调压至 4000~6000Pa 范围内。

（2）称取过筛的水泥试样 25g，置于洁净的负压筛中，盖上筛盖并放在筛座上。

（3）启动并连续筛析2min，在此期间如有试样黏附于筛盖，可轻轻敲击使试样落下。

（4）筛毕取下，用天平称量筛余物的质量（g），精确至0.1g，以筛余量的质量克数乘以4，即得筛余百分数，并以一次检验所得结果作为鉴定结果。

试验2　制备水泥浆

1. 需用仪器

天平、砝码、筛子、恒速搅拌器。

2. 制备方法

（1）过筛：水泥在混合之前，水泥试样应通过20号（850μm）筛网，称量留在筛网上的杂质，记录其所占过筛水泥的百分数，并记录其特征，然后将杂质扔掉。

（2）混合水：对于标准试验，应使用新鲜的蒸馏水或基本上不含二氧化碳的蒸馏水。对于常规试验，则可以使用饮用水。混合水应该用玻璃量筒取或用天平称重。

（3）水和水泥的温度：混合前，水的温度和水泥的温度均应为22.8℃±1.1℃。

（4）水灰比：各级油井水泥按质量百分比加入的水量应符合表2-3给出的数值，对于蒸发、润湿等不得补加水量。模拟现场试验，按固井设计要求确定水灰比。

表2-3　水泥浆组分含量要求

API水泥级别	水灰比,%	L，袋	混合水，g	水泥，g
A、B	46	19.6	355±0.5	772±0.5
C	56	23.9	383±0.5	684±0.5
D、E、F、H	38	16.2	327±0.5	860±0.5
G	44	18.8	349±0.5	792±0.5

（5）水泥和水的混合：将所需数量的水一次加入搅拌器的搅拌杯内，打开搅拌器低速挡（4000r/min±200r/min）转动时，在15s内加入全部称好的干水泥样品，盖上搅拌杯盖，然后高速（12000r/min±500r/min）转动再搅拌35s。搅拌时间用计时器自动控制，水泥浆配制好后，立即连续进行下一步试验操作。

3. 注意事项

（1）搅拌桨叶的质量不能损失10%以上，超过这个数值必须更换桨叶。研究表明：如果桨叶质量损失10%，那么测定的稠化时间数值也会偏差10%以上。

（2）样品加入浆杯的过程是模拟注水泥车的混灰过程，其中水泥样品15s内均匀加入过程是模拟注水泥车搅拌罐进灰的过程。因此，水泥样品不能一次倒入浆杯中。在实际操作中实验人员往往忽略了这一点。

（3）制备低密度水泥浆（含有微珠）时，必须全部使用4000r/min的转速搅拌低密度水泥浆，不能使用高速搅拌。这是因为在高速搅拌的情况下，低密度水泥浆中的部分微珠被破碎，造成制浆失败。

（4）制备化学泡沫水泥浆用于稠化试验时，应先把两种泡沫剂与水混合发气，发气结束后再加入油井水泥。

试验3　水泥浆密度测定

1. 测定仪器

测定水泥浆的密度使用水泥浆加压密度计或钻井液密度计。

（1）水泥浆加压密度计：测量范围在0.75～2.60g/cm³之间，最小刻度为0.01g/cm³。

（2）钻井液密度计。

（3）校准：定期进行检查校准。校准办法均采用在样品杯中放置蒸馏水或已知较高密度液体来校准。

2. 测定步骤

1）用水泥浆加压密度计测定

（1）在样品杯中加入水泥浆至样品杯上缘约6mm处。

（2）将盖子放在样品杯上，打开盖子上的单向阀。使盖子外缘和样品杯上缘表面接触，过量的水泥浆通过单向阀排出。将单向阀向上拉到封闭位置，用水洗净、擦干样品杯和螺纹，然后将螺纹盖帽拧在样品杯上。

（3）用专用加压柱塞筒吸取适量水泥浆，通过单向阀注入样品杯中，直到单向阀自动封闭。

（4）将样品杯外壳洗净、擦干，然后将密度计放在支架上，移动游码，使游梁处于平衡状态。读出游码箭头一侧的密度值。

（5）测定完后，重新连接专用加压柱塞筒，释放样品杯中的压力。拧开螺纹盖帽。取下盖子，将样品杯中的水泥浆倒掉。用水彻底清洗、擦干各部件，并在单向阀上涂抹润滑油脂。

2）用钻井液密度计测定

（1）将水泥浆倒入样品杯，边倒边搅拌，倒满后再搅拌25次除去气泡。

（2）盖好盖子并洗净从盖中间小孔溢出的水泥浆。

（3）用滤纸或面巾纸将密度计上的水擦干净。

（4）将密度计放在支架上，移动游码，使游梁处于平衡状态，读出游码左侧所示的密度值。

（5）测定完后，将样品杯中的水泥浆倒掉，用水彻底清洗各部件并将其擦干净。

试验4　测定水泥浆稠化时间

在规定压力与温度条件下，从搅拌开始至水泥浆稠度达到100Bc时所需要的时间，称为稠化时间。它是模拟现场注水泥过程所得到的室内实验值，即从混拌水泥浆开始计起，直到水泥浆沿套管到达井底，而后由环空返至预定的高度为止的全部时间。

1. 测定仪器

用于测量水泥浆稠化时间的仪器称为稠化仪，可分为常压稠化仪和增压稠化仪。增压稠化仪又可分为中温中压稠化仪和高温高压稠化仪。中温中压稠化仪最高工作温度及压力为200℃和170MPa；高温高压稠化仪最高工作温度压力分别为315℃和275MPa。稠化仪主要由压力釜、传动系统、温度测量及控制系统、压力测量及控制系统、稠度测量系统、加热系统和冷却系统组成。

2. 测定条件

稠化时间是水泥浆最主要的物理性能指标，而影响水泥浆稠化时间的主要因素是温度和压力。

1）井底循环温度的计算

（1）套管和尾管注水泥时井下的循环温度计算。当井眼垂直深度超过 3048m 时，井底循环温度（T_{BHCT}）按下式计算：

$$T_{BHCT}=T_a+\frac{0.01989\times H\times(T_g\times 0.54864+0.32)-10.0915}{1.0-0.00004938\times H}-32\times 0.556 \tag{2-1}$$

其中，T_g 的计算公式如下：

$$T_g=\frac{T_{BHST}-T_a}{H}\times 100 \tag{2-2}$$

式中 T_{BHCT}——井底循环温度,℃；

T_a——地表平均温度,℃；

T_g——地温梯度,℃/100m；

H——井眼垂直深度，m；

T_{BHST}——井底静止温度,℃。

（2）挤水泥时井下的循环温度（T_{PSQT}）按下式计算：

$$T_{PSQT}=T_a+\frac{0.0251\times H\times(T_g\times 0.54864+0.32)-8.2021}{1.0-0.00002647\times H}-32\times 0.556 \tag{2-3}$$

式中 T_{PSQT}——挤水泥井底循环温度,℃。

如有实测的井下温度，则应选择实测值作为水泥浆的试验温度。

2）水泥浆的试验压力

（1）井底液柱压力。

一种水泥浆返至地面的液柱压力按下式计算：

$$p_{BHP}=\frac{h_c\rho_{cs}}{100} \tag{2-4}$$

多种密度浆体的液柱压力按下式计算：

$$p_{BHP}=\frac{1}{100}(h_c\rho_{cs}+h_c\rho_s+h_m\rho_m) \tag{2-5}$$

式中 p_{BHP}——井底液柱压力，MPa；

ρ_s——隔离液密度，g/cm^3；

ρ_{cs}——水泥浆密度，g/cm^3；

ρ_m——钻井液密度，g/cm^3；

h_c——水泥浆长度，m；

h_s——隔离液长度，m；

h_m——钻井液长度，m。

（2）挤水泥时水泥浆试验的最大挤注压力。在满足井口设备、套管或挤水泥工具的最大工作压力条件下，可根据实际测的最大允许挤注压力或地层破裂压力确定最大挤注压力。

（3）堵漏时水泥浆的试验压力。根据地层漏失当量密度和满足继续钻井作业所要求地层能承受的钻井液当量密度，确定堵漏时水泥浆的试验压力。

（4）水泥浆初始压力。水泥浆初始压力为前导水泥浆注入井口时的压力，一般相当于钻井液流动时的循环泵压。初始压力也可按 API RP10B-2—2013《油井水泥的测试推荐规程》中的压力进行选择。

（5）水泥浆温度和压力的试验方案。

升温速率（ΔT）按下式计算：

$$\Delta T=\frac{T_{BHCT}-T_{SST}}{t_{disp}} \tag{2-6}$$

其中，t_{disp} 的计算公式为

$$t_{disp}=V_1/Q_0 \tag{2-7}$$

式中 ΔT——升温速率,℃/min；

T_{BHCT}——井底循环温度,℃；

T_{SST}——水泥浆地面温度,℃；

t_{disp}——前导水泥浆从井口至井底的时间，min；

V_1——套管柱内容积，L；

Q_0——前导水泥浆从井口到井底的平均排量，L/min。

如果水泥浆未返至地面，只封固到井内某一位置，则水泥浆的试验温度和压力按以下两个阶段设置，第一阶段是升温升压至井底循环温度和压力，并在该温度和压力下试验30min；第二阶段是将试验温度压力降至水泥顶部处的循环温度和压力，继续以该温度和压力进行试验直至结束。第二阶段的降温降压速率可按以下公式计算：

$$\Delta t=\frac{T_{TOCT}-T_{BHCT}}{t_a} \tag{2-8}$$

$$\Delta p=\frac{p_{BHP}-p_{TOCP}}{t_a} \tag{2-9}$$

$$t_a=V_2/Q_a \tag{2-10}$$

式中 T_{TOCT}——水泥浆顶部处的循环温度,℃；

p_{BHP}——井底液柱压力，MPa；

p_{TOCP}——水泥浆顶部处的压力，MPa；

t_a——前导水泥浆从套管底部返至环空预定位置的时间，min；

V_2——环空水泥浆封固段的平均容积，L；

Q_a——顶替环空水泥浆的平均排量，L/min。

3. 测定步骤

（1）将浆杯轻轻放入杯套内，使浆杯、杯套的缺口对齐。

（2）打开总电源开关。按照试验中升温方案的初始值，设置温度拨码式调节器的下一排数字。然后接通加热器电源。在温度完全稳定后，再进行下面的步骤。

（3）将调整好的指示计倒置，装上浆叶。

（4）将配好的水泥浆小心的倒入浆杯，直到水泥浆与杯内壁上的刻线相平。

（5）接通电动机电源，电动机带动浆杯转动。同时记住开机时间。

（6）隔一定时间记录时间和稠度值。当指示计指针指到预定数值的时候，关闭电动机电源。

（7）关闭加热器电源。取出指示计和浆杯，注意浆杯温度较高，切勿烫伤。

（8）将水泥浆倒入桶内。用水冲洗浆杯和桨叶，擦干并涂上油脂，放在仪器右侧。

4. 注意事项

（1）水泥浆必须装满浆杯，不然稠化仪用油会进入浆杯中污染水泥浆，导致试验失败。

（2）电位计校正时，必须使电位计接触臂与电阻片接触压力适度，保证稠化曲线平滑。如果电位计接触臂与电阻片接触过紧，那么稠化曲线会出现台阶现象，稠化曲线会出现毛刺现象。

（3）测定含有微珠的低密度水泥浆稠化时间时，常出现稠化曲线有锯齿形仪指针不稳的现象。造成这种现象的原因：一是低密度水泥浆中含有大颗粒的物质；二是低密度水泥浆中的部分微珠破碎或水渗入微珠，可以通过把稠杯橡胶隔膜扎几个小孔来部分消除这种现象。

（4）卸高温试验或发气水泥试验的浆杯时，一定要先冷却浆杯到安全温度，然卸松浆杯的防喷帽，使浆杯里的气体缓慢放出，以免发生危险。

（5）在水泥浆倒入浆杯的过程中，可能发生离析，可用刮刀在搅拌杯中搅拌可减少离析。如果从搅拌停止到完成灌浆的时间短，就不易产生分层现象。

5. 影响稠化时间试验的主要因素

（1）试验温度和压力。温度和压力是影响稠化时间的主要因素，随着温度的升高，水泥的水化速度加快，稠化时间缩短，反之，稠化时间增长。在试验温度相同时，试验压力增加，稠化时间缩短，反之，稠化时间延长，但其影响程度没有温度的明显。所以，在进行稠化时间试验时，必须将试验温度控制在误差范围之内。

（2）电位计。电位计要经常校准，否则将导致稠化时间结果不准确。

（3）电动机的转速。电动机的转速即水泥浆的搅拌速度，直接影响水泥浆的稠化时间，所以其转速必须控制在误差范围之内。

试验 5　测定水泥浆流变性能

液体的流变性是指液体在外力作用下所产生的流动和变形特性，也即作用于流体的层间剪切应力与液体变形（流动）的特性。目前常用的流变性测定仪是同轴筒式旋转黏度计，该仪器具有操作简便、迅速的特点。

1. 测定仪器

使用的仪器有旋转黏度计、计时器、温度计或热电偶。电动六速旋转黏度计采用双速同步电动机，仪器有六个转速，每个转速相应的速度梯度见表 2-4。

表 2-4　六速旋转黏度计速度梯度表

转速，r/min	600	300	200	100	6	3
速度梯度，s^{-1}	1022	511	340	170	10	5

旋转黏度计是一个由电动机驱动的直读测试仪器，对于每一个固定的转速，外筒都是以恒定的转速旋转，当外筒旋转时，水泥浆也随之旋转，并在内筒面产生一个力矩，使内筒扭

转一个角度，从而在刻度盘上反映出来，通过不同的转速，得到不同的扭矩值，最后折算出水泥浆的流性指数和稠度系数：

$$n=2.096\lg\left(\frac{\phi_{300}}{\phi_{100}}\right) \tag{2-11}$$

$$k=0.511\left(\frac{\phi_{300}}{511^{n}}\right) \tag{2-12}$$

式中 n——流性指数；

k——稠度系数，Pa · s^n；

ϕ_{300}——转速为 300r/min 的读数，格；

ϕ_{100}——转速为 100r/min 的读数，格。

测量水泥浆流变性时，必须重复 3 次，误差为±1 格，取 3 次的平均值作为水泥浆流变参数的基本数据。

2. 测定步骤

液体的流变性是指液体在外力作用下所产生的流动和变形特性，即作用于流体的层间剪切应力与液体变形（流动）的特性。

（1）检查仪器各转动部件、电器及电源插头是否安全可靠。

（2）向左旋转外转筒，取下外转筒。将内筒逆时针方向旋转并向上推与内筒轴锥端配合。向右旋转外转筒，转上外转筒。

（3）接通电源 220V/50Hz。

（4）拉动三位开关，调至高速或低速挡。

（5）仪器转动时，轻轻拉动变速杠杆的红色手柄，根据标示变换所需要的转速。

（6）将仪器以 300r/min 和 600r/min 转动，观察外转筒不得有摆动。如有摆动应停机重新安装外转筒。

（7）以 300r/min 转动，检查刻度盘指针零位是否摆动。如指针不在零位，应参照仪器校验的“空载零位校验”。

（8）将刚搅拌过的钻井液倒入样品杯内至刻度线处（350mL），立即置于托盘上，上升托盘使杯内液面达到外筒刻度线处。

（9）迅速从高速调整到低速进行测量，待刻度盘的读数稳定后，分别记录各速度梯度下的读数。对其他触变性流体应在固定速度梯度下，剪切一定时间，取最小的读数为准；也可以采用在快速搅拌后，迅速转为低速进行读数的方法。

（10）计算样品的流性指数和稠度系数。

（11）测试完毕后，关闭电源，松开扳手轮，移开样品杯。

（12）轻轻卸下外转筒，并将内筒逆时针方向旋转垂直向下用力，取下内筒。

（13）清洗外转筒，并擦干，将外转筒安装在仪器上，清洗内筒时应用手指堵住锥孔，以免脏物和液体进入腔内，内筒单独放置在箱内固定位置。

试验 6 测定水泥浆静失水量

对于温度低于 90℃的试验，可将水泥浆在常压稠化仪或加压稠化仪或者搅拌失水仪中搅拌后，在静失水仪中进行试验；对于温度高于 90℃的试验，可将水泥浆在加压稠化仪或搅拌失水仪中搅拌后，在静失水仪中进行试验。无论水泥浆是在稠化仪还是在搅拌失水仪搅拌，失水量都是在静止条件下测得的。

1. 测定仪器

使用的仪器有高温高压失水仪、J 型热电偶、压力表。高温高压失水仪由一个支架和一个圆筒总成构成。圆筒内径应为 54.1mm ± 0.01mm，圆筒内部最小高度应为 63.5mm 或 215.9mm，过滤面积必须为 $2258mm^2$。圆筒总成由不受碱性溶液腐蚀的材料制成，便于压力介质从其顶部进入和排出。圆筒底部应该用一个端盖来密封，端盖上带有一个排泄管和几个必要的密封圈以保证有效的密封。高温高压失水仪的结构应使失水筒放入能恒温的加热套筒内进行加热和滤失。

2. 测定步骤

1）常压下水泥浆调节

制备好水泥浆，并将水泥浆倒入常压稠化仪浆杯中，按最接近实际的模拟稠化时间试验方案将水泥浆加热至预计井底循环温度或预计挤水泥温度，如果常压稠化仪没有安装测量水泥浆温度的装置，则应按合适的方案加热介质。水泥浆加热搅拌后，应取出并不断用刮刀搅拌水泥浆，以确保水泥浆均匀。

2）将水泥浆倒入失水仪

（1）在调节水泥浆期间，必须准备好失水筒，失水筒必须干净且干燥。

（2）关闭压力阀，将水泥浆倒入失水仪浆筒。对于 12.7cm 的失水筒，水泥浆面应在支撑筛网的台下 2.5cm±0.6cm；对于 25.4cm 的失水筒，水泥浆面应在支撑筛网的台下 5.1cm±0.6cm。失水仪浆筒中水泥浆不要装得过满，以免水泥浆的热膨胀导致危险。

（3）然后依次在失水筒上放置筛网和“O”形密封圈，上紧端盖。准备就绪后，对失水仪浆筒内施加 3450kPa±345kPa 的压差，此时，不能关闭试验阀。

3）加热（对非搅拌式失水仪）

（1）对于试验温度低于 90℃ 的失水试验，应尽快地开始试验。应在水泥浆调节后 6min 内开始试验，打开失水筒底阀。完成水泥浆调节即是水泥浆加热方案的结束。

（2）对试验温度高于 90℃ 的失水试验，应尽快将失水仪以与加热套一样快的速率加热到试验温度。应在水泥浆调节完成后 6min 内开始加热。完成水泥浆调节即是完成，加热方案，然后进行冷却。记录到达试验温度的时间。

4）试验准备

（1）关闭失水仪顶阀，释放压力管线中的压力并断开氮气管线。

（2）倒置失水仪浆筒，以便使筛网在底部。

（3）将回压接收器（或冷凝管）与滤液出口连接，如果使用回压接收器，在实验温度下，应对其施加足够的压力，避免水泥浆滤液在试验温度下沸腾。

（4）连接氮气管线，并对失水筒施加 6895kPa±345kPa 的压差。打开失水筒顶阀，对失水筒施加并保持 6895kPa±345kPa 的压差。

5）失水试验

（1）打开底阀（开始试验），试验应在倒置失水筒后 30s 内开始。在试验期间，试验温度应保持存所规定的温度。

（2）收集滤液并记录 30s，以及 1min、2min、5min、7.5min、10min、15min、25min 和 30min 时的滤液量，滤液量应准确至±1mL。另外，还可以用连续称重和记录滤液量。如果选用称重法，则必须称量和记录 26.7℃下的滤液密度，并且记录此密度下滤液的体积。当使用冷凝器时，应计算冷凝器中的滤液量。

（3）如果试验不到 30min 就发生“气穿”，应记录“气穿”发生的时刻以及滤液量。关闭失水仪所有的阀和加热器。

（4）计算 API 失水量。对 30min 内没有发生“气穿”的试验，测量收集到的滤液量，并乘以 2 作为 API 失水量。对试验不到 30min 发生“气穿”的试验，应用下面公式计算其 API 失水量：

$$\text{API 失水量}=2\times Q_t\frac{5.447}{\sqrt{t}} \tag{2-13}$$

式中 Q_t——失水试验中发生“气穿”时所收集的滤液量，mL；

t——失水试验中发生“气穿”时所经过的试验时间。

3. 注意事项

（1）冷却失水仪到安全可以操作的温度并释放压力。

（2）确保释放了所有的压力后，拆卸失水仪浆筒如果高温试验需要先冷却失水仪浆筒。检验“O”形密封圈或筛网是否有孔或损坏，如果“O”形密封圈或筛网有损坏，应废弃试验结果并重新进行试验。

（3）记录水泥浆的失水量时，试验在 30min 内未发生“气穿”所测得的失水量存试验报告中应记录为“API 失水量”；试验在 30min 内发生“气穿”得到失水量在试验报告中应记录为“计算的 API 失水量”。

试验 7　测定水泥浆游离液含量

游离液是由水、外加剂、微细水泥颗粒及杂质组成，它对水泥环与地层和套管的胶结和支承有着不良的影响。如果水泥浆出现游离液，含游离液多的上部水泥浆凝固时，将形成多孔的、脆弱性的、抗压强度性能差的水泥石。如果游离液聚在一起，将形成水环，致使水泥环不连续。这对封固质量非常不利。按不同应用要求，允许由一定量的游离液。

1. 测定仪器

使用的仪器有稠化仪、天平、实验瓶。

2. 测定步骤

（1）制备水泥浆。

（2）将制备好的水泥浆注入洁净、干燥的稠化仪浆杯内至同一水平面（浆杯内刻度指示槽）。

（3）根据仪器的操作说明装好浆杯和相关部件，将其放入稠化仪内。从完成制浆到开动稠化仪的时间间隔不超过 1min。

（4）在稠化仪内搅拌水泥浆 20mim±30s，在整个搅拌过程中，液浴的温度应恒定在 27℃±1.7℃。

(5) 在 1min 内将 790g±5g 的 H 级水泥浆或 760g±5g 的 G 级水泥浆直接移至洁净、500mL 干燥锥形瓶瓶内，记下实际移入的质量，并用橡胶片（塞）密封锥形瓶。

(6) 将装有水泥浆的锥形瓶放在水平且无振动的台面上。锥形瓶的环境温度应为 22.8℃±2.8℃。测定环境温度的温度测量元件应满足要求。装有水泥浆的锥形瓶应静止 2h±5min。

(7) 静置 2h 后，将上层析出的清液用移液管或注射器移出。测量和记录析出清液的体积，准确至±0.1mL，并将此读数作为游离液的毫升数。

(8) 将游离液的毫升数换算成占原体积（约 400mL，取决于原水泥浆的质量）的百分数，以此值作为游离液的含量。

(9) 游离液含量的计算公式为

$$FF = V_{FF} \cdot \rho \times 100 / m_s \tag{2-14}$$

式中 FF——水泥浆中游离液含量,%;

V_{FF}——游离液的体积，mL;

m_s——初始的水泥浆质量，g;

ρ——水泥浆的密度，g/cm^3。

当水灰比为 0.38 时，H 级水泥浆密度为 1.98g/cm^3；当水灰比为 0.44 时，G 级水泥浆密度为 1.909/cm^3。

3. 注意事项

(1) 试验瓶装入水泥浆后不要经常移动，避免人为造成的试验误差。

(2) 试验瓶装入水泥浆后，试验瓶瓶口上一定要用橡胶片或密封塞，减小蒸发造成的试验误差。

试验 8　水泥石抗压强度测定

1. 测定仪器

使用的仪器有 2in 立方试模、抗压强度试验机、底板和盖板、常压养护箱（常压水浴和加压养护釜）、冷却水浴、温度测量系统、搅拌棒、试模密封油脂和脱模剂。

常压养护箱用于水泥试块的养护，由加热器、电气部分、温度控制器、不锈钢箱体等组成，可以同时做多个水泥式样的养护，设有温度控制器，用来控制水箱温度。养护水浴或水箱的尺寸应适合将抗压强度试模全部浸入水中，其温度应在规定的试验温度±2℃范围内，目前主要有常压容器和高压容器。

(1) 常压容器：适用于在 82℃或更低的温度下养护试样，应有一个合适的搅拌器或循环系统，确保容器内温度均匀。

(2) 高压容器：加压养护釜由直径为 9in 带有夹套的不锈钢釜体，用于堵塞釜体的釜盖组成。最高温度可达 260℃，压力为 21MPa 或 35MPa，正常试验过程中压力可在 0~21MPa 之间通过减压阀来调节。压力釜由一个用微处理机控制器控制的 3500W 的外部加热器来加热，能在 74min 内将温度从 27℃均匀地升至 174℃。同时养护釜配备了安全装置，安装在压力表上的可调式触点开关用来在压力低于或高于选定值时切断工作电源。过压保护由泄压阀或爆裂盘实现，如果压力超过最大额定值，釜内水压将通过爆裂盘排出。

2. 测定步骤

1）试模准备

试模是2in立方体，两个制成一联。底板和盖板应使用最小厚度为约6mm的玻璃板或非腐蚀性金属板，在与水泥顶部接触的盖板表面上开一凹型糟。抗压强度试验的试模按下列方法准备：在试模的内表面和板的接触面涂一层薄的黄油，每个试模在组装时两部分的接触面也应涂上黄油，以便使连接处不透水；多余的黄油要从已装好的试模内表面清除掉，要特别注意拐角处；将试模放在涂有薄层黄油的底板上，在试模和底板的外接触面也有必要涂上黄油。组装好的试模应不渗水，试模内表面应确保没有多余的密封油脂。

2）水泥浆的制备与装模

将水泥浆倒入准备好的试模至试模深度1/2处，在所有试模都倒入水泥浆后，用搅拌棒搅拌每个试样大约30次，以消除水泥浆的离析，然后倒入试模至溢出，用直尺刮掉过量的水泥浆，使之和试模上部持平。用捣棒搅拌浆杯中剩余的水泥浆以防沉淀，并倒满每一试模。按上述方法，再分别搅拌30次。每一试模用水泥浆充满后，将涂有黄油的盖板盖在试模上部。对于一次试验测定，试样应不少于3块。渗漏的水泥浆的样品应扔掉。

3）试样养护

（1）常压养护。

试模装好后，立即放入所需养护温度的水浴中。试模应放在水浴中距水浴底部有一定距离的带穿孔的隔板上，以便在养护期间水能够在样品周围循环。对于养护时间<24h的试验，试样应在测试强度之前约45min从养护水浴中取出，并立即脱模，然后放入温度为27℃±3℃的水浴中养护约35min；对于养护时间≥24h的试验，试样应在水泥浆开始混合后的20~23h从养护水浴中取出，并立即脱模，然后再放回养护水浴。试样应在养护水浴中继续养护，直到测试强度之前约45min为止。此时应将试样转移到温度为27℃±3℃的水浴中养护约35min。

（2）加压养护。

对于压力高于常压的养护，试模装好并盖上顶盖后，立即放入试验要求的初始温度（通常为27℃±3℃）的加压养护釜中。直到试样进行强度测试之前的1h45min为止，此时应停止加热。在以后的60min内，温度应降至93℃或更低，但不释放压力，由热收缩引起的除外。在试样进行强度测试之前的45min时，应逐渐释放剩余的压力（避免损坏试样），然后将试样脱模、放入水浴，在27℃下养护约35min，直到抗压强度测试。

（3）养护时间。

养护时间是指从试样在养护容器内开始升温到试样进行强度试验所经过的时间。对于常压下养护的试样，水泥浆装模后立即放入养护水浴中的时刻为养护时间的开始，试样进行强度试验时为养护时间的结束。对于高压下养护的试样，试样被密封在养护容器内之后，立即开始加压升温的时刻为养护时间的开始，试样进行强度试验时为养护时间的结束。规定的试样养护时间为8h和24h。推荐试样养护时间为8h、12h、18h、24h、36h、48h或72h。

（4）养护温度和压力。

温度低于82℃，在常压和82℃或更低温度下的养护，推荐下列养护温度：27℃、38℃、50℃、60℃、70℃、82℃；温度高于82℃的养护方案详见表2-5。

表 2-5 高压养护抗压强度试样的规范试验方案

方案	压力 psi(kPa)	温度,℉(℃)[1] 从开始升温、加压所经过的时间,h:min(±2min)										
		0:00	0:30	0:45	1:00	1:15	1:30	2:00	2:30	3:00	3:30	4:00
4s	3000 (20700)	80 (26.7)	116 (47)	120 (49)	124 (51)	128 (53)	131 (55)	139 (59)	147 (64)	155 (68)	162 (72)	170 (77)
6s	3000 (20700)	80 (26.7)	133 (56)	148 (64)	154 (68)	161 (72)	167 (75)	180 (82)	192 (89)	205 (96)	218 (103)	230 (110)
8s	3000 (20700)	80 (26.7)	153 (67)	189 (87)	210 (99)	216 (103)	223 (106)	236 (113)	250 (121)	263 (128)	277 (136)	290 (143)
9s	3000 (20700)	80 (26.7)	164 (73)	206 (97)	248 (120)	254 (123)	260 (127)	272 (133)	284 (140)	296 (147)	308 (153)	320 (160)

①在剩余的养护期内,最终温度应保持在±3℉(±1.7℃)的范围内。

4)抗压强度测试

试块从冷却水浴中取出后应立即进行测试。

(1)使用液压验机,对于正常强度的试样,加荷速率应为每分钟 71.1kN;对强度为 3.5MPa 或更低的试样,加荷速率应为每分钟 17.9kN。当接近极限强度时,不应再调整试验机的控制部分。

(2)在计算抗压强度时,除非试块的尺寸与规定尺寸 50.8mm 相差 1.6mm 或更多,否则,试块的横截面积与规定面积 2580mm^2 的偏差应忽略不计。同一样品、同一试验周期的所有合格试块的抗压强度应取平均值并精确到 0.1MPa,并记录其结果和试验方案。

5)抗压强度试验机使用方法

(1)根据试样选用试验机量范围,挂好铊,对准刻线。

(2)调整缓冲阀使之与量程范围相适应。

(3)转动总开关接通电源(此时绿灯亮)。

(4)开动油泵电动机(按绿灯,此时红灯亮),拧开送油阀使活塞上升一段,然后调指针对零后,停止油泵电动机。

(5)启动加载速度指示器电动机,并迅速调到适当的位置,此时指示盘保持一定的速度旋转。

(6)放好试样,启动油泵电动机,迅速将送油阀手柄调到相应的位置,应保持试样加载时指针与指示盘同步旋转,直至试样块压碎,关闭送油阀,并停止油泵电动机和指示器电动机。

(7)记录试验数值。

(8)打开回油阀,拨回从动针。

(9)消除被压碎的试件。

6)实验数据处理

抗压强度的计算公式为

$$\sigma_{抗压}=P/S \tag{2-15}$$

式中 P——载荷,N;

S——试样承压面积,m^2。

一般取三个样品的算术平均值，作为最后的实验结果。最低抗压强度要求见表2-6。

表2-6　抗压强度规范要求

水泥级别	方案	养护温度		养护压力 psi（kPa）	规定养护期的抗压强队最小值			
					8h		24h	
		℉	℃		psi	MPa	psi	MPa
A	—	100	38	常压	250	1.7	1800	12.4
B	—	100	38	常压	200	1.4	1500	10.3
C	—	100	38	常压	300	2.1	2000	13.8
D	4s	170	77	3000（20700）	—	—	1000	6.9
	6s	230	110	3000（20700）	500	3.4	2000	13.8
E	4s	170	77	3000（20700）	—	—	1000	6.9
	8s	290	143	3000（20700）	500	3.4	2000	13.8
F	6s	230	110	3000（20700）	—	—	1000	6.9
	9s	320	160	3000（20700）	500	3.4	1000	6.9
G、H	—	100	38	常压	300	2.1	—	—
	—	140	60	常压	1500	10.3	—	—

任务考核

一、理论考核

（一）选择题

（1）干水泥的密度通常为（　　）左右。

（A）2.15g/cm³　　（B）3.15g/cm³　　（C）3.50g/cm³　　（D）4.15g/cm³

（2）常用G级水泥的水灰比是（　　）。

（A）38%　　（B）44%　　（C）46%　　（D）50%

（3）在密度概念上，对正常水灰比条件下的密度而言，正常密度是指密度在（　　）。

（A）1.78~1.98g/cm³　　（B）1.78~1.90g/cm³

（C）1.90~1.95g/cm³　　（D）1.95~2.0g/cm³

（4）高密度水泥浆主要用于（　　）固井。

（A）高压层与坍塌层　　（B）漏失井

（C）低压易漏层　　（D）复杂井

（5）快凝早强油井水泥的特点中不包括（　　）。

（A）快凝　　（B）早强　　（C）流动性好　　（D）难以泵送

（二）判断题

（1）配制水泥浆，所需水和水泥的质量百分比称为水灰比。（　　）

（2）200~500mL/30min的失水量一般认为是最佳失水控制标准。（　　）

（3）塞流是整个流体体积中都充满小的旋涡，流体在管中流动，流体质点完全不规则流动，但各质点流动速度基本相同。（　　）

（4）API 定义的最大用水量：与任何一种水泥混合成的水泥浆，其凝固后的体积等于水泥浆的体积，而且其分离出的自由水量少于 1.5%。（　　）

（5）水泥浆出现闪凝，是水泥浆流态最好的表现。（　　）

（三）填空题

（1）细度可影响油井水泥的水化速度和水泥浆流变性。细度值越大，则水泥粒子反应活性越________，水化速度越________，稠化时间越________，初始稠度________，水泥浆不易达到紊流状态。细度值越小，则水泥粒子反应活性越________，水化速度越________，水泥浆流动性________，但是形成的水泥石抗压强度________。

（2）油井水泥在规定压力与温度条件下，从搅拌开始至水泥浆稠度达到________Bc 时所需要的时间，称为水泥的稠化时间。

（3）卸高温试验或发气水泥试验的浆杯时，一定要先________，然后________，使浆杯里的气体缓慢放出，以免发生危险。

（4）收集滤液并记录 30s，以及________、________、________、________、______、________、________和________时的滤液量，滤液量应准确至________mL。

（5）常压养护箱用于水泥试块的养护，由________、________、________、________等组成。

（6）将水泥浆倒入准备好的试模至试模深度________处，在所有试模都倒入水泥浆后，用搅拌棒搅拌每个试样大约________次，以消除水泥浆的离析。

（7）试模装好后，立即放入所需养护温度的水浴中，对于养护时间小于 24h 的试验，试样应在测试强度之前约________min 从养护水浴中取出，并立即脱模，然后放入温度为________℃的水浴中养护约________min。

（8）使用液压试验机，对于正常强度的试样，加荷速率应为________；对强度为 3.5MPa 或更低的试样，加荷速率应为__________。

二、技能考核

（1）试验数据。

水泥级别________；水灰比________；水泥浆密度________；设备号________。

将黏度计读数和稠度值记录入表 2-7 和表 2-8 中。

表 2-7　黏度计读数

表 2-8　稠度值记录

（2）绘实验曲线。

项目二　水泥外加剂及特种水泥浆体系

任务描述

水泥外加剂配合适当的水泥浆体系可满足不同的地层条件固井的需要，而且对于特殊井的固井也有很大的帮助，能够做到高质量、快速的固井，从而达到节约成本的目的。此任务介绍水泥外加剂的类型、作用及特点，要求能够根据不同的现场情况正确的选择水泥外加剂以调节固井工作液的性能，并了解几种常见特种水泥浆体系。

任务分析

选择水泥外加剂的关键是对每一外加剂的作用及其特点熟练掌握，以便根据现场的实际情况正确的选出合适的、满足需要的水泥外加剂。

学习材料

油井水泥的种类有限，为了满足不同情况下固井施工和固井质量的要求，在水泥浆中一般需要加入各种外加剂调节水泥浆的性能。特别是随着石油工业的发展，固井所面临的条件也越来越复杂（如深井、超深井、调整井的增多，水平井、大位移井、小井眼井的发展等），对水泥浆的性能提出了更高的要求，外加剂及外掺料的使用也更加广泛，对外加剂及外掺料的要求也更高。

近年来，关于水泥外加剂的研究发展迅速，目前已发展到11类100多种，常用的有缓凝剂、促凝剂、降失水剂、分散剂、防气窜剂、加重剂、减轻剂等。这些外加剂的适当配合能使水泥浆体系基本上满足各种地层条件和固井的需要。

一、油井水泥外加剂的概念及作用

（一）油井水泥外加剂的概念及分类

纯油井水泥由于受粒径、内部矿物成分等的固有特性的影响，稠化时间、失水量、流变性等性能参数相对单一，且固化后的水泥石存在高温条件下强度衰减严重、渗透率高、体积收缩、脆性等难以克服的缺陷，早已远远不能满足工艺技术指标。为满足固井作业和固井质量的要求，配制水泥浆时必须添加各种外加物来调节水泥性能，这些外加物称作油井水泥外加剂。

目前油井水泥外加剂用量已经占到油田钻井化学剂用量的38%，通过向水泥中加入一定种类、剂量的油井水泥外加剂，可以控制、改善水泥浆的流变性能和水泥的水化、凝结性能，提高水泥石的综合性能，保证固井质量。

油井水泥外加剂按照添加比例可分为外加剂和外掺料。

（1）外加剂：按要求改变水泥浆性能，掺量不大于水泥质量的5%的化学剂。外加剂多为液体，常见外加剂种类包括降失水剂、分散剂、缓凝剂、早强剂、促凝剂、防气窜剂、膨胀剂等。

（2）外掺料：为适应单井固井需要，在油井水泥中掺量大于5%的材料。外掺料多为固体材料，一般包括加重剂、减轻剂、减少高温条件下强度衰退材料等。

（二）固井条件要求对水泥外加剂进行改性处理

（1）钻井深度增加，采油工艺技术的提高，要求有更高的固井质量。

（2）温度大范围变化，如冰点以下的永久冻土带固井、27~100℃的一般温度井固井、230~260℃的超深井高温固井、800~1000℃的燃烧井固井。

（3）压力条件由常压至200MPa变化。

（4）腐蚀条件，含硫酸钠、硫酸镁和氧化镁的地层水对水泥石的破坏。

（5）漏失，水泥浆柱动或静液柱压力与地层破裂压力不平衡，要求改变水泥浆密度。

（6）特殊岩性条件，例如水泥对盐岩层封固要求胶结强度及对溶解控制。

（7）满足顶替效率的要求，对水泥浆流变性能的调整。

（8）钻井液污染控制，水泥浆要具有良好的相容性。

（9）因此，固井工艺使用单一或纯净的水泥已远不能满足现代固井工艺技术发展的需求，只有发展多种水泥外加剂，达到对水泥性能的控制、调整、改变，才能满足各种类型井和复杂条件的固井需要。

（三）加入外加剂对水泥浆性能的影响

（1）调整密度，一般在1.26~2.6g/cm^3之间变化，加入微珠或充气水泥密度可低于1.0g/cm^3。

（2）增大抗压强度，抗压强度可提高至100MPa。

（3）调节稠化时间，有数秒内凝固的，有超过36h以上仍有可泵性的水泥浆。

（4）流动度可在大幅度范围内调整。

（5）控制失水，可使水泥浆高压失水控制在20~30mL以下。

（6）改变水泥化学成分或增加致密性，提高抗蚀能力。

（7）加入细纤维粉，使之形成具有弹性的水泥石，防止脆裂。

（8）提高热稳定性，降低渗透率。

（9）使水泥浆在凝固过程中具有膨胀性。

二、常用油井水泥外加剂

（一）外加剂

1. 促凝剂

用于缩短水泥浆的稠化时间，加速水泥水化反应和提高早期强度的外加剂称为促凝剂。许多无机盐都可作为波特兰水泥的速凝剂，其中最为常见的是氯化盐、碳酸盐、硅酸盐（特别是硅酸钠）、铝酸盐、硝酸盐、硫酸盐、硫代硫酸盐和碱性化合物，例如氢氧化钠、氢氧化钾和氢氧化铵。

在盐中，随其价合阳离子半径的增大，其一价氯化盐、二价氯化盐、三价氯化盐的速凝作用逐次增强。根据其作为波特兰水泥速凝剂的效果，提出了如下的阴、阳离子排列顺序：

$$Ca^{2+}>Mg^{2+}>Li^{+}>Na^{+}>H_2O$$

$$CH>Cl^->Br^->NO_3^->SO_4^{2-}=H_2O$$

（1）氯化钙。加入量为1.5%~4.0%，可与氯化钠、氯化铵等混合使用。HA-5是1% $CaCl_2$ 和2% NH_4Cl 的复合物。2% $CaCl_2$ 及NaCl的应用可取得良好的促凝效果，使水泥浆的密度增加，不影响流动度，析水下降提高抗渗透性。加入量超过6%~8%，水泥浆会发生"瞬凝"。当加入 $CaCl_2$ 后，将会对其他多数外加剂起破坏作用。

表2-9 $CaCl_2$ 对水泥浆稠化时间的影响

稠化时间，h：min			
加入量,%	91℉	103℉	113℉
0	4：00	3：30	2：32
2	1：17	1：12	1：01
4	1：15	1：02	0：59

（2）硅酸钠（水玻璃）。通常用作水泥的充填料，但也有促凝作用，加入量在7%以下，加入量过大，将引起较大的失水。

（3）甲酰胺。加入量为1.0%~2.5%，用于A级水泥能改善流动度，无腐蚀作用。

（4）三乙醇胺。除促凝作用外，还可作为水泥浆的塑化剂和水泥熟料的助磨剂。

随着固井技术的发展，目前促凝剂主要向无氯、短候凝方向及与其他外加剂的结合发，在部分油田及中外合资井的浅井、表层套管中应用，缩短了候凝时间，在热采井已采用无氯盐促凝剂以提高水泥石的稳定性。促凝剂与膨胀剂、非渗透防窜剂结合，已经开发出"无候凝"防窜水泥浆体系，它具有短过渡时间、低渗透、低失水、高早强、微膨胀等多种功能，这一体系的开发，在调整井、地水活跃井、浅层井中得到成功应用。

2. 缓凝剂

缓凝剂的用途是延长稠化时间，增加可泵时间，改善水泥浆的流动性。常用缓凝剂主要有木质素磺酸盐、有机磷酸盐、硼酸及其盐、磺化丹宁、磺化烤胶、酒石酸及其盐、腐殖酸铁、葡萄糖酸盐和丹宁酸及其盐等。

（1）铁铬盐（FCLS）。用量为0.2%~1.0%，用于95℃以下的井温，对人身、环境有污染。

（2）木质素磺酸钙盐和钠盐是固井水泥中最常用的缓凝剂。木质素磺酸盐是木材纸粕浆衍生的聚合物，所以未经提炼的木质素磺酸含糖类化合物的量通常也不尽相同。它的相对分子质量一般约在20000~3000。由于提纯后的木质磺酸盐其缓凝能力丧失很多，因此可以说这种外加剂的缓凝作用主要归功于低分子碳水化合物的存在，例如戊糖（木糖和阿戊糖）、己糖（葡萄糖、果糖、鼠李糖和半乳糖）以及次丁醛酸（尤指木糖酸和葡糖）。

木质素磺酸盐对所有的波特兰水泥都有较好使缓凝效果，一般加量范围在0.1%~1.5%（水泥干粉量，BWOC），木质素磺酸盐的有效温度可达250℉（122℃），但这取决于其碳水化合物的物性和化学结构（如分子量分布、磺化度等）以及水泥特性。当与硼酸钠复配使用时，木质素磺酸盐的有效温度可扩展至600℉（315℃）。最常用的是木质素磺酸钙，用于95℃以下温度，加入量为0.1%~0.2%。

（3）磺甲基丹宁（SMT）。水溶性好，加入量为0.06%~0.2%，用于井深3500m以内的井，超出此深度时宜与硼酸、酒石酸复合使用。

（4）羧甲基羟乙基纤维素。加入量为0.2%~0.8%，对流动性能有影响。

（5）氧化锌及锌盐。用于75℃以下的水泥，加入量为0.2%~0.6%。

油井常用缓凝剂加入量见表2-10。

表2-10 油井常用缓凝剂加入量

名称或代号	加入量（质量分数），%	生产厂家
丹宁酸钠	1.0~5	广西梧州化工厂
硼酸	0.1~0.3	兰州化工厂、牡丹江化二厂
酒石酸	0.15~0.5	上海染料七厂
铁铬盐	0.2~1.0	牡丹江红旗化工厂
腐殖酸铁	0.2~1.5	山西孝义腐殖酸厂
磺化丹宁	0.1~1.5	成都栲胶厂
磺化糖酸钙	0.05~0.1	成都栲胶厂
HR-A	0.5~4.0	长春市化工厂
磺化褐煤	0.5~1.0	鹤岗市腐殖酸化工厂
ST200R	0.05~2	天津塘沽四达化工厂

在低温到中温段主要使用木质素磺酸盐与硼酸的复合物，在这方面我国与国外的先进的技术相比，主要是木质素磺酸盐的纯化和接枝有一定的差距；在中至高温井段，主要使用柠檬酸盐、木质素磺酸盐、葡萄糖酸盐、酒石盐、酒石酸钾钠、葡萄糖酸盐与木质素磺酸盐和某些无机盐（缓凝剂）的复合物；在特高温井段，主要采用有机磷酸盐。此外，在选择缓凝剂时，还应该考虑与其他外加剂的相容性、水质的适应性、随掺量增加的缓凝剂的敏感性、缓凝剂的稳定性等问题。

3.降失水剂

降失水剂的作用是减少失水、降低水泥用量、改善水泥浆的稳定性、防止应水泥浆的失重而引起气窜、保护油气层。国内外主要的降失水剂有羧甲基羟乙基纤维素（CMC）、羟乙基纤维素（HEC）、丙烯酰胺和丙烯酸的共聚物、羟乙基半乳甘露聚糖（龙胶粉）和其他高分子聚合物。

（1）羧甲基纤维素（CMC）。掺入量为水泥质量的0.2%~0.5%，加入量过大将影响水泥浆的流动度，适应120℃以下温度。

（2）羟乙基纤维素（HEC）。呈固体状，可溶于冷、热水中，因其非离子性，在高浓度盐中稳定，具有减阻作用，加入量为0.5%~2.0%。

由于降失水剂不仅有助于保护固井施工安全、保护油气产能，而且可以提高水泥浆的沉降稳定性及协助控制气窜的作用，世界各油田公司对水泥失水控制越来越重视，目前抗盐降失水剂是主要的发展方向。抗盐降失水剂利用分子设计原理，兼顾失水、抗盐、稳定性、分散性等性能。国外主要采用AMPS为主体的聚合物体系研发降失水剂，如哈里伯顿的Halad-412、飞利浦的Diacel-FL。我国已经开发成熟的降失水剂主要是PVA、纤维素类、聚丙烯酸类等。

4.分散剂

分散剂的主要用途是改善水泥浆的流动性能、减小失水量、提高顶替效率，便于水泥浆泵送。A 级水泥加入 0.5%木质素磺酸钙，可使临界流速由 2.62m/s 下降至 1.57m/s。分散剂的恰当使用有助于工艺技术问题的解决。使用时应注意，获得的顶替效率往往被压力梯度及牵引力下降影响而抵消，管柱在偏心度大的情况下，尽管增加环空湍流程度，往往更加容易导致水泥浆窜槽。同时，使用分散剂应注意水泥沉降问题和产生过多的游离水。这里介绍的水泥外加剂很少是单一成分，大多是多种成分的复合产物，而分散剂总是基本成分之一，施工时针对具体条件选择最佳掺入量。

（1）木质素系列，主要是木质素磺酸钙、铁铬盐（或 M 剂），加入量为 0.2%~1.0%。M 剂的特点是兼有分散和缓凝作用，具有引入气泡的性质，还有减少析水效果，应与消泡剂复合作用。

（2）萘系分散剂，属芳香族磺酸盐与醛类缩合物，主要成分为萘或萘的同系物。磺酸盐和甲醛缩合物属阳离子高效分散剂。其特点有：分散作用强，增密效果好，其密度可由 1.85g/cm^3 增至 2.06g/cm^3；减少配浆水；引气量小；不含氯化物，对套管无锈蚀，且耐高温，常用于深井固井；易溶解，水泥早期强度发展快。

（3）水溶性树脂（密封树脂）类，属阴离子系、早强非引气型高效分散剂，国产 SM 属这类产品。其特点有：分散作用强，增密效果好，加入单一的 SM 可配成密度为 2.0g/cm^3 的水泥浆；引气量小，不含氯，但加入量大；水泥石早强，收缩率小，后期强度也高。

美国油井水泥分散剂分为通用型、饱和盐水型、抗沉降型三种。前两种我国已经普遍采用，但非沉降型分散剂，主要是 AMPS（2-丙烯酰胺-2-甲基丙烷磺酸）衍生物及水溶性密胺树脂在我国生产和应用不多。目前有的分散剂还存在过度缓凝、易起泡、与其他水泥外加剂相溶差等特点。

5. 防气窜剂

防气窜剂的主要用途是防止环空发生气窜。目前常用的防气窜剂国内外主要分为发气剂和不渗透剂两种。发气剂国内外主要产品有：KQ-A 和 KQ-B（以铝粉为主复配而成）、QJ-625（以铝粉、活性炭、稳泡剂复配而成）、CX-18（以磷化处理后的铝粉复配而成）。不渗透剂国内外的主要产品有：G60（高分子化合物）、G69（高分子聚合物）、J-1（非离子型高分子聚合物）。防窜理论的研究是防窜水泥体系开发的基础，目前国外主要使用的防窜水泥体系包括非渗透性水泥体系、泡沫水泥体系、表面活性剂水泥体系、膨胀水泥体系、超细材料水泥浆体系等。我国主要开发的防气窜水泥体系有西南石油大学的 KQ 系列膨胀水泥体系、中国石油集团工程技术研究院的化学泡沫水泥体系、G60 和 G69 非渗透水泥以及在分渗透剂基础上增加为膨胀早强性能的 J-2B、W99 等低失水高早强微膨胀水泥体系。这些水泥浆体系在浅、中、深井段放弃窜固井中发挥着积极作用。新近的资料报道，微裂隙、微裂缝防窜学说将会促进新的防窜材料的开发，如黏土质材料、人造橡胶粉及炭黑等将是良好的防窜材料。

6. 抑泡剂和消泡剂

一切能破坏泡沫稳定存在因素的化学剂都可以作为抑泡剂或消泡剂。消泡剂应由主消泡剂、载体、乳化剂和稳定剂组成。目前，国内外对这种外加剂的研究与重视都较低。我国开发的消泡剂主要有甘油聚醚、硬脂酸铝、磷酸三丁酯、聚乙二醇和硅氧烷乳化硅油等。目前主要使用的消泡剂品种比较单一，而且液体的比较多，大都是加入水泥浆中，由于目前对水泥浆中泡沫形成与稳定条件、消泡作用机理的研究不够，所以目前的液体消泡剂在实际应用中并不是总能奏效。以后应当发展储存性好、运输方便的固体粉末型抑泡剂。

（二）外掺料

1. 减轻剂

减轻剂的主要用途是降低水泥浆相对密度，以满足地层条件的需要。

减轻剂国内外的主要产品类型有膨润土、硬沥青、硅酸钠和玻璃（陶瓷）微珠等类型。近年来，发展研究了以惰性气体如氮气为减轻型的泡沫低密度水泥。

（1）膨润土（亦称“凝胶”），密度为2.6~2.7g/cm^3，掺量为2.0%~32%可配成“胶质水泥”。每增加1%的膨润土，含水量增加5.3%。加入膨润土可降低水泥浆的析水率和失水量，但影响流动度。高掺入量必须与分散剂共用。由于胶质水泥具有较好的触变性能，常用做先导水泥浆。但该种水泥浆有局限性，温度超过100℃时，强度下降。膨润土在一般情况下能与其他外加剂相容，但由于能降低外加剂对固体颗粒的吸附性能，从而要削弱外加剂效果，尤其对缓凝剂更为明显。膨润土应在配浆水中预水化30min。

（2）硬沥青，属于天然黑色碳氢化合物，磨细，通过60目筛，密度为1.07g/cm^3，不增加水灰比就可配出低密度水泥浆，并使水泥石具有一定强度。它还具有一定的膨胀性，又可与膨润土等高保水材料共同使用，是良好的增充剂。加入量为2.5%~50%可配成密度为1.79~1.37g/cm^3 的水泥浆。注意使用温度条件，循环温度不超过105℃。

（3）硅酸钠，掺量为0.2%~3.0%，可配成密度为1.7~1.37g/cm^3 的水泥浆，析水量小。水泥石的早期强度高，但最终强度低，具有高的渗透性，只限于60~70℃循环温度使用。

（4）微珠。微珠有空心玻璃微珠和脲醛树脂空心微珠两类，其密度小于0.7g/cm^3，用于超低密度高强度水泥浆体系，解决易漏地层和地热井、热采井固井施工问题。空心玻璃微珠主要化学成分为二氧化硅、氧化铝。所配成水泥浆密度可在1.0~1.7g/cm^3 范围内变化。常用减轻剂的加入量见表2-11。

表2-11 常用减轻剂的加入量

减轻剂	密度，g/cm^3	加入量，%	说明
膨润土粉	2.65	1.5~3	密度降至1.55~1.6g/cm^3，水泥石强度下降
粉煤灰	2.1~2.6	（体积比1：1）	密度降至1.4~1.6g/cm^3
沥青粉	1.07	15~25	150℃软化，密度降至1.3~1.4g/cm^3，不增加水灰比
硅藻土	2.1	10~40	密度降至1.33~1.55g/cm^3
珍珠岩	2~4	7	同时加入2%的膨润土，密度降至1.2~1.7g/cm^3
玻璃微珠	≤0.7	20~30	密度降至1.4~1.6g/cm^3
SNC		10~12	密度降至1.4~1.6g/cm^3

常用减轻剂掺量与水泥浆的密度见表2-12。

表2-12 减轻剂掺量和配浆密度

减轻剂	密度，g/cm^3	掺量（占水泥质量），%	配成水泥浆的密度范围，g/cm^3
膨润土	2.65	2~32	1.79~1.32
硅藻土	2.10	10~40	1.55~1.33

续表

减轻剂	密度，g/cm^3	掺量（占水泥质量），%	配成水泥浆的密度范围，g/cm^3
偏硅酸钠	2.40	1~3	1.70~1.32
硬沥青	1.07	2.5~50	1.79~1.37
膨胀珍珠岩	2.40	8~25	1.63~1.46
火山灰、粉煤灰	2.10~2.60	25~100	1.70~1.55

2. 加重剂

加重剂的作用是提高水泥浆密度。加重剂主要产品产品类型有重晶石、赤铁矿、食盐和石英粉。

（1）重晶石（$BaSO_4$）。重晶石粉广泛应用于钻井液加重，但不常用于水泥浆加重，原因在于重晶石真密度过低（4.2~4.3g/cm^3），用于水泥浆加重时，理论加重极限仅为2.4g/cm^3，且需要进行颗粒级配优选。而在实际配置过程中，过细的重晶石粉末颗粒会造成水泥浆严重增稠，影响流变性，且过细颗粒会对水泥浆外加剂产生吸附作用，影响外加剂对数泥浆性能的控制，故少见应用。

（2）赤铁矿（氧化铁红）。赤铁矿粉作为最常用的固井水泥浆加重剂，一般为红褐色粉末，真密度为4.95~5.3g/cm^3，配合颗粒级配技术与高效减水剂使用时，可配置密度为2.64g/cm^3 的水泥浆。

（3）还原铁粉。还原铁粉一般由四氧化三铁在高热条件下在氢气流或一氧化碳气流中还原生成，主要成分为结构疏松的单质铁，颜色一般为灰色，真密度为7.86g/cm^3。由于还原铁粉拥有非常高的真密度，可大幅提高水泥浆的加重极限，但由于铁单质是一种还原剂，易与其他外加剂产生配伍性问题，且价格昂贵，一般与其他加重剂配合使用。

主要加重剂的性能指标见表2-13。

表2-13 加重剂的性能指标

加重剂	密度，g/cm^3	细度（筛孔）cm^2	配置水泥浆极限密度，g/cm^3	对抗压强度的影响	对稠化时间有无影响
重晶石	4.3~4.6	16~325	2.28	降低	有
赤铁矿	4.95~5.3	40~200	2.64	略有降低	有
钛铁矿	4.45	30~200	2.40	略有降低	有
还原铁粉	7.86	80~200	2.80以上	略有降低	有

（4）新型加重剂。目前，国外对新型加重材料研究最为成功的是挪威的ELKEM公司，其新型加重产品微锰粉Micromax是固井水泥浆、钻井液、隔离液等的一种自稳定、高性能加重剂，主要由球形四氧化三锰（Mn_3O_4>90%）超细颗粒组成。微锰粉Micromax仅含有二价和三价的锰（Mn^{2+}和Mn^{3+}），不含对健康有害的四价锰。其主要特点有：平均粒度小于0.4μm，属于亚微米级材料；球形化程度高，比表面积高；分散程度好，搅拌后能稳定地悬浮在水泥浆和钻井液中；密度高等。

3. 减少或阻止高温强度衰退的硅质材料

这一材料看起来很简单，往往容易被人忽视，API调查了25个公司的硅粉使用条件和硅粉掺入量，调查研究表明：硅粉的最低使用温度为110℃；井底静止温度在110~204℃的条件下，石英粉的掺量为35%~40%；对于蒸汽注入井或蒸汽采油井，硅粉掺量通常在60%以上；对于密度低于1.92g/cm^3的水泥浆通常加细硅粉；对于密度在1.92~2.3g/cm^3的水泥浆最好用粗硅粉材料。目前，我国对减少或阻止高温强度衰退的硅质材料研究不够，固井使用的硅粉无明显的质量要求和合理的颗粒分布和级配，有些硅粉的纯度甚至低于94%。硅粉纯度低会造成稠化曲线在120~140℃之间的范围产生鼓包现象，造成固井事故，而且水泥环的热稳定性能也大大降低。为了控制我国硅粉的生产，要求硅粉的纯度必须在96%以上，其颗粒的分布应该符合或接近美国的SSA-1（细硅粉）、SSA-2（粗硅粉）的颗粒分布要求。SSA-1颗粒累计百分数50%处为53μm，SSA-2颗粒累计百分数50%处为120μm，为了提高水泥高温下的抗渗透性能，有时除加50μm的颗粒硅粉外，还要加入一定数量的2μm的细硅粉。独联体的矿渣高温水泥研究表明：高温水泥必须保证CaO/SiO_2物质的量比在0.6~0.8之间才能形成耐高温的硬硅钙石。加硅粉的水泥浆体系的最高温度为358℃，超过358℃高温，SiO_2在高温高压水蒸气下被溶出形成间隙和空间，不稳定，需要使用高温水泥。美国法兰克尼亚矿业公司生产的Francania耐高温水泥是由一份质量的硬水水泥和三份质量的硅酸铝组成，可用于地热井、蒸汽采油井、火烧油层井。

三、油井水泥外加剂的使用

（一）油井水泥外加剂的使用方法

油井水泥外加剂的使用方法可分为湿混和干混两种。湿混就是把油井水泥外加剂在施工前加入混浆液中，然后用混浆液与水泥混配成水泥浆，进行注水泥施工。这种方法的缺点是劳动强度大，油井水泥外加剂在混浆液中易产生沉淀。干混就是通过水泥混拌装置，把油井水泥和干粉水泥外加剂按一定比例进行混拌，这是一种较先进的方法。油井水泥外加剂的使用要根据药品的特性进行选择。有些外加剂干混、湿混两种方法都可以使用，而有一些外加剂只能适用于其中的一种方法。

（二）油井水泥外加剂的使用原则

（1）加入量的控制。有些外加剂由于加入量的不同，会呈现相反的作用。例如食盐，当加量较少时，可使水泥速凝，超过某一值时则为缓凝。所以，油井水泥外加剂的加量控制是非常严格的。

（2）使用某些油井水泥外加剂时必须考虑对水泥浆其他性能的影响。例如降滤失剂羧甲基羟乙基纤维素（CMHEC），它还对水泥起缓凝作用，因此，在浅井使用时还必须加入适当的速凝剂。又例如铁铬木质素磺酸盐是深井的高效缓凝剂，还有较强的抗盐性能，但是，使用时产生大量的泡沫，影响泵的上水及注水泥的正常施工，因此，还应加入阿克拉敏等消泡剂。

（三）外加剂的用量计算

（1）采用将外加剂加入配浆水中的方式时，应按储备水的体积作为计算依据，公式为

$$W=ZV/Q \tag{2-16}$$

式中 W——外加剂用量，t；

Z——外加剂用量与干水泥质量的百分比；

V——储备水量，m^3；

Q——配1t干水泥所用水量，m^3/t。

（2）采用将外加剂掺入干水泥中的方式时，其计算公式为

$$W = ZG \tag{2-17}$$

式中 W——外加剂用量，t；

Z——外加剂用量与干水泥质量的百分比；

G——干水泥用量，t。

四、前置液

绝大多数钻井液，不论是水基还是油基钻井液与水泥浆都是不相容的。在固井施工中，当水泥浆与钻井液直接接触后，水泥浆将受钻井液的污染，水泥浆流动性降低，黏度、动切力上升，影响水泥浆顶替效率，严重时会造成施工泵压升高，导致井漏。同时，污染后的水泥石抗压强度、界面胶结强度都将大幅降低，影响固井封固质量。在实际注水泥过程中，会在注水泥浆之前向井筒内泵入一段液体，清洗井筒，分隔钻井液与水泥浆，提高水泥浆顶替效率，改善水泥环质量，这种液体被称为前置液。

在现代注水泥技术中，前置液已经成为一个专门的体系。尤其是在使用油基泥浆作为钻井流体的井的固井作业方面，对于减少油基泥浆对水泥浆的污染方面，能起到非常明显的效果，使用非常广泛。

前置液按其性质分为冲洗液和隔离液。

（一）冲洗液

在隔离液或水泥浆前面注入的一种能清洗井壁、套管壁及稀释钻井液的液体，同时对稀释的接触段钻井液能改善流变性能。由于其基液不同，冲洗液可分为水基冲洗液和油基冲洗液。

冲洗液的作用是：

（1）稀释和分散钻井液，防止钻井液絮凝和胶凝。

（2）有效地冲洗井壁及套管壁的滤饼，提高水泥与它们间的胶结强度。

（3）作为钻井液与水泥浆之间的缓冲液，并防止因水泥浆与钻井液直接接触而产生的污染。

（4）稀释钻井液，改善其流动性能，易于被顶替。

冲洗液应具有接近水的低密度，可在 $1.03g/cm^3$ 左右；有低的塑性黏度；有良好的流动性；有低剪切速率、低流动阻力，能在低速下达到紊流的流动特性，其紊流的临界流速在 0.3~0.5m/s，应与水泥浆及钻井液都有良好的相容性。

冲洗液通常是在淡水中加入表面活性剂或是将钻井液稀释而成。常用的冲洗液配方为 CMC 水溶液、表面活性剂水溶液及海水等。冲洗液的用量最多不超过在环空中占 250m 的高度。

（二）隔离液

在水泥浆前注入的一段特殊配制的液体。用于隔离钻井液与水泥浆，其液体的黏度、密度和静切力可调节。根据性质不同，隔离液可分为塞流隔离液和湍流隔离液。

隔离液的作用是：

（1）能形成平面驱替钻井液，适应塞流注水泥；湍流隔离液，也可产生平面驱替钻井液效果。

（2）有利于井壁稳定，防止地层坍塌。

（3）有效地隔开钻井液与水泥浆，避免水泥的接触污染和防止钻井液的絮凝稠化。

（4）具有浮力效应及拖曳力，增强顶替效果。

隔离液通常为黏稠的液体。它的黏度较冲洗液要大，密度稍高，静切力应稍大。它的使用是在冲洗液之后注入，隔离液注完之后再注水泥浆。隔离液一般为在水中加入黏性处理剂及重晶石等配成，其性能要求为：密度应比钻井液大 0.06~0.12g/cm^3；黏度较高，切力值应在 40~80mPa·s；失水量在 50mL/30min 左右。

隔离液的配方常见的有水溶液加入瓜尔胶或羟乙基纤维素，用重晶石调节密度。隔离液的用量可保持在环空中占 200m 的高度。

五、特种水泥浆体系

（一）微膨胀水泥浆体系

近年来，随着钻井技术的进步和提高产能的需要，对复杂区域油气藏的勘探开发越来越多，大位移井和水平井固井日益增多，在提高其固井质量的因素中，水泥浆体系及其性能是否能够适合大位移井及水平井固井的特点是关键因素之一。目前固井所用的水泥浆体系侧重对水泥浆自由水及失水的控制，以保证体系的稳定性。而具有微膨胀和抗冲击韧性的乳胶水泥浆体系，为提高大位移井和水平井的固井质量提供更多的水泥浆体系的选择。

大位移井及水平井固井时在井壁上侧容易出现微间隙而导致气窜，这样就要求用于固井的水泥浆要有较高的防窜能力，适当的膨胀能力，并能够较好地防止水泥石的收缩。微膨胀防窜水泥浆体系就能够较好地满足这些要求。

对于大位移井及水平井固井水泥浆体系的设计较常规井苛刻得多，其水泥浆体系要具有很好的体系稳定性，且自由水和滤失量控制极为严格，要求自由水为零，滤失量小于 50mL 以及良好的施工性能（流变性）。因此，大位移井及水平井固井，水泥浆不仅要求有良好的流动性、适当的稠化时间和足够的水泥石强度，应重点考虑以下性能，以满足要求：

1. 水泥浆的失水量小于 50mL

在大位移井及水平井中，油气层裸眼段长，水泥浆与油层接触面积大，由于水泥浆失水，不仅会加大油气层的伤害，而且会导致水泥浆变稠，流动阻力增大，影响顶替效率，因此严格控制水泥浆失水，一般要求水泥浆 API 失水量小于 50mL。

2. 水泥浆的自由水控制到零

测定用于大位移井及水平井固井的水泥浆的自由水，应将配制水泥浆先在井下循环温度条件下预置后，再置于测试量筒中，并倾斜至实际井下井斜角或 45℃，测定自由水量，严格控制到零，这样，可以有效地防止大位移井及水平井高边出现自由水带窜槽。

3. 水泥浆的稳定性

大位移井及水平井固井要求水泥石上下密度差小于 0.06g/cm^3，否则在大位移井段及水平井段的垂直剖面上容易形成上稀下稠，井眼高边强度偏低、渗透性偏高的水泥封隔截面，产生高渗透性封隔带窜槽现象。

4. 水泥浆体系具有微膨胀性

水泥浆体系的微膨胀性，包括液态及液塑态时的外观体积膨胀和凝结硬化后的微观膨胀两类。前者可使体系在凝结过程中水泥环充满环形空间，避免因体系收缩产生微环隙。后者则可提高封固井段水泥环与套管及地层间的胶结强度。用微膨胀水泥浆体系封固大位移井及水平井，有利于有效封隔地层，防止层间窜流。

5. 水泥石具有一定抗冲击韧性

大位移井及水平井，套管难于居中，往往存在偏向于井眼低边，则此时的低边水泥环较薄，另一方面，对于深井或超深井，其大位移或水平井段则常常属于小间隙环空，整个环空的水泥环都较薄，加之套管的偏心则低边就更薄，在后续各种工况作业时易于导致水泥石碎裂。因此，提高用于封固大位移井及水平井固井水泥浆体系水泥石的抗冲击性，有利于提高油气井在大位移及水平井段的封隔完整性和油井生产寿命。

6. 水泥浆具有防窜性能

大位移井及水平井固井，由于井斜角大，在水泥浆凝结过程中，易于形成较大的自由水和产生体系沉降，井眼高边易形成油气窜流的通道。因此，水泥浆体系的防窜特性要求更高。

（二）胶乳水泥浆体系

胶乳水泥石与普通水泥石相比，具有弹性好、耐冲击、耐化学腐蚀等优点。一般随胶乳含量的增加，水泥制品的特性如抗压、抗折强度将有所降低，而胶乳水泥特性如回弹性、耐磨性、防水性、延伸性及黏结力等性能都有所提高。胶乳水泥浆体系具有如下优点：

（1）胶乳水泥浆体系的沉降稳定性好；

（2）胶乳水泥石与套管和井壁的胶结强度高，有利于地层层间封隔；

（3）胶乳水泥具有较强的触变性；

（4）稠化时间可根据要求调节；

（5）水泥浆的综合工程性能协调性好。

胶乳水泥浆体系可以改善普通水泥浆不利于固井作业的一些性能，得到了广泛关注，但也存在一些问题，如有毒、混拌过程中易起泡、胶乳溶液不稳定等，仍然制约着此类水泥浆体系的发展，成为各大固井公司亟待解决的问题。

现场应用方面，以一种适合大位移井及水平井固井要求的胶乳水泥浆体系为例，所需外加剂主要包括膨胀剂 HLP-1、分散剂 GF-1、缓凝剂 BXR-200L 和消泡剂 XP-1 等，由此形成的具有复合微膨胀防气窜的多功能胶乳水泥浆体系，其常规密度为 1.9g/cm^3。通过在现场的使用，胶乳微膨胀水泥浆体系具有微膨胀不收缩特性，且可以改善水泥石的形变特性和提高水泥浆体系的防气窜能力，能够保证大位移井和水平井的固井质量和层间封隔的完整性。

（三）低密度水泥浆体系

随着油田的勘探开发的不断深入，在钻井过程中经常遇到地层压力系数低，采用常规低密度水泥浆仍很难满足固井设计要求以及对于部分深井，即使采用分级注水泥技术仍然需要降低水泥浆密度，从而减少静液柱压力，在较低的泵压下，获得良好的顶替效率，保证固井质量。为此开发出低密度水泥浆体系，通过降低水泥浆的密度避免堵塞、压死油气层或者压漏地层造成漏失，低密度水泥浆体对于提高特殊地层的固井质量具有很重要的意义。

国内外大量的固井实践证明，选用合适的低密度水泥浆既可有效封隔低压油气层，也是封堵低压漏失层较成功的方法。低密度水泥浆体系最关键的是要解决以下三个方面的问题：如何有效水泥浆密度；如何保证水泥浆稠化性能及流变性能；如何保证水泥石的强度。

1. 密度稳定性

对于常规水泥浆，如果不添加其他减轻材料，单靠增大水灰比来降低水泥浆密度是非常有限的，过大的水灰比会造成水泥浆的沉降，稠化性能差，抗压强度发展缓慢，性能指标达不到要求，固井质量难以保证。因此，可在水泥中掺加合适的减轻剂来达到降低水泥浆密度的目的。减轻剂的选择是低密度水泥浆组成的关键，为了保证低密度水泥浆体系的沉降稳定性，在选择减轻剂时，应选用密度低、活性高、悬浮能力好的材料。比较常用的减轻剂为空心微珠—微硅复配，此类水泥浆既能够满足密度指标的要求，又能保证浆体的沉降稳定性。

空心微珠是一种密封空心球体，外壁由二氧化硅构成，内充空气，自身密度由壁厚决定，约为0.4~0.8g/cm^3，自身抗压强度随密度的增加而增加，可以在较小的水灰比下，获得较低密度的水泥浆。由于空心微珠具有质轻、粒细、壁薄，以及具有一定活性、承压能力强等基本性能，用它配制的低密度水泥浆保证了低密度的同时，又具有较高的抗压强度，因此空心微珠是一种理想的减轻剂。

由于空心微珠的密度低，配置水泥浆过程中易造成浆体分层，一般与微硅配合使用，增加浆体稳定性。微硅又称超细硅粉，主要成分是非晶态的二氧化硅，粒径远小于水泥，其密度为2.7g/cm^3。由于微硅颗粒极细，在与含$Ca(OH)_2$的水接触时，极易吸水生成一种黏性胶状硅酸，束缚水泥浆中的自由水，使水泥浆均匀分散，水泥颗粒悬浮在液相中，不易沉降，大大提高了水泥浆的沉降稳定性。同时，微硅可在高温下与水泥发生反应生成强度较高的凝胶，改善水泥石的微观结构，降低水泥石的渗透性。因此，微硅具有良好的抗渗透性和抗高温性，可以提高水泥石的高温强度。

由此可见，空心微珠和微硅的复配使用可以实现性能优势互补，防止空心微珠发生分层离析现象，解决低密度水泥浆的沉降稳定性能问题，同时还可以提高低密度水泥的抗高温性能。在此基础上，加入适合空心微珠—微硅低密度水泥的外加剂，就可以改善空心微珠—微硅低密度水泥的基本性能，提高水泥浆的动态稳定性。

2. 水泥浆的稠化性能和流变性能

众所周知，固井工程对水泥浆有多方面要求，而且这些性能又互相影响和制约。因此降低水泥浆的流动阻力、缩短直角稠化时间、调节顶替流态，使稠化性能及流变性能得到优化组合，从而提高水泥浆的顶替效率，防止水泥浆因胶凝失重而引起窜槽，有效提高固井质量。低密度水泥水灰比偏大，单位体积内可参加水化反应的水泥颗粒减少，会使稠化时间相对延长。同时，大量的减轻材料的加入，也会造成流变性能不易控制。为了解决这一问题，针对不同的井深，在保证水泥浆稳定性能的基础上，利用加入缓凝剂、分散剂、早强剂来控制水泥的稠化时间，改善水泥的流变性能，从而提高低密度水泥的顶替效率，保证固井质量。

3. 水泥石的强度

低密度水泥浆由于水灰比较大，水泥水化反应迅速，早期抗压强度高，有利于后续作业的顺利进行，但由于加入了大量外掺料，相当于减少了单位体积水泥石内水泥的比例，而大部分外掺料并不属于胶结材料，会大大降低水泥石的最终抗压强度。故而在配置过程中应考虑以下问题：

（1）所用减轻材料为空心微珠时，要考虑空心微珠本身的抗压强度极限。

（2）使用空心微珠配制水泥浆过程中，严禁高速搅拌，防止空心微珠破裂。

（3）低密度水泥浆由于水灰比较高，易在封固层上沿出现自由水层，所以在配制水泥浆时要严格控制自由水析出量。

（4）应采用颗粒级配技术，增加体系紧密堆积率，增大水泥石的密实性，提高水泥石的抗压强度。

（四）低失水短候凝水泥浆体系

加快钻井速度、提高钻井实效、缩短完井周期已成为钻井专业从业人员关注的焦点，特别是海洋平台、沙漠深井钻机日租赁费用昂贵，加速单井完井周期，实际上是一个很大的节约。中国石油工程技术研究院针对海上导管、表层套管固井候凝期长，严重制约丛式井钻井进度的问题，着手研究以早强为主体的“无候凝”水泥浆体系，先后开发应用了 CA901L、CA9035 等系列促凝早强剂，使水泥浆性能在满足固井施工要求的前提下，使水泥石候凝时间大大缩短，由原来的 18～24h 缩短为 4～6h，即可达到二次开钻水泥石强度（3.5MPa）。

对于低压、低渗、低丰度油田，在完井固井质量方面通常会面临以下难点：（1）局部地层压力过高，固井候凝时，高压层压不稳，环空容易发生油、气、水窜，固井质量不易保证；（2）油田钻井完井油气层保护提出更高的要求，特别是对于低渗、低丰度油田，轻微的钻井液或滤液侵害，就可能会对油层产生伤害，因此在固井期间要采取有效的油层保护措施。对于局部高压地层，防止窜流的必要条件是环空静液压力与水泥浆的抗窜阻力之和大于地层水压力，而水化过程中水泥浆的抗窜性能是随时间变化的。过渡胶凝期为固井作业中防窜的重要环节。过渡胶凝期越短，水泥浆体系控制油气水窜能力越强。同时，失水及水化体积收缩是导致环空静液压力下降的另一个原因。低失水短候凝水泥浆体系能够在水泥水化期间具有较大的内聚力，使一般渗流水冲刷不动。同时形成不渗透性乳膜，从而防止流体侵入水泥浆柱，由于水泥石抗压强度低、失水量大、体系悬浮稳定性差，难以满足目的层封固的质量。

底失水短候凝水泥浆体系主要由早强剂、降失水剂、水泥浆稳定剂、分散剂等组成，使用温度可达 140℃。该体系是基于紧密堆积和颗粒级配作用机理、悬浮稳定作用机理开发出来的。体系增强材料不但可以显著降低水泥浆的密度，降低水泥浆的水灰比，而且可以实现紧密排列，从而提高水泥浆单位体积中的固相含量。该材料由多种具有最佳比率颗粒级配并具有水化活性超细矿物材料组成，使组成体系水泥浆的材料可与水泥中的碱性物质发生胶凝反应，从而减小水泥石的凝结时间，形成均匀致密的水泥石，有效提高低密度水泥石的微观物理化学性能。低失水短候凝水泥浆具有以下特点：

（1）体系中复合减轻增强材料与早强剂的配合使用，可在低温下显著促进水化反应，提高增强材料的水化活性，进一步加快水化反应的进行，生成更多的胶凝；

（2）体系沉降稳定性好、水泥浆稠化过渡时间短、失水量低、水泥石均匀致密不收缩，具有良好的防窜能力；

（3）体系具有一定的触变性、失水量低可保证固井过程中水泥浆密度稳定并形成致密的滤饼，有利于提高地层承压能力，具有较强的防漏能力。

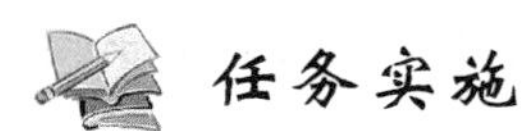

任务实施

简述常用的油井水泥外加剂特性及其对水泥浆性能的影响，根据提供的资料确定水泥浆外加剂的种类及其作用。

任务考核

一、理论考核

（一）填空题

（1）早期主要促凝剂主要有________、________、硅酸钠、氯化铵、纯碱和甲酰胺等。

（2）密度调节剂通常分为__________、__________两种。重晶石和钛铁矿粉通常用作__________。

（3）国内外主要的降失水剂有________、________、________和其他高分子聚合物。

（4）隔离液的用量可保持在环空中占________m 的高度，隔离液的密度比钻井液的密度________。隔离液的失水量一般控制在________。

（5）冲洗液与钻井液与水泥浆要有较好的________。

（6）大位移井及水平井固井对水泥浆的要求是：自由水为________，失水量不能大于________。

（7）微硅的主要成分是非晶态的________，粒径远小于水泥，比面积则远大于水泥，其密度为________g/cm^3。

（8）乳胶水泥石与套管和井壁的胶结强度________，有利于地层层间封隔。

（9）多功能乳胶水泥浆体系，其常规密度为________g/cm^3。

（10）乳胶水泥浆体系的特点乳胶水泥石与普通水泥石相比，具有弹性____________、________、________等优点。

（二）判断题

（1）促凝剂的用途是缩短稠化时间，提高早期强度。（　　）

（2）缓凝剂的用途延长稠化时间，减小可泵时间，改善水泥浆的流动性。（　　）

（3）分散剂的主要用途是改善水泥浆的流动性能、降低水马力、增加失水量、提高顶替效率、水泥浆易于泵送。（　　）

（4）对于地层压力异常高，有井涌现象的井段，在设计水泥浆体系时不需考虑使用加重材料，通常用钛铁矿、重晶石等。（　　）

（5）隔离液的密度应比钻井液大 0.06~0.12g/cm^3。（　　）

（6）乳胶微膨胀水泥浆体系具有膨胀收缩特性，且可以改善水泥石的形变特性和提高水泥浆体系的防气窜能力，能够保证大位移井和水平井的固井质量和层间封隔的完整性。
（　　）

（7）乳胶水泥石与套管和井壁的胶结强度低，不有利于地层层间封隔。（　　）

（8）大斜度井及水平井中，一般要求水泥浆 API 失水量<100mL。（　　）

（9）在封固段>1000m 时，新型漂珠微硅低密度高强度水泥浆比通常的水泥浆环空压耗低 5~6MPa，对防止井漏和保护油气层非常有利。（　　）

（10）低密度水泥浆的早期抗压强度高，有利于后续作业的顺利进行。（　　）

二、技能考核

（1）准备要求：查阅信息包。

（2）考核时间：20min。

（3）考核形式：笔试。

学习情境三　固井施工

固井设备的使用与维护是确保固井安全顺利施工的基础保障工作，其作用主要是混配并向井内泵注水泥浆。固井施工作业所使用的设备繁多，主要包括混合器、水泥干混设备、储藏罐、水泥泵、管汇车和供液车等设备。为保证顺利完成固井施工作业，固井施工工作人员必须熟练掌握固井设备的使用技能，能正确对设备进行维护保养并能判断设备的常见故障。本情境介绍混合器、水泥干混设备、储藏罐、管汇车和供液车等常规固井设备的操作与维护保养方法等专业技能知识。

知识目标

（1）掌握混合器、水泥干混设备、水泥储藏罐、管汇车、供液车的结构、工作原理；

（2）掌握混合器、水泥干混设备、水泥储藏罐、管汇车、供液车的维护保养方法；

（3）掌握混合器、水泥干混设备、水泥储藏罐、管汇车、供液车的常见故障及排除故障的方法。

能力目标

（1）能维护保养常用混合器、混浆系统、储灰罐、管汇车和供液车；

（2）能操作水力式混合器、水泥干混设备、水泥储藏罐、管汇车、供液车进行混浆作业；

（3）能识别并排除水力式混合器、水泥干混设备、水泥储藏罐、管汇车、供液车混浆系统的常见故障。

项目一　注水泥作业前的准备

任务一　维护使用混合设备

任务描述

混合器是水泥车上把水和干水泥混合成水泥浆的设备，不同的水泥车所使用的混合系统是不同的，常用的混合系统主要有普通水力式混合器、龙卷风混合器和哈里伯顿再循环混浆系统等。本任务要求在理解各种混浆设备机构原理的基础上能维护保养和操作普通水力式混合器、龙卷风混合器和哈里伯顿再循环混浆系统，能够识别和分析常见故障。

任务分析

不同种类的混合器原理基本相同，在掌握混合器结构原理的基础上对混合器进行维护保养，要能正确操作不同类型的混合器进行混配水泥浆，首先要理解各种混浆设备的结构原理和使用方法，要对混合器出现的故障进行识别判断，就需要对混浆系统的工作原理有清楚的认识。

学习材料

一、水力式混合器

水力式混合器分为漏斗式混合器和密闭式混合器两种类型。普通密闭式混合器是由漏斗式混合器改造设计、安装在水泥搅拌车上的一种密封车载式混合器。密闭式混合器的工作原理与漏斗式混合器的工作原理基本相同，密闭式混合器只是在结构上做了一些改进，把敞开式漏斗改成密闭式漏斗，从而减少了水泥的散失，减少了对环境的污染。

（一）漏斗式混合器的结构原理

漏斗式混合器由水泥混合漏斗、喷嘴、混合腔、仰角管和混浆池组成，混合腔入口中央安装有直径 8~10mm 的椭圆形喷嘴，在出口安装仰角管与混合器相连接，混合腔上部安装有供应水泥的圆锥体混合漏斗，如图 3-1 所示。

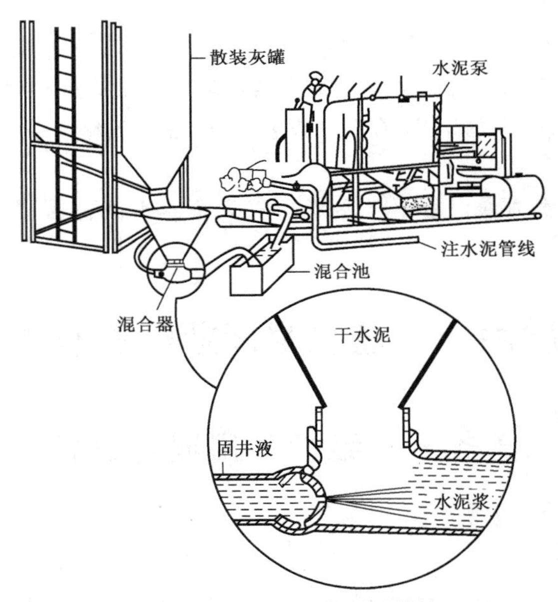

图 3-1　漏斗式混合器的结构

混合水泥浆时，水泥罐中的水泥经过加压后，注入混合器漏斗内，水从喷嘴中高速喷出，并迅速射入混合器漏斗底部的出口管内，使混合器漏斗底部的混合腔形成一定的真空度，从而把由水泥罐输送到漏斗的干水泥吸下，与水混合成水泥浆，经仰角管流入混浆池。通过喷嘴的水流速度越大，吸入的干水泥越多，配制的水泥浆密度也就越高，要选择好喷嘴内径的大小及形状，调节好喷嘴离漏斗中心的距离，以达到调节水泥浆密度，使之符合设计要求的目的。

（二）普通水力式混合器的使用方法

（1）按图 3-1 所示的方法安装混合器。

（2）供水、下水泥，进行混配水泥浆作业。

（3）当水泥浆密度达到设计要求时，泵送到搅拌罐或直接泵送至井内。

（4）注水泥施工结束后，清洗混合器。

（5）清洗完毕，将混合漏斗、混合器、仰角管、混浆池放回到规定的位置并固定。

（三）普通水力式混合器的维护保养方法

（1）打开混合器顶盖或取掉漏斗。

（2）仔细清洗混合器内腔壁、进水泥管线、进水管线、出口管线。

（3）用管钳卸掉上水管线接头，卸掉压帽，取出喷嘴并清洗干净。

（4）仔细检查喷嘴内径是否合乎标准。

（5）清洗装喷嘴的键槽和装配孔等部位。

（6）涂抹润滑脂至喷嘴装配孔内。

（7）对准键槽，装好喷嘴，上紧压帽和活接头。

（8）上紧混合腔顶盖或漏斗。

（四）普通水力式混合器的使用技术要求

（1）施工前仔细检查混合器及其他设备。

（2）由于通过喷嘴的水流速度越大，吸入的干水泥越多，配制水泥浆密度也就越高。因此，要选择好喷嘴，调节好水泥浆密度以达到固井设计要求。

（3）安装的新喷嘴一定要居中，润滑脂要涂抹均匀。

（4）接电源和启动搅拌器时，要注意安全，防止触电和烧坏电动机。

二、龙卷风混合器

（一）龙卷风混合器的组成及工作原理

龙卷风混合器主要由旋流蜗壳、下水管、混合管、混浆池等组成，同时配有喷射泵和灌注泵，如图 3-2 所示。喷射泵向混合器供给一定流速的液体，在混合器旋流蜗壳内造成高速旋流状态并进入混浆管，与水泥罐车供来的干水泥，在下水泥管末端与呈旋流状态的液体混合，形成水泥浆，然后高速喷入混浆池内翻滚搅拌。水泥浆经灌注泵抽吸后，一部分供给水泥泵向外排出，另一部分再返回混合器二次循环，增强混浆效果，使混浆能力增加，水泥密度均匀。

（二）龙卷风混浆系统的操作步骤及注意事项

1. 操作步骤

（1）检查龙卷风混合器的鹅颈管、下水泥管环形水道和水泥混合管。

（2）检查混浆泵（灌注泵、增压泵）的工作情况。

（3）检查液压泵泄压阀的最大限制压力（18～19MPa），在施工前必须采用清水试运转，观察是否运转正常，若不正常则应查找原因，排除故障后才能施工。

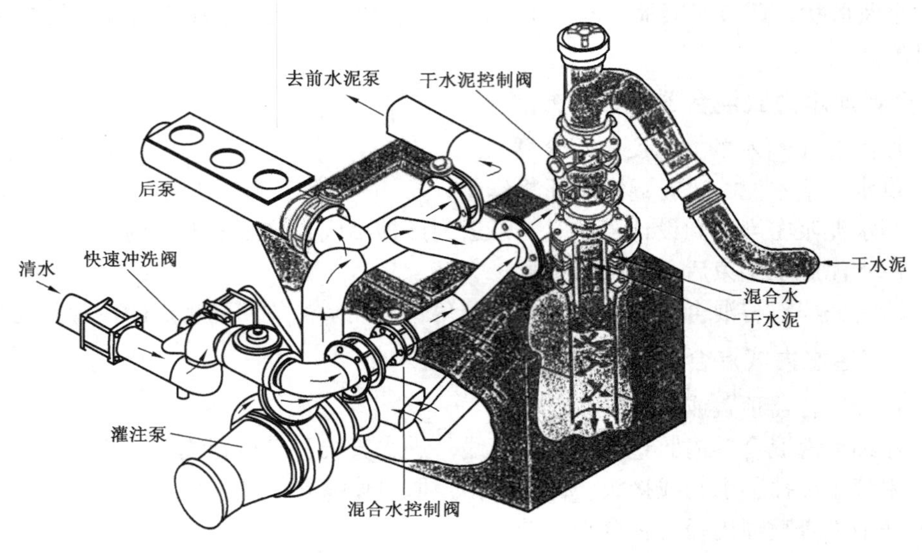

图 3-2　龙卷风混浆系统示意图

（4）施工前检查各低压阀，特别是控制水泥的手轮和控水手轮、快速控水泥阀和快速控水阀。

（5）按照“先开水后开水泥、先关水泥后关水”的原则平稳操作控水泥阀和控水阀。

（6）控制好控水泥阀和控水阀进行注水泥作业。

（7）施工中，注意观察水泥浆密度计所指示的水泥浆的密度变化情况，调节好水泥浆密度。

（8）注意水柜液面变化，掌握好固井液用量。

（9）注意观察水泥浆的流动性。

（10）注意水泥浆净化情况。

2. 注意事项

（1）鹅颈管、下水泥管环形水道和水泥浆混合必须干净畅通。

（2）液力系统的两台液压泵泄压阀的最大限制压力为 18～19MPa。

（3）大约使用 80～100 口井后就要更换混浆泵的叶轮，混清水的液力系统压力应在 8MPa 以上，否则必须更换叶轮，同时检查叶轮与壳体的后挡板间隙。

（4）控水泥手轮、控水手轮、快速控水泥阀和快速控水阀必须密封可靠、灵活好用。

（5）控水泥阀和控水阀的控制应遵循“定水调水泥量保密度，关水绝不到零处，需要停水先关水泥，防止干水泥漏下去”的原则。

（6）必须专人定期调校密度计。

（7）水泥必须清洁、量足，多点抽样检验合格后，才能送井使用。

（8）供水泥系统的管线连接前必须检查，保持畅通。

（9）施工中，随时观察水泥浆的流动性和水柜液面变化情况，水柜存水应在 $2m^3$ 以上，供水车一旦发生故障，应立即通知指挥人员做妥善处理。

（三）龙卷风混浆系统的维护保养及注意事项

1. 维护保养

（1）卸掉注水泥三通。

（2）卸掉注水泥管固定螺钉，取出供水泥管。

（3）卸掉旋风蜗壳。

（4）卸掉混合管。

（5）检查保养三通、供水管、混合管、旋风蜗壳。

（6）以供水管、蜗壳、混合管各连接部位为基准，用青壳纸作垫圈。

（7）加垫圈，装混合管。

（8）加垫圈，装旋风蜗壳。

（9）加垫圈，装供水泥管。

（10）安装注水泥三通。

（11）检查保养混浆池及灌注泵吸入管口。

2. 注意事项

（1）各法兰连接处必须加垫圈拧紧，并在垫圈两平面及连接螺栓上涂抹润滑脂。

（2）混合池、灌注泵吸入管、三通、蝶阀必须清洁无水泥结块和刺漏现象，而且蝶阀开关灵活好用。

（3）供水泥管、旋风蜗壳、混合管必须清洁光滑，无毛刺和刺漏及磨损和锈蚀现象。

（4）如果水泥管、混合管被刺漏，必须更换，不得修补。

（四）龙卷风混浆系统常见故障的排除方法

1. 常见故障及原因

（1）水泥浆密度不稳。发生水泥浆密度不稳现象的原因可能是水泥中有杂物或控水泥阀和控水阀操作不稳等。

（2）水泥浆密度过低或过高。造成水泥浆密度过低或过高的原因可能是控水泥阀和控水阀操作不稳，或混清水的液力系统压力低于 8MPa。

2. 常见故障的排除方法

（1）检查供水泥系统、管线、控水阀和控水泥阀等部件，把其中的杂物和水泥块清洁干净。

（2）合理调整控水泥阀和控水阀。

（3）更换叶轮。

（4）检查调整叶轮与壳体后挡板间隙。

3. 注意事项

（1）供水泥系统、管线、控水泥阀、控水阀等必须清洁、畅通。

（2）更换叶轮时必须清洗干净，涂抹好油脂，安装正确。累计注水泥 3500~4000t 应检修或更换混浆泵叶轮。

（3）调整叶轮与壳体的后挡板间隙时必须按要求进行。

（4）调整控水泥阀和控水阀必须平衡，而且必须密封可靠，灵活好用。

三、哈里伯顿混浆系统

（一）哈里伯顿混浆系统的结构及特点

哈里伯顿混浆系统（RCMⅡ）主要由RCM混合器、混浆罐、再循环离心泵、清水离心泵、放射性密度计、混合管汇、搅拌器、水泥节流阀等组成。RCMⅡ系统具有以下特点：

（1）采用了轴向流动混合器。这个混合器被安装在容积为$1m^3$的混合罐上。轴向流动混合器利用固井液的高压射流和再循环水泥浆的交叉喷射来混合散装干水泥，加之利用大功率的搅拌器，使水泥浆得以充分地均匀混合。

（2）准确的密度控制，使该系统较理想地用在要求较高的特殊井施工、尾管固井和挤水泥等作业中。初始领浆和尾浆能够达到所要求的密度，较容易地混配出$2.64g/cm^3$的高密度水泥浆。

（3）能够精确地控制水泥浆的混合，可使所要求的失水量、屈服值和黏度等性能参数得到保证。

（4）水泥浆的混合排量最小可达$0.08m^3/min$。

（5）与普通混浆系统相比较，它混配的水泥浆具有气体含量低、密度均匀的优点。对于能变性水泥浆可以在其密度和流量较大范围内很容易地混合。

（6）再循环回路中的放射性密度计，可不间断、快速、准确地测量出水泥浆密度。

（7）利用喷射吸力来抽吸散装干水泥，能极大地减少或完全消除水泥粉尘。

（二）哈里伯顿混浆系统的作业流程

固井液泵送至→供浆管线、高压钻井液旋塞阀→司机、司助侧水柜上水阀→水柜→清水泵外接水柜上水阀→清水泵→清水过滤器→混合器主水阀→喉部水阀→水泥罐车或立式水泥罐→水泥→在混合器中充分混合→混浆罐→再循环泵接混浆罐上水口→再循环泵→γ放射性密度计→喉部与初混的水泥浆再混合→HT-400泵接混浆罐吸入阀→司机、司助侧水泥泵上水口→HT-400泵→高压软管线→井口水泥头→井下。哈里伯顿混浆系统结构和操作较为复杂，本书不过多介绍。

 **任务实施**

一、任务内容

掌握龙卷风混浆系统的结构、工作原理、操作方法及常见故障知识并完成任务考核内容；维护保养龙卷风混浆系统。

二、任务要求

（1）检查龙卷风混合器。

（2）检查混浆泵叶轮的工作情况。

（3）检查液压泵泄压阀的最大限制压力。

（4）施工前检查各低压阀。

（5）操作龙卷风混合器。

（6）任务完成时间：40min。

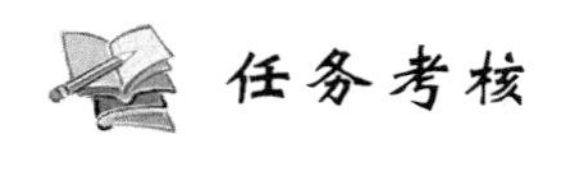

任务考核

一、理论考核

（1）混合器是将固井液和（　　）混合成水泥浆的设备。

（A）干水泥　（B）砂子　（C）钻井液　（D）外加剂

（2）常见混合器型式为（　　）。

（A）水力式混合器、龙卷风混合器

（B）水力式混合器、RCM 混合器

（C）龙卷风混合器、RCM 混合器

（D）水力式混合器、龙卷风混合器、RCM 混合器

（3）普通水力式混合器由混合漏斗、（　　）、混合腔、仰角管和混浆池组成。

（A）水龙带　（B）喷嘴　（C）下灰管　（D）挡板

（4）水力式混合器（　　）入口中央装有直径 8~10mm 的椭圆形喷嘴。

（A）混合管　（B）混浆池　（C）混合腔　（D）仰角管

（5）选择好喷嘴内径的大小及形状，调节好喷嘴离漏斗中心的距离，可以调节水泥浆（　　）。

（A）稠化时间　（B）流变性　（C）密度　（D）pH 值

（6）水力式混合器喷嘴的大小与水流速度成（　　）关系。

（A）正比　（B）反比　（C）平方　（D）立方

（7）下列混合器中，（　　）混合器是由旋流蜗壳、下水泥管、混合管、混浆池组成的。

（A）龙卷风　（B）水力式　（C）RCM　（D）风力式

（8）龙卷风混合器主要由旋流蜗壳、下水泥管、（　　）、混浆池组成。

（A）混合腔　（B）混合管　（C）下水泥管　（D）喷嘴

（9）下列泵中，（　　）给龙卷风混合器旋流蜗壳提供高速水流，其水流在旋流蜗壳内形成涡流。

（A）灌注泵　（B）喷射泵　（C）齿轮泵　（D）柱塞泵

（10）水从（　　）通过配水管线送至混合器喷嘴环空射入混合器。

（A）灌注泵　（B）喷射泵　（C）齿轮泵　（D）柱塞泵

（11）水、再循环水泥浆、干水泥在混合器中初步混合成水泥浆，通过（　　）进入混合罐回旋流动继续混合，从而混合成较均匀的水泥浆。

（A）出水管　（B）出口管　（C）下水泥管　（D）混合管

（12）水泥浆经（　　）抽吸后，一部分供给水泥泵向外排出，另一部分再返回到混合器形成二次循环，增强混浆效果。

（A）柱塞泵　（B）离心泵　（C）喷射泵　（D）灌注泵

（13）龙卷风混合器（　　）堵塞会影响供水泥的速度。

（A）混合器　（B）旋流蜗壳　（C）供水泥管　（D）下水泥管

（14）龙卷风（　　）堵塞会造成“灌水泥罐”现象。

（A）混合器　（B）旋流蜗壳　（C）供水泥管　（D）下水泥管

（15）龙卷风混浆系统累计注水泥（　　）应检修或更换混浆泵叶轮。

(A) 1500~2000t　(B) 2000~2500t　(C) 2500~3500t　(D) 3500~4000t

(16) 固井施工中，随时观察水泥浆的流动性和水柜液面变化情况，水柜存水应在（　　）以上。

(A) $1m^3$　(B) $2m^3$　(C) $3m^3$　(D) $4m^3$

(17) 哈里伯顿固井设备 RCM Ⅱ 系统的主要特点是采用了（　　）混合器。

(A) 水力式　(B) 龙卷风　(C) 喷射式　(D) 轴向流动

(18) 当水泥浆密度高达（　　）时，RCM 系统仍能良好混合。

(A) $2.64g/cm^3$　(B) $3.0g/cm^3$　(C) $3.64g/cm^3$　(D) $4.0g/cm^3$

(19) 下列有关 RCM Ⅱ 系统优点的说法，错误的是（　　）。

(A) 能减少或完全消除水泥粉尘

(B) 利用喷射吸力来抽吸散装干水泥

(C) 水泥浆内的气体含量较高

(D) 较容易混合出密度为 $2.64g/cm^3$ 的水泥浆

(20) 哈里伯顿固井设备自动密度控制系统的核心是一个（　　），安装在再循环罐式混合系统的回路内。

(A) 涡轮变送器　(B) 压差式密度计

(C) U 形管式密度计　(D) 放射性密度测量仪

二、技能考核

检查与操作龙卷风混合器，检查混浆泵叶轮工作情况，检查液压泵泄压阀的最大限制压力，正确操作龙卷风混合器。

序号	考试内容	考试要求	评分标准	配分	扣分	得分
1	检查与操作龙卷风混合器	检查龙卷风混合器的鹅颈管、下灰管、环形水道和水泥浆混合管	少检查一项扣 1 分	16		
2		检查混浆泵叶轮的工作情况	未检查混浆泵叶轮的工作情况扣 3 分	12		
3		检查液压泵泄压阀的最大限制压力（18~19MPa），在施工前必须进行清水试运转，观察是否正常，若不正常不能施工	施工前未进行清水试运转扣 2 分，未检查液压泵泄压阀最大限制压力扣 3 分	12		
4		施工前检查各低压阀，特别是控灰手轮和控水手轮，快速控灰阀和快速控水阀	施工前不检查各低压阀扣 2 分，漏检查一项扣 1 分，扣完 3 分为止	12		
5		操作中控灰阀和控水阀开关顺序不得搞错；注水泥过程中控灰阀和控水阀必须控制好	控灰阀和控水阀开关顺序不对扣 3 分，控灰阀和控水阀控制不当扣 2 分	20		
6		注意水泥浆密度计指示，注意水柜液面，观察水泥和水泥浆的流动性，注意水泥浆净化情况	未过问密度计标定情况扣 1 分，不注意水柜中的液面变化扣 2 分，操作时不观察水泥浆的流动性扣 2 分	20		
7		安全生产	劳动保护用品穿戴不符合要求一处扣 1 分，扣完 2 分为止；操作严重失误者取消其考试资格	8		
合计				100		

任务二　维护使用水泥干混设备

任务描述

随着我国陆上油田的开发进入中后期，开采难度逐步增加，各种深井、超深井、水平井、低渗井等类型的复杂油井相继出现。相应地，固井工作对油井水泥的各种物理、化学性能要求也越来越多、越来越高，单单靠增加水泥品种已经远远不能解决问题，需要水泥与各类外加剂、外掺料干混的复杂井越来越多，特别是超高压井使用的加重水泥浆体系和漏失井使用的低密度水泥浆体系。水泥干混设备是用来完成油井水泥与外加剂的掺混工作的设备，本任务要求在理解水泥干混设备的结构原理的基础上，能维护保养和操作水泥干混设备，能够识别分析并排除常见水泥干混设备的故障。

任务分析

水泥干混设备种类较多，原理基本相同，要完成水泥干混设备的保养和故障排除，需要正确掌握水泥干混设备的结构和工作原理，并对常见故障进行判断分析，熟练掌握故障的排除方法，在确保安全的情况下正确维修故障。

学习材料

对一般井固井来讲，采用干混的办法解决水泥与外加剂掺混问题的优势也越来越明显，目前各油田水泥干混设备越来越多，其基本结构与原理大致相同。

一、水泥干混设备简介

水泥干混设备是一种将几种不同粉状的水泥外加剂与水泥进行均化处理的专用设备。由于水泥干混的方式很多，因此干混的设备也各不相同。

(一) 水泥干混设备的混拌方式

粉状料混拌方式有以下四种：

(1) 罐内配料混合。它是根据物料秤重显示的数据，经比例调节阀控制，使物料按要求比例的输料速度由不同方向分别同时进入罐内，达到定量混拌的目的。

(2) 底部进仓方式混合。它是利用刚进入仓底部而且呈流态的气化物料上升造成与罐内已分离物料的混合。

(3) 管道混合。依靠管道混合器的作用，使配料混合后的物料达到局部、细微混合的目的。

(4) 罐内气力拌合。通过混拌罐内的条形气化床，使之呈流态，并向上部低压区移动，所造成的空隙马上被已分离的物料填充。如此循环往复，使罐内物料得以均化处理。

上述四种混合方式，使移动混合、扩散混合与剪切混合三种作用同时强化。其中，配料混合侧重于扩散作用，管道混合偏重于剪切作用，气力拌合则侧重于移动作用。

(二) 水泥干混设备的混合作用

气化后粉状物料的混合具有三种混合方式：

（1）移动混合，是指粉体中的颗粒群作为整体进行移动的作用。

（2）扩散混合，是指相互邻近的颗粒发生相对旋转，使不同颗粒进行接触。

（3）剪切混合，是指采用剪切力破坏凝聚性较强粉体颗粒之间的吸附力。

二、水泥干混设备的操作及检查

在这里主要介绍 SG2-1 型气动分级式粉状料干混装置的操作及检查。

（一）水泥干混设备的结构

SG2-1 型气动分级式粉状料干混装置的结构如图 3-3 所示。它主要由原料储存及输送系统、风源及风力输送系统、混拌系统、除尘系统、监测及控制系统、成品储存系统和计量管理系统等七个工作系统组成。

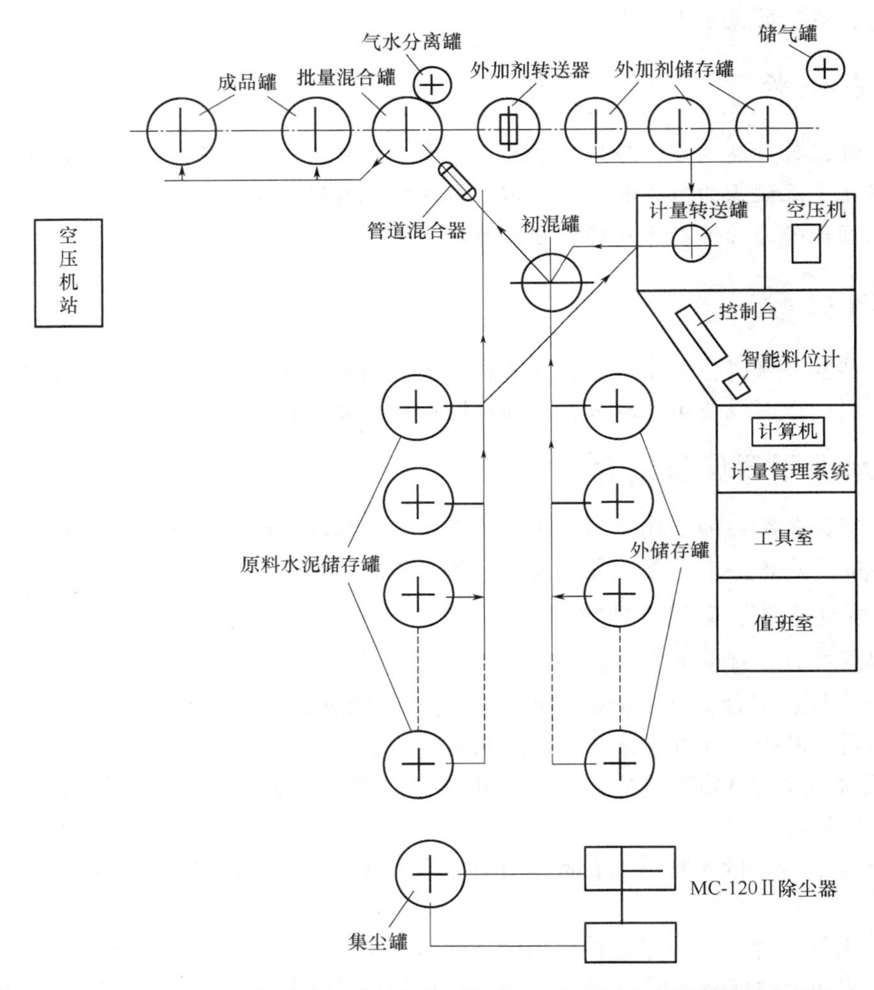

图 3-3　SG2-1 型气动分级式粉状料干混装置平面布置及混拌流程示意图

原料储存及输送系统是由一组金属罐及其相互连接的气、料管路组成，通常由混拌系统、风源及风力输送系统、除尘系统、监测系统与控制系统组成。它储存并输送各种粉状物料到混拌系统。

风源及风力输送系统是由空压机、干燥器、储气罐等组成，它为该装置提供混拌、输送及控制的动力风源。

混拌系统由计量转送罐、初混罐、批量混合罐、管道混合器、比例调节阀等混拌元件、设备及其相互连接的气、料管路和附属设备组成，该系统是整个装置的核心。

除尘系统是由集尘罐、布袋除尘器等组成，它解决了整个工艺的废气除尘净化问题。

监测及控制系统通过各种元件把装置运行过程中的所有计量、转送、混拌、调比例、进出料控制和各种电信号集中显示在操作控制台上，从而进行集中控制。

由混拌系统均化处理过的成品，进入由一组金属罐组成的成品储存系统中，等待送井使用。

另外，该装置还设立了计量管理系统，它将由电容式料位传感器的信号经二次仪表处理显示，统计出各金属罐的物料存量。

（二）水泥干混设备的工作原理

气动分级式粉状料干混装置是以压缩空气为动力，把几种粉状物料在气化状态下进行分级稀释而完成混拌的。它主要采取罐内配料混合、底部进仓方式混合、管道混合、罐内气力拌合等四种方式混拌。压缩空气经管线进入原料水泥储存罐、外加剂转送罐、外加剂储存罐、计量转送罐、外储存罐和初混罐、批量混合罐等罐中作为动力风源，分别把水泥和外加剂通过计量转送罐输送至初混罐或管道混合器进行初混，再从初混罐或管道混合器输送至批量混合罐中进行均匀化处理和气水分离，最后输送至成品罐中等待装车送井使用。

（三）水泥干混设备的使用方法

（1）启动空气压缩机，使储气罐压力达到0.6~1.0MPa。

（2）打开储气罐开关，向其他六个系统供气。

（3）打开外加剂转送罐气开关和转送阀门，向外加剂储存罐储存外加剂。

（4）打开水泥储存罐或外储存罐开关，向其内储存水泥。

（5）打开外加剂储存罐开关和出口阀门，打开原料水泥储存罐或外储存罐气开关和出口阀门，打开计量转送罐气开关和进、出口阀门，使水泥和外加剂气化，按水泥浆配方计量向初混罐中下水泥和外加剂，在初混罐中完成初混，或者通过管道混合器完成初混。

（6）打开初混罐气开关，关闭初混时的其他各罐气开关，打开初混罐出口阀门，通过管道混合器向批量混合罐中输送初混水泥。

（7）打开批量混合罐气开关，使初混水泥在其中进行均化处理之后，输送至成品罐中进行储存。

（8）打开成品罐气开关和出口阀门，装车，送井使用。

（四）水泥干混设备的使用注意事项

（1）启动空气压缩机时，注意防漏电和防止烧毁电动机。

（2）混拌过程中，应连接好布袋除尘器和集尘罐，防止环境污染，保护身心健康。

（3）严格按照水泥配方要求进行混配，混配好的成品必须满足固井设计要求。

（4）开、关各金属罐阀门和气开关时，不能过猛，一定要缓慢、平稳操作。

（5）混拌罐严禁用尖锐的金属物敲击罐体。

(6) 混拌罐工作压力严禁超过0.2MPa，压力表要定期校验。

(7) 空压机转速不得超过其额定转速。

(8) 混拌罐有气压时，严禁打开人孔盖。

(9) 电动机有异响、异味或跳闸，应立即分离总闸，排除故障后才能启动。

(10) 各部位出现漏油、漏气、漏水时，应立即检查更换油封垫片和采取其他措施消除故障。

(11) 单独使用助风管清扫管道时的压力，不得大于0.18MPa。

(12) 检修电动机和电路故障时，无电工上岗证人员不能操作，并需在总电源处挂牌警示。

(五) 水泥干混设备的常见故障及判断排除方法

1. 电动空气压缩机不工作

(1) 检查电动空气压缩机的电源是否缺相少线。

(2) 检查电动空气压缩机的启动开关是否能正常启动。

(3) 检查电动空气压缩机的电动机是否正常工作。

(4) 检查电动空气压缩机的传动机构，排除传动机构不工作的故障。

(5) 检查电动空气压缩机的压缩机构是否正常工作。

2. 管路、接头阀门漏气

(1) 若发现管接头漏气，则用管钳、手钳、生料带等工具、材料对管路、接头进行上紧或其他处理。

(2) 若发现阀门漏气，则更换阀门。

3. 各系统金属罐装不进粉状料

(1) 检查气源压力是否达到工作压力（0.15MPa以上），若未达到额定工作压力，则继续打压。

(2) 检查金属罐进口处是否有堵塞物，排除进口堵塞。

(3) 检查排气管线是否畅通，设法保持排气管线畅通。

(4) 检查进粉状料管线是否畅通，若不畅通，则设法掏通或更换新管线。

4. 各系统金属罐排不出粉状物料

(1) 检查气源压力和气管线，使之处于正常工作状态。

(2) 检查金属罐的出口阀门，若阀门出现故障，则进行更换或维修。

(3) 检查金属罐出口有无堵塞物，保持出口畅通。

5. 控制台操作手柄失灵

控制台操作手柄失灵，应立即维修或更换。

6. 控制台和计量管理系统的计量仪器仪表失灵

若控制台和计量管理系统的计量仪器、仪表失灵，则应立即进行更换或找专职人员进行维修。

7. 其他常见故障及排除方法。

其他常见故障及排除方法见表3-1。

表 3-1　其他常见故障及排除方法

故障现象	故障原因	排除方法
空气压缩机发生不正常的振动	连接螺栓松动	拧紧螺栓
	运动副间隙过大	按要求调整运动副间隙
	空气压缩机底座与基础接触不良或安装螺栓松动	拧紧地脚螺栓
		找平基础
		调整、检修空气压缩机
排气量下降或气压不上升	空气滤芯太脏	清除或更换滤芯
	密封件过度磨损、黏合、老化，波形弹簧失去弹性	更换密封件和波形弹簧
	吸排气阀漏气	更换阀片、检修阀座面
	传动皮带过松使空压机转速下降	调整或更换皮带
润滑系统故障	空压机转向不对	变换转向或更换油路板
	吸油管破裂	焊补或更换吸油管
	过油滤网被污物堵塞	清洗滤网
	油品不对或黏度下降	换油
	油泵磨损间隙增大	更换油泵
摩擦副过热	摩擦面拉伤	修复摩擦面
	油压过低，油脂干涸、太脏、老化	检修润滑油系统、更换油脂
配气系统压力上不去	胶管破损或接头漏气	更换胶管或整改接头
	压力表管路堵塞	疏通管路、校验修复压力表
	单向阀堵塞	疏通单向阀
	连接法兰漏气	紧固或更换密封垫
	空压机损坏	按空压机维修说明进行排除
混拌罐出水泥系统蝶阀转不动	阀内有结块或杂物	清除结块，疏通阀门
	转轴有故障	拆检或更换蝶阀
混拌罐出水泥缓慢且剩水泥过多	进气管堵塞	疏通管路
	出水泥蝶阀堵塞	清除异物
	罐内压力不足	关闭卸水泥蝶阀，等压力达到工作压力时再进行混水泥
	气垫布上有结块或损坏	清除结块或更换气垫布

任务实施

一、任务内容

正确识别、维护保养水泥干混设备，正确识别水泥干混设备的常见故障并对故障进行排除。

二、任务要求

(1) 按规定的工作时间清洗空压机的空气和机油滤清器。

(2) 对电动机进行保养，给轴承加注润滑油。

(3) 检查各金属结构件部位的紧固工况。

(4) 检查混水泥罐上的安全阀是否在规定的压力下工作。

(5) 检查各部位的阀门，保证灵活可靠。

(6) 检查各动、静密封处，是否有漏气及渗油现象。

(7) 检查各进气部件及气垫布，若发现损坏，应立即修复或更换。

(8) 检查和校验磅秤的准确度。

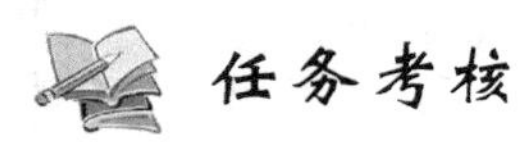

任务考核

一、理论考核

(1) SG2-1 型气动分级式粉状料干混装置由原料储存及输送系统、风源及风力输送系统、(　　)、除尘系统、监视及控制系统、成品储存系统和计量管理系统组成。

(A) 混拌系统　　(B) 净化系统

(C) 配料系统　　(D) 计算机控制系统

(2) 以下不属于水泥干混设备混拌系统组成的是（　　）。

(A) 计量转送罐　　(B) 初混罐　　(C) 管道混合器　　(D) 干燥器

(3) 以下不属于水泥干混设备风力输送系统组成的是（　　）。

(A) 空压机　　(B) 管道混合器　　(C) 干燥器　　(D) 储气罐

(4) 以下不属于水泥干混设备混拌方式的是（　　）。

(A) 移动混合　　(B) 罐内配料混合

(C) 管道混合　　(D) 罐内气力拌合

(5) 以下不属于水泥干混设备混合作用方式的是（　　）。

(A) 移动混合　　(B) 底部进仓混合

(C) 扩散混合　　(D) 剪切混合

(6) 对于使用“干混”工艺的单位，应及时混好（　　），混拌质量必须有保障。

(A) 泥浆　　(B) 前置液

(C) 水泥及外加剂　　(D) 水泥浆

(7) SG2-1 气动干混装置，粉状料混拌有罐内配料混合、底部进仓方式混合、管道混合和（　　）。

(A) 移动混合　　(B) 罐内气力混合

(C) 扩散混合　　(D) 剪切混合

(8) 混拌罐一般由加料漏斗、气路系统、送风管线、阀门和（　　）等组成。

(A) 空压机　　(B) 输送管线　　(C) 连接法兰　　(D) 变速箱

(9) 气动分级式流程的三个级别的混拌，要求进罐表压为（　　）的压缩空气气动拌和。

(A) 0.1~0.2MPa　　(B) 0.3~0.4MPa　　(C) 0.5~0.6MPa　　(D) 0.7~0.8MPa

(10) 下列不属于气动分级式流程的是（　　）。

(A) 一级混拌　　(B) 二级混拌　　(C) 三级混拌　　(D) 四级混拌

(11) 按不同的投料方式以下（　　）方法属于干混作业的方式。

(A) 液动分级式　　(B) 气动分级式　　(C) 投料　　(D) 气动拌和

(12) 水泥干混设备的监视和测量装置常见故障有气压表不准、磅秤不准和（　　）。

(A) 化验仪不准　　(B) 安全阀失灵

(C) 轴承磨损　　(D) 罐内压力不够

(13)（　　）是指粉体中的颗粒群作为整体进行移动的作用。

(A) 剪切混合　　(B) 移动混合　　(C) 扩散混合　　(D) 对流混合

(14) 混拌干水泥压缩空气压力为（　　）。

(A) 0. 10~0. 12MPa　　(B) 0. 13~0. 14MPa

(C) 0. 15~0. 20MPa　　(D) 0. 20~0. 25MPa

(15) 下列不属于水泥干混设备组成的是（　　）。

(A) 空压机　　(B) 送风管线　　(C) 变矩器　　(D) 混拌罐

二、技能考核

保养维护水泥干混设备，能正确排除水泥干混设备的故障。

序号	考试内容	考试要求	评分标准	配分	扣分	得分
1	保养维护水泥干混设备	按规定清洗空压机的空气和机油滤清器	未清理空气滤清器或者机油滤清器每项扣8分，清理不干净扣4分	10		
2		对电动机进行保养，给轴承加注润滑油	未给轴承加注润滑油扣4分	10		
3		检查各金属结构件部位的紧固工况	未检查金属结构件的紧固工况，每处扣2分，扣完10分为止	10		
4		检查混水泥罐上的安全阀是否在规定的压力下工作	未检查安全阀扣12分，检查判断不准确扣4分	12		
5		检查各部位的阀门，保证灵活可靠	未检查各阀门每处扣2分，扣完为止	16		
6		检查各动、静密封处，是否有漏气及渗油现象	未检查密封处扣10分，检查不准确每处扣2分	10		
7		检查各进气部件及气垫布，若发现损坏，应立即修复或更换	未检查发现各进气部件或者气垫布扣12分，漏一项扣2分，扣完为止	12		
8		检查和校验磅秤的准确度	未检查和校验磅秤扣10分，检查不准确扣4分	10		
9		安全生产	劳动保护用品穿戴不符合要求一处扣1分，扣完2分为止；操作严重失误者取消其考试资格	10		
合计				100		

任务三　维护使用固井水泥储藏罐

任务描述

水泥储藏罐是固井施工中用于储藏水泥的设备，水泥储藏罐和螺旋输送泵配合使用能够把水泥输送到各个位置。本任务要求掌握各式固井水泥储藏罐的结构，能检查、保养各种类型的固井水泥储藏罐并且能排除各式固井水泥储藏罐的故障。

任务分析

水泥储藏罐结构原理较为简单，不同类型的水泥储藏罐原理基本相同，要完成水泥储藏罐的保养和故障排除，需要正确掌握水泥储藏罐的结构和工作原理，并对常见故障进行判断分析，熟练掌握故障的排除方法，在确保安全的情况下正确维修故障。

学习材料

固井水泥储藏罐是固井施工中不可缺少的重要设备。它能储存和运输散装水泥，在固井施工中，利用压缩空气将水泥注入混合器实现水泥密闭输送，减少粉尘污染，有利于环保和保证操作人员健康，而且减轻了固井工人的劳动强度，还能节约水泥，提高固井质量，具有显著的经济效益。固井水泥储藏罐按罐体形式可分为卧式固井水泥储藏罐和立式固井水泥储藏罐。卧式固井水泥储藏罐是固定安装在运载车辆上的，并向后倾斜6°~8°。重心较低，主要用于水泥的运输。立式固井水泥储藏罐按其容量可分为两种类型：

（1）大型立式固井水泥储藏罐，又简称为立罐。它是一种直立于地面的水泥储藏罐，空罐时通过专用车辆拉运至施工现场，进行水泥的储藏，其容量大（一般能容装30t以上的水泥），便于水泥用量大的井的固井施工。

（2）小型立式固井水泥储藏罐。其罐体也是固定安装在运载车上的。它具有卸水泥速度快、空气耗量小、罐壁较薄等特点，是固井施工中常用的一种立式水泥罐车。

一、大型立式水泥储藏罐

大型立式水泥储藏罐用于石油矿场作业及水泥库中水泥或重晶石粉的储存，可最大限度地减少散装水泥车及重晶石粉车的使用数量，以适应固井作业现场场地狭窄的需要。该罐还可用于建筑、化工、冶金等部门装卸密度在0.9~1.4t/m^{3}的其他粉状物料，也可作为水泥及重晶石粉的中转站。

（一）大型立式水泥储藏罐的工作原理

大型立式水泥储藏罐为风力输送，借助气化装置，以压缩空气为动力，使储料罐内的粉状物料流态化，利用罐内、罐外压力差，将粉状物料排出储料罐（图3-4）。

（二）大型立式水泥储藏罐的使用

大型立式水泥储藏罐使用前，应检查各处开关转动是否灵活，进、排气管是否畅通。

（1）装料。上灰管气动装料，用备用软管连接上料口和水泥罐车（储灰库）的出料口，打开罐上放空阀，关闭其他阀门，当放空管口排出的空气中带一定浓度的气灰流时，则表明

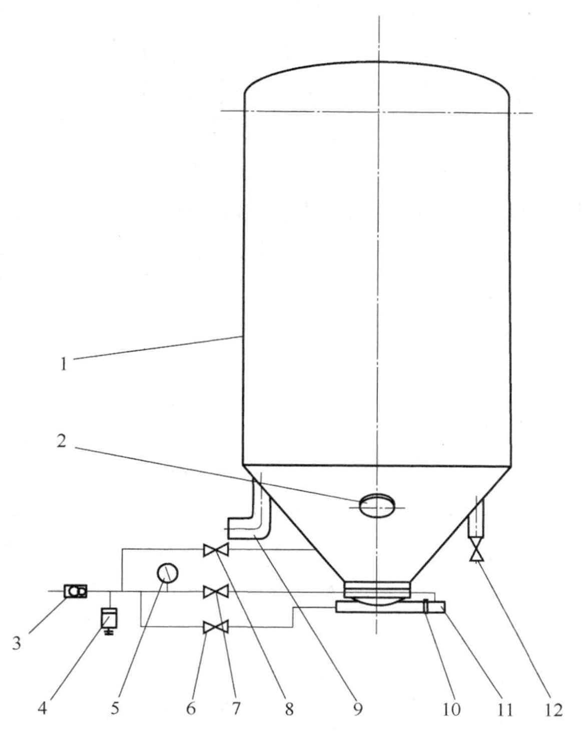

图 3-4　大型立式水泥储藏罐的工作原理图

1—罐体；2—检修人孔；3—进气单向阀；4—安全阀；5—压力表；6—底风进气球阀；7—助风进气球阀；8—侧风进气球阀；9—上灰管；10—球阀；11—出灰管；12—放空管球阀

罐内料已装满，然后关闭上料口和放空阀。

（2）卸料。关闭出料球阀、放空阀，接通外接气源，打开侧风、底风进气阀，待气压升至 0.3MPa 时，打开出料球阀，待压力降至 0.03MPa，则表明卸灰完毕，这时打开放空阀，关闭卸料球阀，关闭外接气源。

（3）助风气的用法。卸料时，可根据需要启动助风，帮助卸料；或由于管线太长发生堵塞现象时，可启用助风，使输送畅通。

（三）大型立式水泥储藏罐的维护保养

定期检查侧风进气垫和底风进气胶皮套及各阀门，若发现损坏，应及时更换；不定期检查金属结构件。严禁工作压力超过 0.3MPa。罐内有压力时，严禁用尖锐金属敲击罐壁。

二、小型立式水泥储藏罐车

（一）小型立式水泥储藏罐车的结构

小型立式水泥罐车主要由动力传动系统、供气系统、水泥罐和底座构架四个部分组成。

动力传动系统是将汽车发动机的动力驱动空气压缩机（又称压风机）工作。

供气系统由空压机、气路管汇、操作台、罐内气化元件（气化垫筛管）组成。空压机为输送水泥提供气源。气路管汇是把空压机的气源送至操作台和罐内，在操作台上装有各控制阀及气压表，用来控制两个水泥罐的水泥输出及显示压力，另外还有储瓶和安全阀。

水泥罐系统包括两个水泥罐、气和水泥分离器等。工作时，利用压缩空气输送原理使两个水泥罐产生压差，通过气化元件使密封在罐内的水泥气化，处于悬浮状态，一打开出口阀门，悬浮的水泥便沿出口阀门和管线通道进入混合器或其他水泥储存罐中，进行混配水泥浆或倒水泥作业。两个水泥罐可以串联输送水泥，保证作业的连续性。

水泥罐内部锥体部分装有均匀分布的 8 根直径为 1in（25.4mm）的气化多孔棒（筛管），孔径为 6mm，孔距为 20~30mm，多孔棒外面缠绕多层滤网，在水泥罐体底部还装有底风风嘴。目前大部分罐内不用筛管，而用 2~3 层的尼龙布作气化垫，结构简单，气化效果好。

（二）小型立式水泥储藏罐的工作原理

以 HC-15 型水泥罐车为例，该水泥罐车有两个水泥罐，装水泥量为 2×150 袋。卸水泥方式：Ⅰ号水泥罐和Ⅱ号水泥罐串联卸水泥以及Ⅱ号水泥罐单罐卸水泥。装水泥方式：该车串联气动倒水泥，可采用串联气动装水泥和在罐顶装水泥口处进行人工装水泥两种方式。经气、灰分离器气动卸水泥或供水泥的施工速度为 1~1.25t/min；气动倒水泥进水泥罐（作为中转水泥库）的施工速度为 0.8t/min（在水平距离 4m，或垂直距离 8m 的条件下）。

如图 3-5 水泥罐工作原理图，当该水泥罐装水泥时，其罐进水泥口与水泥库的水泥出口处用胶管相连接，空气压缩机向水泥库内送入压缩空气，使水泥气化，推动水泥进入水泥罐内。当然，也可以从水泥罐人孔法兰处装水泥。典型的内部结构如图 3-6 所示。

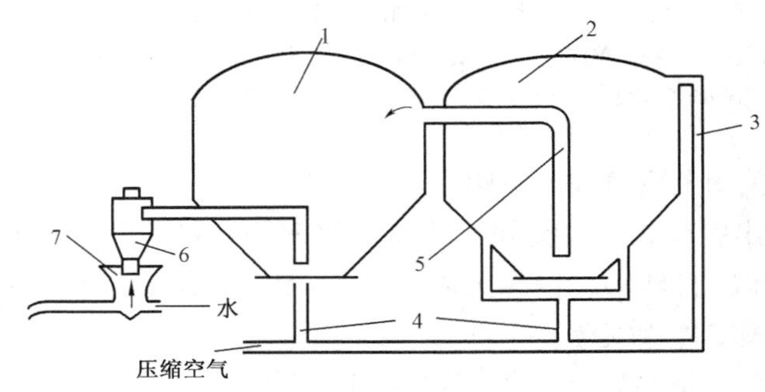

图 3-5　水泥罐工作原理图

1—罐体；2—气化嘴进气管；3—进灰管；4—底风风嘴；
5—出灰管；6—分离器；7—水泥混合器

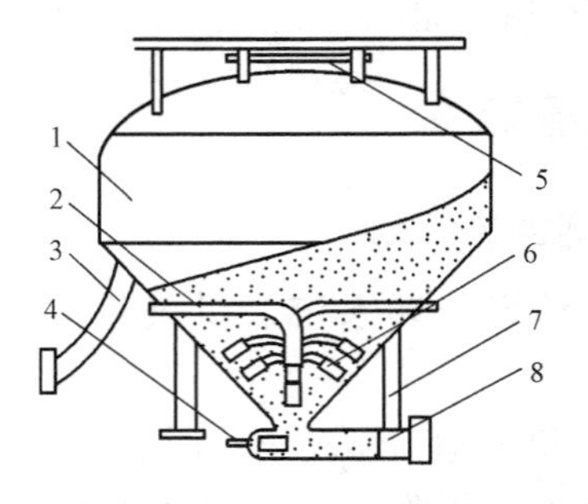

图 3-6　HC-15 型水泥罐车的罐内结构

1,2—灰罐；3—顶风管；4—底风管；5—人孔法兰；6—气化嘴；7—支座；8—出灰管

在固井施工或卸水泥的时候，封住水泥罐进口处，启动空气压缩机，打开水泥罐进气阀，向水泥罐内送入压缩空气，空气通过水泥罐锥体部位中的气化元件进入罐内，与水泥混合，当压缩空气的压力和流速达到一定数值时，水泥颗粒呈悬浮状态，具有流体的特性，此时打开水泥出口阀，水泥将沿气流方向运动，进行卸车，或按固井施工要求，打开底风风嘴送气供水泥，进行固井施工作业。

（三）小型立式水泥储藏罐车的使用方法

（1）打开排空阀门，排空。

（2）启动空气压缩机，使压力达到0.15~0.20MPa。

（3）低速运转，对各部件再检查。

（4）打开水泥罐进气阀，向罐内输送空气，对罐内水泥进行气化。

（5）先开两罐底风阀、侧风阀，再开输送水泥的控制蝶阀，进行供水泥。

（6）按照指挥人员手势，平稳操作输送水泥蝶阀，与水泥车组密切配合，保证水泥浆密度完全符合设计要求，连续施工。

（7）供（或卸）水泥3~5min后，关闭后罐侧风阀，把前罐水泥倒至后罐。

（8）注水泥结束后，停止空气压缩机。

（9）打开排空阀，排尽罐内的压缩空气。

（10）返程后，清洗干净空气压缩机和水泥罐，做好维护保养工作。

（四）小型立式水泥罐车的常见故障及排除方法

小型立式水泥罐车的常见故障及排除方法见表3-2。

表3-2　水泥罐车常见故障及排除方法

故障现象	故障原因	排除方法
压力升不上去	空气压缩机损坏	按空气压缩机维修说明进行排除
	单向阀堵塞	疏通单向阀
	压力表管路堵塞	疏通管路、校验压力表
	安全阀失灵	校正安全阀，将其固定在0.21MPa，并打铅封
	连接法兰漏气	更换密封垫及紧固螺栓
	胶管接头漏气	紧固活动节卡箍
	胶管破损	更换胶管
罐体部分人孔处发出尖叫声	密封圈未放好或损坏	将密封圈放好；若损坏应及时更换
蝶阀转不动	阀内有结块或异物	清除结块，疏通阀门
	转轴有故障	检修或更换蝶阀
出灰缓慢或剩余灰多	进气管堵塞	疏通管路
	出灰蝶阀堵塞	清除异物
	罐内压力不够	关闭卸水泥蝶阀，待压力达到工作压力
	有异物堵塞管路	清除异物
	气垫布上有结块或气垫布损坏	清除结块或更换气垫布

（五）小型立式水泥储藏罐的维护保养

（1）定期检查各进气部件及气垫布，若发现损坏，应立即修复或更换。

(2) 检查各动、静密封处是否有漏气及渗油现象。

(3) 不定期检查所有阀门，必须保证开关灵活可靠、无卡阻现象。

(4) 定期检查储气罐上的安全阀是否灵敏可靠。

(5) 经常地倾听动力系统、传动装置有无不正常声响。每次工作前必须注意检查各处螺栓有无松动、脱落，并定期给轴承座内的轴承加注锂基润滑脂。

(6) 定期检查立罐各风嘴工作情况，需要时更换风嘴胶皮。

(7) 不定期检查罐体各部位连接和焊缝等有无松动和裂缝现象，若有应立即整修。

(六) 使用水泥罐车的技术要求

(1) 启动空气压缩机前应检查润滑油，防止缺油烧瓦。

(2) 启动空气压缩机后，应怠速挂挡，低速空负荷跑温检查。一旦出现不正常的声音，应立即停止空气压缩机，查找原因，排除故障。

(3) 卸水泥或供水泥，压缩空气压力应达到 0.15~0.20MPa，排气量 $7m^3/min$，工作时注意操作台上压力表的变化。

(4) 罐内水泥在施工前要低速气化 5min。

(5) 供水泥时，必须听从指挥人员的指挥，平稳操作供水泥阀门（即水泥出口阀）。

(6) 罐底水泥必须在卸完水泥后清除干净，防止与下次所装水泥混合，影响固井质量。

(7) 清除罐底水泥时，在指定地点进行，满足健康、环保要求。

(8) 水泥罐车不能运输潮湿的、具有流动性和黏滞性的物品。

(9) 空压机工作正常时，气压不能高于 0.20MPa。

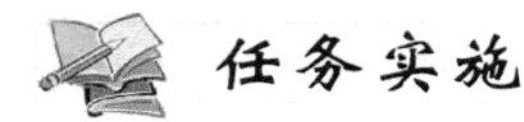

任务实施

一、任务内容

正确排除水泥罐车出水泥缓慢的原因及故障。

二、任务要求

(1) 检查压风机工作情况。

(2) 检查各气路管线。

(3) 开罐检查。

(4) 检查各种阀门。

(5) 检查气化进风嘴及气、水泥分离器。

(6) 检查多孔管或气化垫。

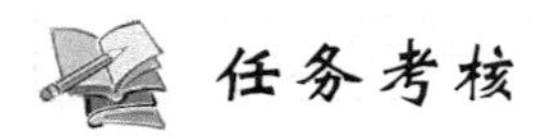

任务考核

一、理论考核

(1) 成品储藏罐主要是由罐体、气管线、进（出）口控制阀（蝶阀）和（　　）组成。

(A) 气路控制阀　　　　(B) 液压控制阀

（C）送风管线　　（D）除尘系统

（2）卧式水泥罐车的罐体安装在运载车上，向后倾斜（　　），主要用于水泥运输。

（A）6°~8°　　（B）16°~18°

（C）2°~5°　　（D）12°~15°

（3）水泥罐车主要由动力传动系统、供气系统、（　　）和底座构架四个部分组成。

（A）空气压缩机　　（B）水泥罐

（C）气路管汇　　（D）气化元件

（4）水泥罐车供气系统由空气压缩机、气路管汇和操作台以及（　　）组成。

（A）罐风气化元件　　（B）取力箱

（C）万向轴　　（D）三角皮带

（5）使用水泥罐车卸水泥或供水泥时，压缩空气压力应达到（　　）。

（A）0.10~0.13MPa　　（B）0.13~0.15MPa

（C）0.15~0.20MPa　　（D）0.20~0.25MPa

（6）使用水泥罐车时，罐内水泥在施工前要低速气化（　　）。

（A）5min　　（B）10min

（C）15min　　（D）20min

（7）使用水泥罐车卸水泥或供水泥时，压缩空气排气量应达到（　　）。

（A）$5m^3/min$　　（B）$7m^3/min$

（C）$9m^3/min$　　（D）$11m^3/min$

（8）水泥罐气压达到（　　）方可工作。

（A）0.1MPa　　（B）0.2MPa

（C）0.3MPa　　（D）0.4MPa

（9）水泥罐出水泥系统出水泥缓慢的原因有：（　　）、出水泥蝶阀堵塞、罐内压力不足、气垫布上有结块或垫布损坏。

（A）排气管堵塞　　（B）进气管堵塞

（C）罐内压力过高　　（D）罐内压力为0.2MPa

（10）水泥罐内压力严禁超过（　　）工作压力。

（A）0.1MPa　　（B）0.2MPa

（C）0.3MPa　　（D）0.4MPa

（11）水泥罐配气压力上不去的原因有：管线漏气、压力表不灵敏或管线线路堵塞、单向阀堵塞、（　　）、空气压缩机损坏。

（A）连接法兰漏气　　（B）空压机转速高

（C）单向阀装反　　（D）空压机转向不对

（12）水泥储藏罐安全阀压力应调定在（　　），并打铅封。

（A）0.15MPa　　（B）0.18MPa

（C）0.21MPa　　（D）0.25MPa

（13）水泥罐罐体部分人孔处发出尖叫声现象的原因是（　　）。

（A）胶管破损　　（B）密封圈未放好或损坏

（C）罐内压力不够　　（D）单向阀堵塞

二、技能考核

序号	考试内容	考试要求	评分标准	配分	扣分	得分
1	排除水泥罐车出水泥缓慢故障	检查压风机工作情况，观察气压表，了解气量是否满足要求	压风机工作情况漏检扣3分，气压不在0.15~0.2MPa扣2分	5		
2		检查各气路管线有无漏气现象	各气路管线漏检每根扣2分	5		
3		如果上述检查无效，可开罐检查，排尽气路、罐内的压缩空气	未排尽压缩空气就盲目开罐检查扣3分	3		
4		检查管路、控制阀、蝶阀、单流阀等有无堵塞	阀门漏检一个扣1分	3		
5		检查气化进风嘴及气、水泥分离器	未检查扣3分，少一项扣1分	3		
6		在罐内无水泥的情况下检查多孔管、筛网或气化垫床	多孔管、筛网或气化垫床漏检查一个扣2分	4		
7		安全生产	劳动保护用品穿戴不符合要求一处扣1分，扣完2分为止；操作严重失误者取消其考试资格	2		
合计				25		

任务四　维护使用管汇车、供液车

任务描述

管汇车是把所有水泥车、供液车和井口水泥头串成一体，便于施工管汇连接，起着管汇枢纽作用的固井工程车。供液车是注水泥施工中用来供给其他设备固井液的工程车。固井施工要求供液车具有排量大、工作可靠、越野性能好、轻便和操作方便的特点，具备配制和泵送隔离液、固井液的双重功能。该任务是在掌握管汇车和供液车结构工作原理的基础上，能熟练维护和使用管汇车和供液车进行固井施工，并对管汇车和供液车进行维护保养。

任务分析

在掌握管汇车和供液车结构工作原理的基础上能熟练维护和使用管汇车和供液车进行固井施工。需要熟练掌握管汇车、供液车的结构、工作原理，熟悉管汇车和供液车的操作程序，准确判断和排除其常见故障。

学习材料

一、管汇车

（一）管汇车的组成

管汇车主要由高压分配器、高压水龙带滚筒、低压分配器、管线架、工具箱、取力器、液压传动系统、硬管线、软管线、高压阀门、90°弯头、高压活动弯头、活接头等组成。

管汇车台面上靠近驾驶室位置装有高压分配器，高压分配器是装在管汇车上的高压管汇汇集体，其主体为厚壁钢管，两端焊有 2～4 个 50.8mm 梯形螺纹高压活接头，其上接 50.8mm 高压阀门，高压活接头的内扣端靠外。高压分配器主体通过 90°弯头、钢管、高压活动弯头与高压水龙带滚筒空心轴相连，再经过硬管线与 90°弯头、活接头与高压水龙带一端相连。高压水龙带滚筒位于台面中央，台面尾部装有低压分配器，其主体水平呈“工”字形，每边用 50.8mm 内螺纹活接头各连 4 只阀门。台面尾部两侧装有备用管线架及 50.8mm 硬管线数根。主车发动机通过取力箱和液压传动系统带动高压水龙带滚筒，台面上的所有部件固定在汽车底盘上。低压分配器是装在管汇车上的供液管汇汇集体。

（二）管汇车的工作原理

供水车的供水管线与管汇车上的低压分配器相接，通过低压分配器与各水泥车组供水管线连成供水系统，进行供水操作。管汇车上的高压分配器与各水泥车的高压管线连成一体，高压分配器一端与高压水龙带相接，另一端接水泥头注水泥阀门，形成高压系统，进行注水泥和替浆施工。如果压塞车与低压分配器连接，供水车可向压塞车供液。如果通过水泥头、高压水龙带至高压分配器，再从高压分配器接一根管线至水泥车水柜，可用钻井泵给水泥车供钻井液。

（三）管汇车的特点

（1）便于流程安装，提高工作效率，改善了劳动条件，大大减轻工人劳动强度，避免拆了装、装了拆的大量重复劳动。

（2）由于避免了高低压分配器上阀门的重复拆卸，以及高压水龙带运输中的磨损，从而延长了设备寿命，降低了固井成本。

（3）适用于井场开阔、工作量大的施工作业。

（四）管汇车的使用方法

（1）将供水车的供水管线与管汇车台面尾部的低压分配器相接，通过低压分配器与各水泥车组、供水管线连成供水系统。

（2）压胶塞车的供水管线可与低压分配器连接，这样供水车便可向压胶塞车供液。

（3）将水泥车的高压管线与管汇车台面上的高压分配器连成一体，再将高压水龙带的一端与高压分配器连接，另一端与水泥头上的高压阀门连接，形成高压系统。

（4）洗管线，试压，注水泥施工。

（5）注水泥施工完毕后，清洗干净管汇车。

（6）返回后，做好保养工作。

（五）管汇车的维护保养

（1）液压传动系统不得有渗漏现象。

（2）每次作业完毕，高压系统应冲洗干净残存的水泥浆。

（3）所有阀门每次上井前必须保养检查好，保持灵活好用，耐高压。

（4）高压活接头密封面不得有伤痕，每次作业完应清洗干净。

（5）高压分配器，尤其 90°弯头，要定期探伤、测厚，不合要求时更换。

（6）每次施工前冲洗高压系统，清除水泥结块，保证流量计仪表叶轮不卡。

（7）冬季施工后及时放水。

（8）确保高压水龙带滚筒在行车时不能转动。

(9) 备用高压硬管线用完后保养好，固定牢。

(六) 管汇车的故障及其排除方法

(1) 阀门密封不严。

① 施工前，试压检查阀门的密封情况，若发现阀门密封不严的现象，应立即进行更换。

② 碰压后，发现阀门密封不严，应设法迅速加接一个可靠的阀门。

(2) 高压系统发生刺漏。施工中，观察到高压系统发生刺漏液体的现象，应迅速更换。若更换时间过长，则考虑另接一套施工管线，见表 3-3。

表 3-3 管汇车常见故障、原因及排除方法

故障现象	故障原因	排除方法
高压阀门渗漏	阀门关闭不严	进一步拧紧阀门
	阀芯处被硬物卡死	拆卸检查清除硬物
	密封件老化	更换密封件
		更换高压阀门
高压管汇接头刺水	快速接头松动	砸紧快速接头
	密封部位有刺痕	更换新的快速接头
高压弯头或分配器刺漏	连接部位松旷	砸紧连接部位
	密封件老化	更换密封件
	本体破裂	更换高压弯头或分配器

(七) 管汇车的使用注意事项

(1) 固井施工前，必须进行洗管线、试压。

(2) 施工中液压传动系统不得有渗漏现象。

(3) 施工完毕后，必须清洗干净各部件。

(4) 所有阀门每次上井前必须保养检查，保持灵活、好用，耐高压。

(5) 高压活接头密封面不得有伤痕。

(6) 高压分配器，尤其是 90°弯头，必须定期探伤、测厚，定期更换。

(7) 冬季施工完毕后应及时把水放净。

(8) 高压水龙带滚筒在行车中不得转动。

(9) 备用的高压硬管用毕后保养好，并固定牢固。

二、供液车

(一) 供液车的组成

供液车是注水泥施工中用来供给其他设备固井液的工程车，它应具有排量大、工作可靠、越野性能好和操作轻便等特点，并具备配制和泵送隔离液、固井液的双重功能。供液车主要由离心泵、气流真空式自吸器、比例混合器、变速箱、动力箱、分动箱、万向轴、阀件等组成。供液车的管路结构（图 3-6）以车头为前，分别将车上装置及阀件接前、后、左、右及功用命名。左边的离心泵命名为左泵，右边的离心泵命名为右泵，它们所用辅助装置（即附件）分别在其名称前加一个“左”字或“右”字，进行命名。例如自吸器、压力表、挂挡杆等，分别命名为左自吸器、左压力表、左挂挡杆或右自吸器、右压力表、右挂挡杆等。下面以 GYBC-3 型供液车为例进行介绍。

1. 全自吸离心泵

全自吸离心泵由 4BA-6 离心泵、自吸器、吸入直形管、吸入阀（1 号、6 号、11 号、16 号）和排出阀（7 号、2 号、17 号、12 号）组成，如图 3-7 所示。

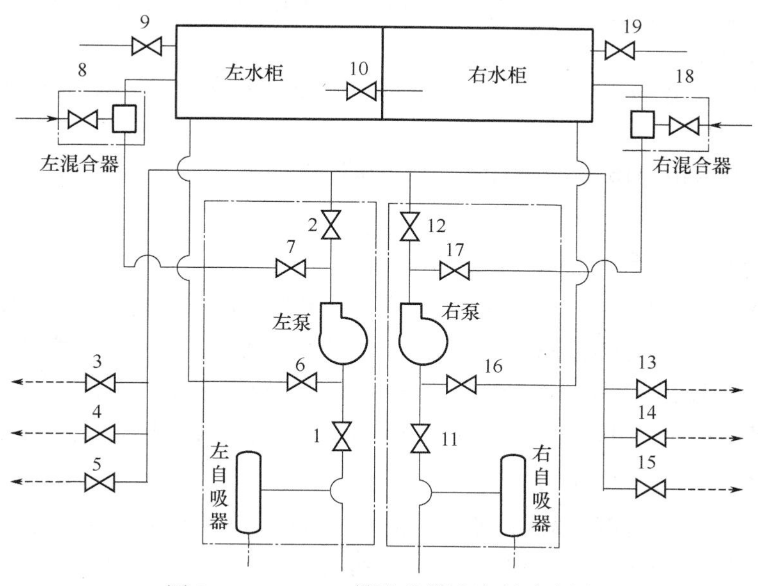

图 3-7　GYBC-3 供液车供液流程示意图

2. 比例混合器

比例混合器安装在离心泵排出口至水箱的管线上，每侧各装一个。离心泵排出的清水经混合器喷嘴喷出时，在其环形空间产生真空，将干粉或药液吸至混合腔进行水力混合，混合比例通过调整吸液粉管阀门或清水排出阀门的开启大小来实现。

3. 操纵系统

供液车的操纵采用集中控制方式，仪表箱设置在离心泵排出横管上，仪表箱内装有柴油机水温表、分动箱转速表、气源气压表、两个自吸器控制气压表和两个自吸器送气阀，仪表箱右侧装有柴油机油门手动装置，中间装有两组大灯开关，仪表箱下方装置有两个离心泵排出压力表，座椅前下方装有脚踏汽车变速箱离合装置，座椅两侧装有分动箱离合手把，离心泵排出阀门和混合阀门均设置在操作者周围。操作者可以随时观察仪表并完成所需的供液流程控制。

（二）供液车的工作原理

供液车可采用直接泵送、从水柜中泵送、向水柜中泵水、水柜循环及水柜配药、水柜倒水等几种方式进行供液施工。

1. 直接泵送流程

直接泵送即从水池中抽水，不经过水柜直接泵送到水泥车上，如图 3-6 所示，其泵送流程路线为：

左泵供水时：水池→1 号阀→左泵→2 号阀→3 号或 4 号、5 号、13 号、14 号、15 号阀→水泥车。

右泵供水时：水池→11 号阀→右泵→12 号阀→3 号或 4 号、5 号、13 号、14 号、15 号阀→水泥车。

2. 从水柜中泵送流程

从水柜中泵送，一般是在供隔离液时使用，将水柜中的隔离液供到水泥车上，如图 3-6 所示，其泵送流程为：

左泵泵送时：水柜→6 号阀→左泵→2 号阀→3 号或 4 号、5 号、13 号、14 号 15 号阀→水泥车。

右泵泵送时：水柜→16 号阀→右泵→12 号阀→3 号或 4 号、5 号、13 号、14 号、15 号阀→水泥车。

3. 向水柜中泵水流程

向水柜中泵水，一般是在施工前必须做的，在水柜储备一定量的水，以防施工中途离心泵上水系统出故障时，以便处理故障时使用。如图 3-7 所示，向水柜泵水的流程为：

左泵泵水时：水池→1 号阀→7 号阀→左水柜→10 号阀→右水柜。

右泵泵水时：水池→11 号阀→17 号阀→右水柜→10 号阀→左水柜。

4. 水柜循环流程及水柜配药

水柜循环流程一般在配隔离液时使用，如图 3-76 所示。其循环流程为：

左泵循环：水柜→6 号阀→左泵→7 号阀→水柜。

右泵循环：水柜→16 号阀→右泵→17 号阀→水柜。

在 7 号阀和 17 号阀与水柜之间的 8 号阀和 18 号阀处装有射流混合器喷嘴。当液体通过喷嘴循环时，在此产生真空。打开 8 号阀和 18 号阀，可以从混配吸入管中吸取药品（干药粉和液体药剂），从而在水柜中配制水泥外加剂或前置液（包括隔离液和冲洗液）。

5. 水柜倒水流程

左右水柜倒水流程是在水柜中配制前置液和水泥外加剂时才使用的。当一个水柜中的液体需要倒至另一个水柜中去时，才使用这种流程，如图 3-7 所示。

从左水柜向右水柜倒水时：左水柜→6 号阀→左泵→2 号泵→12 号阀→17 号阀→右水柜。

从右水柜向左水柜倒水时：右水柜→16 号阀→右泵→12 号阀→2 号阀→7 号阀→左水柜。

（三）供液车的操作步骤

根据不同的工况条件，按照不同的流程进行操作。具体方法如下：

（1）直接泵送操作。

① 启动发动机，挂挡。

② 按要求采取左泵供水流程（或右泵供水流程）向水泥车供水。

③ 供水结束后，摘挡、停车。

（2）从水柜中泵送的操作。

① 启动发动机，挂挡。

② 按要求采用左（右）泵泵送流程将隔离液供至水泥车。

③ 供液结束后，摘挡，停车。

（3）向水柜中泵水的操作。

① 启动发动机，挂挡。

② 采取左（右）泵泵水流程把水储备在水柜中。

③ 摘挡，待命。

（4）水柜循环及配药操作。

水柜循环操作：

① 启动发动机，挂挡。

② 按左（右）泵循环流程配好隔离液。

③ 摘挡，待命。

配药操作：

① 启动发动机，挂挡。

② 打开 6 号阀和 16 号阀抽水。

③ 打开 8 号阀和 18 号阀吸取药品。

④ 采用左（右）泵循环流程，在水柜中把水泥外加剂或前置液配制均匀。

⑤ 摘挡，待命。

（5）水柜倒水操作。

① 启动发动机，挂挡。

② 采用从左水柜向右水柜倒水流程（或从右水柜向左水柜倒的流程）将一个水柜中的前置液或水泥外加剂倒至另一个水柜。

③ 摘挡，待命。

（四）供液车的维护保养

（1）供水时汽车变速箱挂四挡，台上转速表最高转速为 1510r/min（相应汽车发动机最高转速 1800r/min，水泵额定转速 2900r/min），不得超速使用。

（2）当认为单泵排量不够时不得加油门超速来提高排量，应增加排出软管数量（>2 根）来减少排出压力，其排量自然提高。

（3）检查取力箱、分动箱及离心泵的油位是否合适，并注意油温不能超过 90℃。

（4）经常检查水泵密封圈，定期更换，使之保持良好的密封状态。

（五）供液车的故障及其排除方法

（1）泵不上水或上水不好。

① 检查传动部位，判断确定有动力供至离心泵，否则维修传动部件。

② 检查阀门的开关位置，若开、关倒置，则换向倒在上水方向。

③ 检查吸入管，排除堵塞物和抽空现象，若吸入管过长，则换短吸入管。

（2）配不成药。

① 检查泵的上水情况，排除泵不上水或上水不好的故障。

② 检查混配吸入管，排除堵塞和抽空现象。

③ 检查射流混合器喷嘴，判断其好坏，坏了则立即更换新喷嘴。

④ 检查循环管线和阀门，保持管线畅通，若发现阀门损坏，则更换阀门。

（3）不能从水柜泵送液体。

① 检查泵上水情况，排除泵不上水或上水不良的现象。

② 检查水柜至泵的管线，若管线堵塞或破裂，则进行更换。如果不能更换，则采用直接泵送供液。

③ 检查水柜出口阀门，若阀门堵死或打不开，则更换新阀门，无法更换时，也可采用直接泵送的办法供液。

供液车的故障及其排除方法见表 3-4。

表 3-4 供液车故障及其排除方法

故障原因	排除方法
气压不够	检查汽车气压及自吸气压，确保气压符合要求
自吸器系统阀门密封不严	检查、保养 2 号、6 号、7 号、12 号、16 号、17 号阀门，确保密封良好
气管线漏气	检查气管及接头，排除漏气现象
水泵放水阀开关不严	检查水泵放水阀，重关或更换阀门
上水软管接头、吸入管不密封	拧紧上水软管接头和吸入管连接部位
上水软管头堵塞	清除堵塞物，并使之离开水池污物
自吸器抽气阀失灵	修理或更换自吸器抽气阀
自吸器上水后，未关抽气阀就先关送气阀	重新启动自吸器，先关抽气阀，后关送气阀
水泵密封圈松动	拧紧水泵密封圈螺栓，或检查、更换水泵密封圈
自吸器上水后，排水阀开启过快，未保压，不上水	排空后，重新启动自吸器，缓慢开启水泵排出阀，实现保压，确保自吸器上水正常

（六）供液车的使用注意事项

（1）自吸器抽气喷水雾后，一定要先关抽气阀，后关仪表箱上的自吸器送气阀。如果顺序相反，则应灌泵的水将沿吸入管返回水池，从而影响正常的上水。

（2）供水排量最好利用排出阀门的开关大小来控制，不宜利用油门来控制，不允许用汽车变速箱挡位来控制。

（3）供水中途不要随意停车，否则上水管将会回流，造成重新启泵上水的现象发生。

（4）若特殊情况下中途必须停泵，则必须关紧每台泵的三处阀门，即左泵的 2 号、6 号、7 号阀门，右泵的 12 号、16 号、17 号阀门，以保证泵内密封，防止回水。

（5）每次施工完毕后，应打开自吸器用气吹净余水。

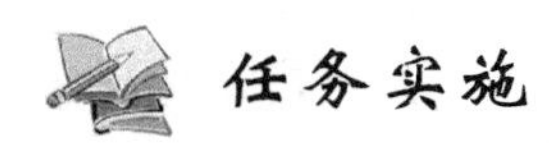

任务实施

一、任务内容

保养固井施工后管汇系统。

二、任务要求

（1）充分冲洗混浆系统，保证水泥泵及管线内无水泥浆残留。

（2）排干净泵和管线内积水，打开所有蝶阀、高压旋塞阀、离心泵排水阀及泵吸入管堵盖等。

（3）检查保养车上各阀门。

（4）检查各处活接头是否有损坏现象，如有立即更换，清洗各处活接头后要涂上润滑脂。

（5）考试时间：15min。每超时 1min 扣 5 分，超过 5min 停止操作。

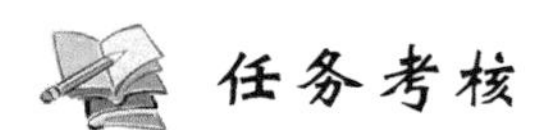

任务考核

一、理论考核

（1）以下有关管汇车的说法正确的是（　　）。

（A）装有高、低压分配器　　（B）装有计量仪器、仪表

（C）载有水泵、水泥泵　　（D）载有水泥浆混合系统

（2）以下有关管汇车的说法错误的是（　　）。

（A）便于流程安装

（B）能改善劳动条件

（C）能提高工作效率

（D）适用于工作量小、井场狭小的小型施工

（3）下列有关管汇车的说法正确的是（　　）。

（A）能降低工作效率　　（B）能加重劳动强度

（C）能改善劳动条件　　（D）适用于井场狭小的小型施工

（4）下列附件中，（　　）是装在管汇车上的供液管汇汇集体。

（A）计量仪表　　（B）低压分配器

（C）固井水龙带　　（D）高压活动弯头

（5）高压分配器是装在（　　）上的高压管汇汇集体。

（A）供液车　　（B）仪器车　　（C）管汇车　　（D）灰罐车

（6）管汇车台面尾部装着低压分配器，主体水平呈“工”字形，每边用 2in（50.8mm）公制螺纹活接头各连（　　）阀门。

（A）2 只　　（B）3 只　　（C）4 只　　（D）5 只

（7）管汇车台面尾部两侧装有（　　），其上装有备用 2in（50.8mm）硬管线数根。

（A）备用工具箱　　（B）备用管线架　　（C）高压水龙带　　（D）高压分配器

（8）管汇车台面中间装有（　　）。

（A）高压活动弯头　　（B）高压硬管线

（C）高压分配器　　（D）高压水龙带滚筒

（9）下列有关管汇车使用保养的说法，错误的是（　　）。

（A）液压传动系统不得有渗漏现象

（B）冬季施工应及时放水

（C）高压水龙带滚筒在行车中可以转动

（D）备用高压硬管线用毕应保养好、固定牢

（10）每次固井施工前冲洗管汇车高压系统，清除水泥结块，是为了保证（　　）不卡。

（A）水泥混合器　　（B）流量计一次仪表叶轮

（C）大泵阀　　（D）水泵柱塞

（11）管汇车（　　）密封面不得有伤痕，每次作业完应清洗干净。

（A）水泥泵　　（B）水泵　　（C）水泥混合器　　（D）高压活接头

（12）供液车具备配制和泵送隔离液、（　　）的双重功能。

（A）钻井液　　（B）固井液　　（C）水泥浆　　（D）软化水

（13）供液车车上装置及阀件，以车头为前，按（　　）及功用命名。

（A）前、后、左、右　　（B）前、后、上、下

（C）上、下、左、右　　（D）使用习惯

（14）供液车具有（　　）、工作可靠、越野性能好、轻便和操作方便的特点。

（A）排量稳定　　（B）泵压高　　（C）排量大　　（D）泵压平稳

（15）按照不同的流程进行供液车操作，以下不属于其操作方法的是（　　）。

（A）直接泵送操作　　（B）从水柜中泵送操作

（C）水柜循环及配药操作　　（D）启动发动机挂挡

（16）当固井供液车一个水柜中的液体需要倒到另一个水柜中去时，应使用（　　）流程。

（A）直接泵送　　（B）从水柜中泵送

（C）水柜倒水　　（D）通过龙卷风混合器泵送

（17）以下不属于管汇车常见故障的是（　　）。

（A）高压阀门渗漏　　（B）高压管汇接头刺水

（C）离心泵不上水　　（D）高压弯头或分配器刺漏

（18）供液车常见故障是（　　）和离心泵压力达不到要求。

（A）离心泵不上水　　（B）密封件老化

（C）快速接头松动　　（D）连接部位松旷

（19）管汇车（　　）要定期探伤、测厚，不合要求及时更换。

（A）低压分配器　　（B）高压分配器　　（C）低压管线　　（D）叶轮

二、技能考核

序号	考试内容	考试要求	评分标准	配分	扣分	得分
1	固井施工后管汇系统的保养	启动水泵和水泥泵清洗混浆系统、管线内部，然后用高压水龙头冲洗车外部脏物	冲洗不干净，一处扣5分，如管线需要重新冲洗扣10分，扣完15分为止	15		
2		排干净泵和管线内积水	一处未排放扣1分，扣完6分为止	6		
3		检查阀门	阀门处有残余水泥浆或杂物一处扣2分，不用扁口螺丝刀清除残存杂物、水泥一处扣3分，不检查阀门活动情况一处扣2分	10		
4		检查各处活接头	不检查活接头扣5分，活接头不涂润滑脂一处扣1分，扣完5分为止	5		
5		安全生产	劳动保护用品穿戴不符合要求一处扣1分，扣完2分为止；操作严重失误者取消其考试资格	2		
合计				38		

项目二　注水泥作业

任务一　计算施工参数

任务描述

注水泥设计及计算是各种水泥浆施工前必需的环节，是注水泥作业过程中所需数据的依据。所有注水泥设计都必须通过计算来取得。本任务要求学生能熟练计算水泥浆密度、水泥量（水泥浆总量、环空水泥浆量、管内水泥浆量、干水泥量、配浆用水量）、顶替钻井液量、顶替时间、环空静液柱压力、流动阻力、顶替钻井液最高施工压力等基本施工参数。

任务分析

要能熟练计算注水泥现场施工参数，需要熟练掌握基本施工参数的内容和计算方法。

学习材料

一、固井施工参数设计

（一）固井施工参数设计的内容

每口井必须根据收集的现场资料和各种试验数据，认真做好固井设计，设计必须按规定制度进行逐级审批，其主要内容包括固井施工参数、前置液的类型和数量、固井顶替时间、工业用水量、固井总时间及施工最高压力的计算。

（二）相关固井资料的收集

要完成一个完整的注水泥设计，必须全面地考虑影响注水泥的各种因素。

（1）工程设计。工程设计是指钻井、地质和开发上对注水泥作业的要求，一般有水泥浆返高、需封固的产层顶部与底部深度、阻流环位置（水泥塞长度）磁性定位、候凝时间、水泥环封固质量、水泥的性能等。

（2）地层资料。地层资料主要是裸眼段的地层压力、孔隙压力、破裂压力、温度、地温梯度、地层和产层的孔隙度、渗透率情况，这些情况在设计水泥浆密度、注水泥方式、水泥浆体系以及顶替参数时都有重要作用。

（3）井眼及套管柱参数。井眼及套管柱参数包括井径、钻具尺寸、套管组合及完井方法（井眼形状参数）。井眼形状参数主要包括井深（垂直深度与测量深度）、套管外径（包括壁厚）、裸眼直径、套管柱组合（如贯眼管柱、尾管、套管回接）和井斜数据。这类数据主要用于计算井底温度、所需液体容积、静液柱压力以及顶替流动参数（流态、流动压降等），同时对水泥浆的性能也提出相应的要求。

（4）钻井液的类型与性能。钻井液的类型与性能主要是指钻井液的种类、外加剂组成、性能（如密度、黏度、切力、滤失量、含砂量、pH 值等）以及有关处理情况。

（5）水泥与外加剂情况、配浆设备情况。

（三）注水泥设计原则

1. 平衡压力原则

平衡压力注水泥主要针对注水泥顶替过程与候凝过程两个过程，基本原则是要求在这两个过程中环空的压力处于一个压力平衡状态，且在封固段水泥浆能充分顶替掉钻井液，从而既不会压漏地层，也不会使油气水窜入环形空间。在水泥浆注替过程中要做到压稳，即环空静液柱压力大于地层孔隙压力与地层孔隙压力安全附加值之和，同时还应做到不漏，即在施工中环空液柱压力与流动摩阻压力之和小于地层的破裂压力或漏失压力。在水泥浆候凝过程中控制水泥浆失重防止窜流。

2. 注水泥工艺方法

注水泥工艺方法一般分为常规的一次注水泥、分级注水泥、尾管注水泥及一些非常规的注水泥工艺，如内管注水泥、外管注水泥、反循环注水泥等。一般设计原则是优先使用常规注水泥工艺，在不能使用常规注水泥的情况下再使用非常规注水泥的方法。对于常规注水泥，其工艺的选择主要应考虑是否需使用双级或多级注水泥，或者一级双封注水泥。

3. 水泥浆柱的组成结构

环空水泥浆的组成根据性能及作用不同，设计时一般要求采用两种或三种浆体组成：

先导水泥浆（领浆）+尾随水泥浆（尾浆）

先导水泥浆+中间浆+尾随水泥浆

（1）先导水泥浆：常用稀水泥浆配制，密度较低（一般低于正常水泥浆密度 0.01～0.2g/cm^3，返高要求返至设计返高以上），流动性好，配浆成本较低。一般在主封固段上面起充填作用，并与前置液一起组成湍流顶替液，以便更好地清除环空钻井液，同时由于稠化时间较长，还可起到维持一定环空液柱压力的作用，先导水泥浆不能用于封固主要的层段。

（2）中间浆：其作用与先导水泥浆相近，只是对水泥浆的密度和其他性能作了进一步要求，以满足所封固井段的要求。

（3）尾浆：用于封固环空主要封固段，一般在套管鞋至产层段以上 150m 的井段，对这类浆体要求有优质的胶结强度，能隔绝井下流体互窜，满足分层测试及长期开采的目的。

4. 前置液的选择原则

前置液的选择应考虑钻井液与水泥浆的类型、注水泥的顶替流型以及地层情况等因素。

5. 注水泥顶替流动设计原则

根据顶替机理可知，一般应采用湍流或塞流顶替较好，选择顶替流态的原则是：

（1）首先考虑使用湍流流态进行顶替，如果现有条件不能实现湍流则考虑使用塞流或低速顶替。

（2）在两者都无法实现的情况下，再设计为在尽量高速下的层流顶替，这时应充分考虑湍流前置液的使用，以弥补水泥浆不能达到湍流的缺陷。

（四）水泥浆体系的选择与外加剂选用

根据井深和温度情况选择出应用的干水泥级别，如没有相应级别可使用基本水泥浆级别，如 G 级或 H 级，选择外加剂时，应首先根据对水泥浆性能的特殊要求或关键性能要求，确定出本次注水泥应使用的水泥浆体系，然后确定出要使用的主导外加剂，保证其水泥浆满足特殊要求或关键性能要求，再根据其他性能的调节要求进行水泥浆的综合性能调节。根据选定的水泥浆体系和性能要求，结合现场使用外加剂的经验，初步制定出一个水泥浆配方，然后在选定的试验条件下进行全套性能试验，并通过调节外加剂的用量，使水泥浆性能达到设计要求。

（五）注水泥用量设计的内容

1. 水泥用量

可根据各段水泥浆的设计返深和该返深段的井眼环空容积计算出理论所需水泥浆量，然后再根据施工的具体要求和井眼环空容量计算的准确性确定应附加的水泥浆。

2. 外加剂用量

外加剂的用量主要根据使用的水泥与配浆水的用量确定，由于外加剂加入方式的不同，计算方法也有所区别。

二、前置液、水泥浆用量计算

按照测定水泥浆流变性能的方法测定前置液的流变性能，并依据水泥浆设计的顶替流型，确定使用的前置液类型。当完成容量计算后，在井眼环空组成的钻井液、前置液，水泥浆中，在已设计选定的排量条件下，进行流动计算和压力平衡设计。

按照提高顶替效率的要求，前置液的密度应比钻井液的密度大，由于一般的冲洗液通常为在水中加入表面活性剂或用钻井液直接稀释配制而成，故一般密度较低，为 1.0~1.03g/cm^3，隔离液的密度要求比钻井液密度高 0.06~0.12g/cm^3，而比水泥浆密度低 0.12~0.06g/cm^3。

（一）注前置液和水泥浆施工中的时间和压力计算

注前置液和水泥施工的时间为

$$T = T_1 + T_2 \tag{3-1}$$

其中

$$T_1 = Q_1/L_1, T_2 = Q_2/L_2$$

式中 T_1——注水泥的时间，min；

T_2——注前置液的时间，min；

Q_1——水泥浆的量，m^3；

Q_2——前置液的用量，m^3；

L_1——注入水泥浆时所用排量，m^3/min；

L_2——注入前置液时所用排量，m^3/min。

注前置液过程中，通常由于前置液密度低，因此，随着前置液的注入，一般情况下泵压的变化是由小到大，而注水泥过程中，通常由于水泥浆密度大，因此，随着水泥浆的注入，一般情况下泵压的变化是由大到小，当水泥浆到达井底时泵压达到最小，最小可出现负压。

（二）前置液配伍性试验的基本方法

配伍性是指前置液与水泥浆（或钻井液）以不同比例接触混合，都能成为稳定的混合物，而且不会因为化学反应产生与设计要求相违逆的性能变化。配伍性试验是参照 API spec 10A 规范进行操作，这里主要介绍流变性和稠化性能配伍试验。

1. 流变性配伍试验

（1）基浆准备及试验程序。

① 钻井液必须从现场上取样，试验前必须充分搅拌，以破坏胶凝结构和悬浮起固相沉淀物质，至少备1000mL。

② 水泥取样应取自现场将使用的同批水泥，用现场水按API spec 10A规范配成水泥浆，至少备1000mL。

③ 配备前置液，至少备2000mL。

④ 为节省基浆量和混合次数，按如下参考比例进行前置液、水泥浆、钻井液的接触混合。钻井液：前置液：水泥浆的容积比为25：50：25。

⑤ 对钻井液、前置液、水泥浆原浆分别进行流变试验。

⑥ 再将混合样品用勺搅拌均匀，按次序进行流变试验。注意，每个样品试验后，应保留，预备下一个试验用，直至全套试验做完。

（2）配伍性评价。前置液以不同比例与钻井液、水泥浆混合，混合物的视黏度明显降低或不变，则表明流变配伍性好，如视黏度明显升高，表明配伍性差，升高值越大，配伍性越差。

2. 稠化时间配伍试验

（1）将前置液与水泥浆按容积比5：95、25：75、50：50混合。

（2）将水泥浆及混合样品按API规范进行稠化时间试验，并进行对比，混合样品的稠化时间不应低于原水泥浆的稠化时间，但要记录这个时间（水泥原浆稠化时间）混合物的稠度。

（3）抗压强度影响试验。将前置液与水泥浆按容积比5：95、25：75、50：50混合测其抗压强度，并与水泥原浆进行对比。

（4）对失水量影响试验。按API spec 10A附录F，对前置液与水泥浆的混合物及水泥原浆进行失水试验。

（三）前置液用量的计算

前置液用量是在保证其所用前置液能充分发挥其作用的前提下确定的，一般正常情况下，冲洗液与水泥封固界面应满足10min接触时间，其计算公式为

$$q_1 = 10Q_c \tag{3-2}$$

式中 q_1——冲洗液用量，m^3；

Q_c——临界排量，m^3/min。

q_1值最大限量以不超过环空高度250m为准。

同时使用冲洗液与隔离液，计算公式为

$$q_2 = 10Q_c \tag{3-3}$$

式中 q_2——冲洗液与隔离液总量，按不超过环空高度300m为准，m^3。

两种液体体容积比按2：1配置。

（四）水泥浆用量的计算

水泥浆用量的计算公式为

$$V = V_1 + V_2 \tag{3-4}$$

式中　V——注入水泥浆的总体积，m^3；
V_1——管外水泥浆体积，m^3；
V_2——管内水泥浆体积，m^3。

（1）套管外水泥浆的总体积 V_1 的计算公式为

$$V_1 = 0.785k(D^2 - d^2)H \tag{3-5}$$

式中　V_1——管外水泥浆体积，m^3；
D——裸眼段平均井径，m；
d——套管外径，m；
H——环空裸眼水泥段长度，m；
k——水泥浆体积附加系数（根据具体情况确定）。

（2）套管内水泥浆的总体积 V_2 的计算公式为

$$V_2 = 0.785d^2h \tag{3-6}$$

式中　V_2——套管内水泥浆体积，m^3；
d——套管外径，m；
h——水泥塞长度，m。

（五）替浆量、替浆压力和替浆时间的计算

1. 顶替量的计算

注完水泥后要压胶塞、替钻井液。胶塞在钻井液的推动下移至回压阀位置，顶替结束。因此，回压阀以上套管内为钻井液所充填，套管的内容积就是所要顶替的钻井液量。由于套管的外径相同，各段套管的壁厚不同，套管的内径也就不同。计算顶替量就需要分段计算，然后再把它们加起来。顶替量的计算公式为

$$V_d = K_s \pi (L_1 d_1^2 + L_2 d_2^2 + \cdots + L_n d_n^2)/4 \tag{3-7}$$

式中　V_d——顶替钻井液量，m^3；
L_1，L_2，…，L_n——回压阀以上各段不同壁厚套管的长度，m；
d_1、d_2，…，d_n——回压阀以上各段不同壁厚套管的内径，m；
K_s——钻井液压缩系数，取 1.03。

2. 最高泵压的计算

注水泥过程中，通常由于水泥浆密度大，因此，随着水泥浆的注入，一般情况下泵压的变化是由大到小，泵压最小可出现负压。顶替钻井液时由小到大。顶替结束前的瞬间，泵压达到最高值。最高泵压是由管内外液柱的压差和水泥浆及钻井液在套管内外流动时的阻力所构成。最高泵压的计算公式为

$$p = p_1 + p_2 \tag{3-8}$$

式中　p——最高泵压，MPa；
p_1——克服管内外液柱压差所需的泵压，MPa；
p_2——克服流动阻力所需的泵压，MPa。

（1）p_1 可用下列公式计算：

$$p_1 = 9.81 \times (H - h)(\rho_{水泥浆} - \rho_n) \times 10^{-3} \tag{3-9}$$

式中　H——管外水泥浆封固长度，m；

h——水泥塞高度，m；

$\rho_{水泥浆}$——水泥浆平均密度，g/cm^3；

ρ_n——顶替用钻井液密度，g/cm^3。

（2）p_2 可用下列经验公式计算：

当井深小于 1000m 时

$$p_2 = 9.81 \times (0.01L+8) \times 10^{-2} \tag{3-10}$$

当井深大于 1000m 时

$$p_2 = 9.81 \times (0.01L+16) \times 10^{-2} \tag{3-11}$$

式中　L——套管下入深度，m。

因此，最高泵压的计算公式如下：

当井深小于 1000m 时

$$p = 9.81 \times [(H-h)(\rho_{水泥浆}-\rho_n)+(0.1L+80)] \times 10^{-3} \tag{3-12}$$

当井深大于 1000m 时

$$p = 9.81 \times [(H-h)(\rho_{水泥浆}-\rho_n)+(0.1L+160)] \times 10^{-3} \tag{3-13}$$

（六）注水泥工作时间的计算

注水泥施工的总时间，包括水泥车配注全部水泥浆的时间、倒阀门、开挡销、顶胶塞的时间及替顶替液的时间。为了保证注水泥施工顺利进行，注水泥的总时间必须小于或等于水泥浆初凝时间的 75%。注水泥施工的总时间为

$$T = T_1 + T_2 + T_3 \tag{3-14}$$

其中

$$T_1 = G/(m \cdot n) \tag{3-15}$$

$$T_3 = V_d / Q_{排} \tag{3-16}$$

式中　T_1——注水泥浆的时间，min；

T_2——倒阀门、开挡销、顶胶塞的时间，T_2 一般为 1～3min；

T_3——替顶替液的时间，min；

G——注干水泥量，t；

m——每台水泥车每分钟注干水泥量，t/min；

n——注水泥车台数，台；

V_d——顶替液量，m^3；

$Q_{排}$——替顶替液的泵排量，m^3/min。

（七）提高水泥浆顶替效率的主要措施

（1）合理的压力梯度及平衡压力固井，是保证注水泥质量首先需要考虑的问题。

（2）保证井身质量，是提高注水泥顶替效率的主要条件。

（3）为提高倾斜井眼内的水泥浆顶替效率，必须控制套管偏心度，在封固井段和井径较规则的地方应安装套管扶正器，套管在井眼中的偏心度一般应控制在 30%以下。

（4）活动套管，改变液体流畅和减少近壁层效应，对提高顶替效率有明显的效果，上下活动套管与旋转套管相比，优点更多。

（5）采用塞流流态及湍流流态注水泥，其顶替质量是很好的，而层流流态注水泥质量一般不好，特别在倾斜的井眼内，不宜使用。

（6）降低钻井液的触变性能，消除钻井液在井壁上的滞留范围，是提高水泥浆顶替效率的重要措施之一。

（7）提高水泥浆与钻井液的密度差，对提高水泥浆的顶替效率有一定作用。

在施工现场顶替水泥浆时，为保证井壁不被冲垮，一般要求顶替排量小于或等于洗井排量，在顶替过程中，不断观察泵压变化和井口钻井液返出情况，并根据其变化适时调节顶替排量的大小，原则上碰压前替浆排量降为正常替浆时的三分之一，直至碰压。固井碰压后，候凝过程中要有专人观察井口情况，一般情况下可采用关井口封井器，防止环空流体外窜，同时打开井口水泥头阀门，实现憋压候凝，减少套管与水泥环的间隙，保证水泥胶结质量，也可根据井下流体压力情况，井口加入适当回压来补充因候凝过程中水泥浆失重而减少环空液柱压力的影响，保证井下高压流体不外窜。

任务实施

一、任务内容

计算：某井 ϕ339.7mm 表层套管（壁厚为 10.92mm）下深 800m，二开后用 ϕ311mm 钻头钻进至 2405m 完钻，电测裸眼段平均井径为 325mm，ϕ244.5mm 技术套管下深 2402m，阻流环位置 2377m（管内水泥塞高度 25m），技术套管管串结构为 2402～2200m SM110TT×11.99mm×200m，2200～200m P110×11.05mm×2000m，200～0m N80×11.99mm×200m，采用常规一次注水泥方案，水泥返至地面，水泥浆量按理论环空容积附加 8%。全井采用 API G 级水泥，水泥浆密度为 1.89g/cm^3，水灰比为 44%，水泥造浆率为 0.76m^3/t，请完成该井固井施工的前置液用量（前置液占环空高度 250m）计算、水泥浆量和水泥量计算。

二、任务要求

考试形式及时间：采用笔试，时间 20min。每超时 1min 扣 1 分，超过 20min 停止操作。

任务完成时间：20min。

任务考核

一、理论考核

（1）固井施工前的资料准备包括（　　）、固井施工卡片、施工责任书、作业指导书、套管数据。

（A）钻井设计　　（B）泥浆设计　　（C）地质设计　　（D）固井设计

（2）井施工前要检查（　　）、固井水、水泥外加剂、顶替液的准备数量。

（A）水泥　　（B）降失水剂　　（C）分散剂　　（D）缓凝剂

（3）固井设计包括（　　）、前置液设计、注水泥设计、顶替水泥浆设计等。

（A）套管串设计　　（B）泥浆类型设计　　（C）地质设计　　（D）钻具设计

（4）固井设计包括套管串设计、前置液设计、注水泥设计、顶替水泥浆设计、（　　）等。

（A）固井设备的确定　　（B）压裂作业　　（C）堵漏　　（D）修复套管

（5）（　　）在设计水泥浆密度、注水泥方式、水泥浆体系以及顶替参数时都有重要作用。

（A）固井设备的确定　（B）套管串设计　（C）钻具设计　（D）地层资料

（6）井眼形状参数主要包括井深、套管参数、裸眼直径、套管柱组合和（　　）等。

（A）井斜数据　（B）地层压力　（C）液柱压力　（D）温度

（7）地层资料包括（　　）、地层破裂压力、井底温度、地温梯度等。

（A）地层孔隙压力　（B）可钻性　（C）压实程度　（D）构造应力

（8）前置液流变性配伍试验时水泥取样应取自现场将使用的同批水泥，用现场水按 API spec 10A 规范配成水泥浆，至少备（　　）。

（A）1000mL　（B）500mL　（C）1500mL　（D）2000mL

（9）前置液的（　　）是指与水泥浆或钻井液以不同比例接触混合，都能成为稳定的混合物，而且不会因为化学反应产生与设计要求相违逆的性能变化。

（A）相融性　（B）接触性　（C）稳定性　（D）配伍性

（10）前置液以不同比例与钻井液、水泥浆混合，混合物的（　　）明显降低或不变，则表明流变配伍性好。

（A）视黏度　（B）密度　（C）稠化时间　（D）失水量

（11）由于一般的冲洗液通常为在水中加入表面活性剂或用钻井液直接稀释配制而成，故一般密度较低，为（　　）。

（A）$1.0\sim1.03g/cm^3$　（B）$1.1\sim1.2g/cm^3$

（C）$1.2\sim1.30g/cm^3$　（D）$1.1\sim1.20g/cm^3$

（12）注水泥浆时应按设计要求的注入排量和水泥浆（　　）来进行，做到连续施工。

（A）稠度　（B）密度　（C）黏度　（D）流动度

（13）按照提高顶替效率的要求，前置液的密度应比钻井液的密度（　　）。

（A）高　（B）低　（C）相等　（D）接近

（14）水泥浆性能是要考虑具有最佳流变性，其流变性能通过（　　）可被调整。

（A）水泥　（B）外加剂　（C）重晶石　（D）膨润土

（15）在水泥浆的流动性能设计时，由于水泥浆要通过上千米至数千米管内，然后又将被置替到条件复杂、间隙小的环形空间，为此要求水泥浆必须具有良好的流动性，可泵性。大量的浆体在有限注入泵量下，应有（　　）来保证施工安全。

（A）相应长的稠化时间　（B）密度

（C）黏度　（D）流动度

（16）水泥浆性能要求水泥凝结过程有最少失水量和最小的体积（　　），有效地封隔油气层。

（A）收缩　（B）膨胀　（C）增大　（D）不变

（17）替浆后期的最高泵压是由管内外液柱的（　　）和水泥浆及钻井液在套管外流动时的阻力所构成的。

（A）压差　（B）密度差　（C）高度差　（D）介质不同

（18）注前置液过程中，通常由于前置液密度低，因此，随着前置液的注入，一般情况下泵压的变化是（　　）。

（A）由小到大　（B）由大到小　（C）不变　（D）不确定

(19) 注水泥浆过程中，通常由于水泥浆密度大于钻井液密度，因此，随着水泥浆的注入，一般情况下泵压的变化是（　　）。

(A) 由大到小　　(B) 由小变大　　(C) 不变　　(D) 变化不大

(20) 常规固井施工中要提高水泥浆的顶替效率，必须控制套管的（　　）。

(A) 偏心　　(B) 居中　　(C) 弯曲　　(D) 拉伸

(21) 要提高倾斜井眼内的水泥浆顶替效率，必须控制套管的（　　）。

(A) 偏心度　　(B) 环空间隙　　(C) 弯曲度　　(D) 椭圆度

(22) 降低钻井液的（　　），消除钻井液在井壁上的滞留范围，是提高水泥浆顶替效率的重要措施之一。

(A) 触变性能　　(B) 密度　　(C) 失水　　(D) 含砂量

(23) 前置液用量是在保证其所用前置液能充分发挥其作用的前提下确定的，一般正常情况冲洗液满足 10min 接触时间，但最大限量以不超过环空高度（　　）为准。

(A) 50m　　(B) 150m　　(C) 250m　　(D) 350m

(24) 水泥浆用量的计算与（　　）无关。

(A) 井眼直径　　(B) 套管外径

(C) 水泥返深　　(D) 前置液用量

(25) 水泥浆量的计算包括套管外水泥浆量和（　　）两部分。

(A) 管内设计水泥塞用量　　(B) 替浆量

(C) 用水量　　(D) 前置液用量

(26) 常规固井施工替浆量的计算与（　　）有关。

(A) 套管外径　　(B) 套管内径　　(C) 水泥返高　　(D) 水泥浆量

(27) 常规固井顶替量与（　　）有关。

(A) 环空容积　　(B) 水泥浆量

(C) 井径　　(D) 回压阀位置

(28) 顶替量的计算公式中钻井液压缩系数通常取（　　）。

(A) 1.5　　(B) 0.9　　(C) 1.10　　(D) 1.03

(29) 常规固井中最高泵压与（　　）无关。

(A) 顶替液的密度　　(B) 水泥浆密度

(C) 水泥塞高度　　(D) 使用的泵车

二、技能考核

<table>
<tr><th>序号</th><th>考试内容</th><th>考试要求</th><th>评分标准</th><th>配分</th><th>扣分</th><th>得分</th></tr>
<tr><td rowspan="2">1</td><td rowspan="3">计算固井施工的替浆量和替浆最高泵压</td><td rowspan="2">替浆量计算，替浆最高泵压计算，并作答</td><td>替浆量计算：公式正确给 5 分，计算结果正确给 10 分，共 15 分</td><td rowspan="2">30</td><td></td><td></td></tr>
<tr><td>替浆最高泵压计算：公式正确给 5 分，计算结果正确给 10 分，共 15 分</td><td></td><td></td></tr>
<tr><td>2</td><td>考场纪律</td><td>违反考场纪律一次扣 5 分，警告不听或严重违反考场纪律者取消考试资格</td><td>15</td><td></td><td></td></tr>
<tr><td colspan="4">合计</td><td>45</td><td colspan="2"></td></tr>
</table>

任务二　注水泥现场施工

任务描述

注水泥施工是固井作业的重要环节，不同的地质条件及井眼类型需要不同的注水泥施工工艺。常规注水泥在固井中是常运用的固井方法，也是固井施工中最基本的工序，固井施工的成败和固井质量的好坏在很大程度上取决于注水泥作业施工。本任务要求固井工作人员严格按照国家及行业相关标准进行注水泥作业，以保证注水泥作业的顺利进行。

任务分析

正确进行注水泥作业的关键要求能熟练掌握注水泥工艺流程及现场各项安全操作规程，本任务要求学生熟练掌握注水泥作业的准备工作及施工工序，以便顺利完成注水泥作业。

学习材料

一、常规注水泥工艺过程

常规注水泥工艺是指从套管内注入水泥浆，使水泥浆经过井底套管鞋处沿环空上返到预定位置，主要工序包括注前置液、压下胶塞、注水泥浆、压上胶塞、顶替水泥浆（替钻井液）、碰压、候凝等过程。常规注水泥的工艺流程如图 3-8 及视频 3 所示。

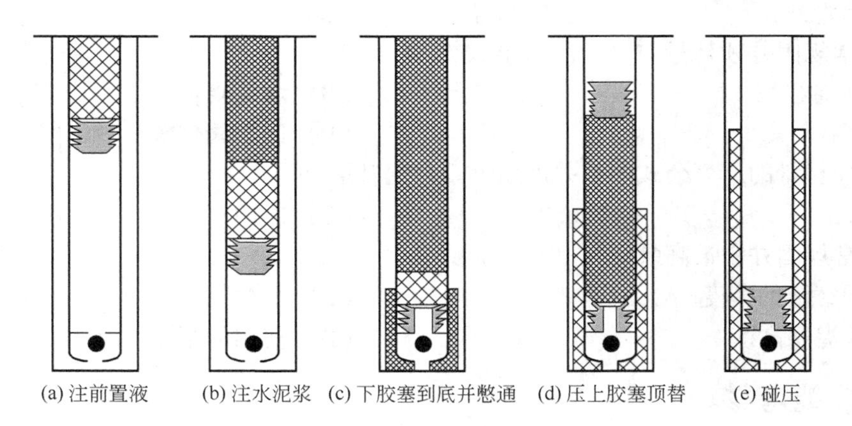

图 3-8　常规注水泥的工艺流程

视频 3　单级固井演示动画

（一）注前置液

（1）确认准备工作就绪，设备运转正常。

（2）井口工打开注水泥浆阀门。

（3）将水泥泵流量计归零。

（4）倒好注前置液阀门。

（5）按设计的排量和注入量注前置液。

（二）压下胶塞

对于使用双胶塞固井的井，注完前置液后将下胶塞挡销打开，倒好旋塞阀，用压塞车把下胶塞压入套管内，然后停泵，关闭其阀门，并将压塞车管线接到上胶塞活接头上。下胶塞是一个空心只有一层特殊隔膜的胶塞，其作用是阻止水泥浆在套管内与钻井液混窜，有效地隔离顶替液与水泥浆，并刮下套管壁上的水泥浆，同时与管串上的浮箍配合，起到控制替钻井液量的作用。当水泥浆充满套管时，下胶塞坐在浮箍上，压力达到一个较小定值时，隔膜被破坏通道打开，保证后续施工正常进行。

（三）注水泥浆

注水泥浆时应按设计要求的注入排量和水泥浆密度来进行，并做到连续施工。在注水泥浆过程中，细心观察水泥浆的流动性，并根据情况适时进行调节。尤其要注意泵压变化及井口钻井液返出情况。具体操作步骤如下：

（1）对于使用双胶塞固井的井，注完前置液后将下胶塞挡销打开，倒好旋塞，用压塞车把其压入套管内。

（2）配水泥泵供水配制水泥浆。

（3）下灰工开启立罐或水泥罐车阀门。

（4）水泥浆淹没搅拌器叶轮时，启动搅拌器。

（5）测量水泥浆密度。

（6）根据测得的密度值调整水泥阀开度或配水泥水量。

（7）将水泥浆密度控制在设计值的±0.02g/cm^3范围内。

（8）注水泥车倒好阀门，使流量表归零。

（9）在固井技术人员指挥下开始注水泥浆。

（10）及时向固井技术人员反馈排量、压力等施工参数。

（11）当注入水泥浆总量达到设计要求，或水泥浆注完，停泵。

（12）关闭注水泥阀门，打开清洗阀门。

（13）注水泥泵泵清水清洗施工管线及设备内的残余水泥浆，直到全部冲洗干净。

（四）压上胶塞

对于使用双胶塞固井的井，注完前置液后将下胶塞挡销打开，倒好旋塞阀，用压塞车把下胶塞压入套管内。然后停泵，关闭其阀门，并将管线接到上胶塞阀门。

（1）关闭清洗阀门开启水泥头胶塞挡销。

（2）开启水泥头压胶塞阀门。

（3）压塞车倒好阀门，准备压塞。

（4）压塞车开泵，将胶塞压入套管，根据设计排量开始替浆。

（五）顶替水泥浆（替钻井液）

当压塞液将要注完时，迅速打开钻井液循环阀门，开泵顶替水泥浆，停压塞车，关闭压塞阀门。顶替液推动胶塞，将套管内的水泥浆顶替到套管外的环形空间，到达封固目的层，这一过程是固井工作的主要环节。由于常用的顶替液为钻井液，故也称替钻井液。

顶替水泥浆是注入水泥施工的关键步骤之一，在顶替过程中，不断观察泵压变化和井口钻井液返出情况，并根据其变化适时调节顶替排量的大小。

（六）碰压

碰压就是当胶塞坐在阻流环上时泵压突然升高，注水泥施工发出结束信号。当顶替液的数量达到套管串浮箍以上的容积时，胶塞将坐在浮箍上，流体通道封闭，使套管内压力突然升高，这一现象称碰压。它标志着浮箍以上的套管内的水泥浆全部被顶替到环空。在顶替泥浆过程中，通常泵压由小到大逐渐升高。顶替后期，应降低排量，用小排量碰压。

（七）候凝

碰压后，为防止回压阀失灵，造成水泥浆倒流，使环形空间水泥浆液面下降，套管内水泥浆液面上升，造成留水泥塞或环空水泥浆低返事故，因此，要检查回压阀封闭情况。打开水泥泵上泄压阀，若套管内液体不倒流，则说明回压阀封闭良好，就采用敞压候凝的方式。这种方式避免了憋压候凝水泥凝固后，由于释放了套管柱内压力，套管发生微小的径向收缩，而在套管与水泥环之间产生微小缝隙，导致油、气、水层之间封隔效果下降。若套管内液体倒流，则说明回压阀封闭不好，应立即用水泥车顶压，使胶塞重新坐在阻流环上，关闭水泥头上阀门憋压候凝。其憋压值为套管内外液柱压差再附加 2～3MPa。在憋压候凝过程中，由于水泥水化放热，钻井液温度升高，导致套管柱内液体体积膨胀，压力升高。因此要注意观察井口压力，当压力超过一定压力值时，要将超过的压力降下来，以保证井口安全，在达到要求的候凝时间后，方可泄掉压力。

候凝时间的确定：现场依据养护条件下测定的抗压强度而决定，规定水泥石的抗压强度达到 3.5～7.0MPa 所用的时间为候凝时间，候凝时间过短或过长所电测的固井质量均不能反映真实的水泥胶结质量。油田现场规定的候凝时间一般在 24～48h 范围内。

现场依据养护条件下测定的抗压强度而决定，规定水泥石的抗压强度达到 3.5～7.0MPa 所用的时间为候凝时间，候凝时间过短或过长所电测的固井质量均不能反映真实的水泥胶结质量。

二、注水泥作业前的准备

（一）注水泥施工前的准备工作

（1）水泥车就位后，按标准要求把管线连接好。清水供到后，对设备进行试运转。对操作系统、控制阀、各种仪表显示功能进行检查。

（2）检查供水泥管线并连接好；检查气路各控制阀是否灵活好用。

（3）供水车就位后试运转供水设备，正常后，与水泥车组人员联系供水。

（4）压塞车按要求安装压塞管线。水柜供入一定量清水后，大泵进行试运转，正常后，按设计要求配制压塞液。

（5）仪表车应摆在便于观看的地方，将仪表调试好。

（6）高压区摆放“高压区安全警示隔离桩”。

（7）高压管汇安装好后按要求进行试压。

（8）按设计要求配制前置液与固井液。

（9）检查、安装井口工具并连接注水泥、顶替液和压塞液管线。凡使用的水龙带要悬空吊起。冲洗管线接到沉砂池，末端捆绑牢固。

（10）开技术交底会。由固井技术人员介绍贯彻措施，岗位分工，交代安全事项及异常情况下的应急措施，明确指挥信号。

（二）连接固井管汇

（1）检查并确认到井水泥头完好，各阀门及挡销开关灵活好用。

（2）检查水泥头内是否装有胶塞。

（3）平稳吊起水泥头，涂上螺纹密封脂并安装。

（4）检查确认注水泥浆和替浆高压水龙带是否完好、畅通，并与水泥头连接。

（5）检查参加固井施工的所有设备是否完好，包括阀门开关灵活。

（6）检查流量计一次仪表是否完好，连接流量计一次仪表。

（7）连接注水泥浆设备、Y 形接头（单车注水泥浆或有管汇车除外）与注水泥浆水龙带。

（8）连接压胶塞设备与压胶塞水龙带。

（9）连接配浆设备与搅拌罐混合器。

（10）连接水泥源与搅拌罐上混合器。

（11）水泥源接通气源。

各类管线、接头、阀门必须保证畅通，管汇各连接密封面必须清理干净且无伤痕，连接固井管汇应注意以下几点：（1）平稳；（2）牢固；（3）正确；（4）水龙带不打扭；（5）畅通；（6）不刺漏。

（三）设备试运转

（1）检查油（包括燃油、润滑油等）面、冷却液面，确认无误。

（2）检查电源及连接线路，确保无短路和断路现象。

（3）检查各部位的紧固和连接螺栓。

（4）观察周围人员、设备及其他设施。

（5）检查仪表是否正常。

（6）检查各部位的阀门和其他开关等的复位情况。

（7）设备运转起来后注意观察运转情况。

（四）洗管线、试压

1. 洗管线的操作步骤

（1）检查落实排污管线的连接情况。

（2）关闭水泥头上注水泥阀门，打开洗管线阀门。

（3）打开水柜出水阀。

（4）洗管线的水泥泵打开泵下井阀，关闭泄压阀。

（5）挂合泵一挡，开始洗管线。

（6）检查污水出口，确认完全干净后，停泵。

2. 管线试压的操作步骤

（1）管线洗好后，关闭洗管线阀门。

（2）挂合泵一挡，开始管线试压。

（3）观察泵压变化，当压力升至要求值时，迅速停泵。

（4）减油门。

（5）憋压 2min，若管线无刺漏情况，管线试压结束。

（6）打开泄压阀泄压。

严格执行 ISO 14001 环境管理体系规定的排污标准。要有专人指挥。排污管线的末端一定要固定牢固。管线试压时人员要离开高压区。试压一般要求 15~20MPa。

（五）配制前置液和固井液

（1）核实设计中前置液或固井液的配方参数。

（2）根据配方计算各种外加剂的用量并按计算结果称取各种外加剂。

（3）检查清洗配液罐和拉水罐车。

（4）检查配液罐及搅拌机的工作情况。

（5）根据前置液或固井液的计算用量向配液罐加水。

（6）启动配液罐搅拌机。

（7）开动水泵循环（用水柜配制）。

（8）按配方标准和要求，依次缓慢加入漏斗内。

（9）检查核实所有外加剂全部溶解均匀后，可停止搅拌机。

在配置前置液和固井液时应注意检查核实搅拌机有无漏电现象，所使用的外加剂包装必须回收到指定的地点，必须按配方要求的秩序和搅拌时间依次加入外加剂，外加剂类型和加量必须严格按要求执行，添加外加剂时按要求穿戴劳动防护用品。

（六）常见现场固井设备摆放图

固井施工现场设备摆放有多种模式，各油田可以根据实际情况确定，如图 3-9 和图 3-10 所示。

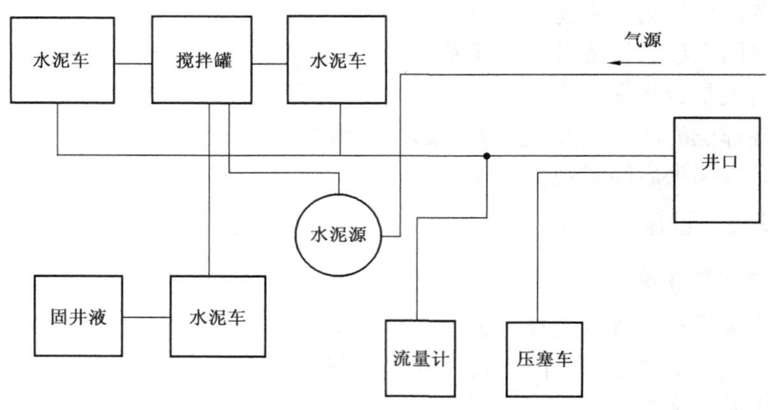

图 3-9　固井施工现场布置示意图一

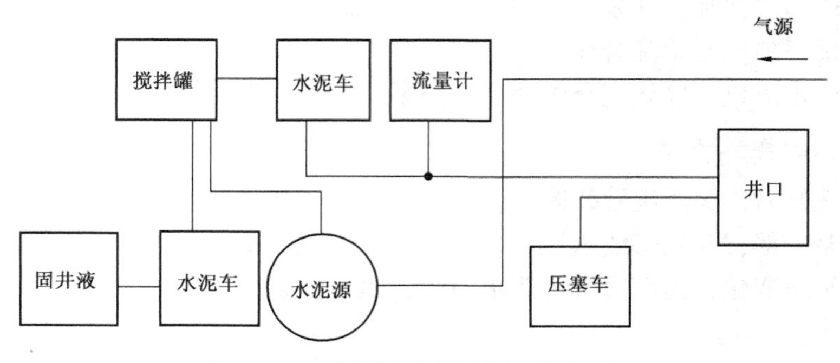

图 3-10　固井施工现场布置示意图二

固井施工设备摆放过程中，一定要注意人身和设备安全，固井设备摆放过程要有专人指挥，留出一条通向井场外的通道。

三、注水泥施工注意事项

（1）在施工中各挡销及阀门严格按顺序操作，严禁出错。

（2）注水泥浆过程中，及时观察并调整混浆罐液面，在保证水泥浆连续注入的同时，不得外溢。

（3）注意观察控制台上各仪表。

（4）水泥浆密度必须控制在行标规定的波动范围内（$\pm 0.02g/cm^3$）。

（5）施工过程必须连续进行，如遇意外情况，应紧急处置，恢复施工。

（6）注水泥浆排量及顶替排量严格执行设计要求。

（7）注水泥施工时，所有人员不得进入高压隔离区，确保人员安全。

（8）如要求除压塞车以外的水泥车参加顶替水泥浆时，必须确认胶塞入套管后进行。

（9）注完水泥后将注水泥管线、阀门、混合器、搅拌罐、水泥泵、水泥头等必须充分清洗。

（10）寒冷地区冬季停泵，排净泵内积水和其他液体，并取出进水、排水阀。

四、常用固井设备在固井过程中突发事故的处理方法

固井过程中突发事故的处理方法见表3-5。

表3-5 固井施工过程中突发事故的处理方法

序号	突发事故	处理方法
1	管线憋爆	迅速更换管线
2	设备不工作	积极抢修或更换设备
3	水泥罐车空压机不工作	积极抢修或外接气源
4	水泥头阀门断裂	注前置液时断裂，则进行焊接处理或另外组织水泥头；注水泥浆时断裂，则进行焊接处理或卸掉水泥头接方钻杆后继续注水泥浆。在条件允许时可以将水泥浆洗出来

任务实施

一、任务内容

在规定时间内完成注水施工各项工序包括注前置液、压下胶塞、注水泥浆、压上胶塞、顶替水泥浆（替钻井液）、碰压、候凝等工序，要求操作规范，并穿戴好安全防护用品。

二、任务要求

考试形式及时间：采用笔试，时间40min。每超时1min扣1分，超过15min停止操作。

任务考核

一、理论考核

(1) 常规固井施工中，管线试压一般要求（　　）。

(A) 0~10MPa　(B) 0~15MPa　(C) 20~30MPa　(D) 15~20MPa

(2) 下列（　　）不属于注水泥作业前的准备工作。

(A) 摆放固井机具　(B) 安装水泥头

(C) 固井管线试压　(D) 配置水泥浆

(3) 注水泥施工前，井队一定要按设计要求的排量洗井，洗井的时间不少于（　　）循环周期的时间。

(A) 1个　(B) 2个　(C) 4个　(D) 6个

(4) 在常规固井施工中，前置液的注入是在注水泥浆（　　）。

(A) 之前　(B) 之后　(C) 同时　(D) 中间

(5) 注水泥浆过程中，一定要调整好水泥浆的（　　）。

(A) 密度　(B) 稠化时间

(C) 失水　(D) 流态

(6) 注水泥施工时，要特别注意泵压变化及井口（　　）返出情况，时刻掌握井下动态。

(A) 钻井液　(B) 水泥浆

(C) 前置液　(D) 后置液

(7) 在施工现场顶替水泥浆时，为保证井壁不被冲垮，一般要求顶替排量小于或等于（　　）排量。

(A) 固井前洗井的最大排量　(B) 固井前洗井的最小排量

(C) 钻井泵最大排量　(D) 钻井泵的额定排量

(8) 在顶替水泥浆时，井下条件良好，为了提高水泥浆的顶替效率，尽可能采用（　　）顶替。

(A) 层流　(B) 湍流　(C) 塞流　(D) 小排量

(9) 在顶替水泥浆过程中，泵压通常（　　）。

(A) 不变　(B) 由大变小

(C) 由小变大　(D) 不能确定

(10) 碰压后，浮箍浮鞋的回压阀工作正常后，套管内尽可能采用（　　）候凝。

(A) 敞压　(B) 憋压

(C) 水泥头憋压　(D) 加压

(11) 在憋压候凝过程中，由于水泥浆水化放热，导致套管柱内的压力（　　），因此要注意观察井口水泥头的压力。

(A) 降低　(B) 升高

(C) 不变　(D) 泄漏

(12) 候凝时间的确定，现场依据养护条件下测定的抗压强度而决定，规定水泥石的抗压强度达到（　　）所用的时间为候凝时间。

二、技能考核

序号	考试内容	考试要求	评分标准	配分	扣分	得分
1	注水泥施工工序及相关措施	操作程序及相关措施	共7项，第1、2、4、6项各2分；第3、5、7项各9分	35		
2		考场纪律	违反考场纪律一次扣5分，警告不听或严重违反考场纪律者取消考试资格	15		
合　　计				50		

项目三　复杂井固井施工

任务描述

为满足不同井下情况通常会采用一些非常规的注水泥固井措施，这些用于特殊情况下的注水泥技术往往能有针对性的解决井下复杂情况，包括双级或多级注水泥、内管注水泥、反循环注水泥、延迟凝固注水泥等。此项任务的目标是掌握注水泥方法的种类，了解各种注水泥方法的优、缺点，熟练掌握常规注水泥方法的工序和技术关键点。通过学习本项目要求学生能协助做出深井、复杂井的固井设计，能做好固深井、复杂井车组出车前的检查准备工作能做好深井、复杂井注水泥作业前的准备工作，能组织深井、复杂井的固井施工，能判断、排除深井、复杂井固井中的任何突发性事故。

任务分析

要熟练掌握各类注水泥方法的优缺点和施工工序和技术关键点，最基本的是要熟练掌握常规注水泥作业的工序，在此基础上结合双级或多级注水泥、内管注水泥、反循环注水泥、延迟凝固注水泥等施工特点掌握其注水泥的工序。

学习材料

一、尾管固井法

在上部已经下有套管的井内，只对下部新钻开的裸眼井段下套管注水泥进行封闭，对这部分套管用一种特殊工具悬挂在上一层套管内壁或坐在井底，把未延伸到井口的套管柱称为尾管，这种固井方法称为尾管固井法（视频4）。尾管固井法是用钻杆把尾管送下去，并从钻杆内注入水泥浆，经尾管鞋返到尾管外的环形空间。钻杆与尾管是用正反接头连接的。注完水泥后，从正反接头处将钻杆倒开再提出。

视频4　尾管固井演示动画

尾管固井法主要应用于深井固井。这种方法不但可缩短固井周期，节约大量套管和水泥，还是降低钻井成本的重要途径，也是解决深井、超深井、复杂井固井工艺技术的重要手段。尾管固井法是深井固井中最常用的一种方法，由于具有较好的经济价值，它改善管柱轴向受力载荷条件及改善钻井水力条件，尤其在低压薄弱地层固井能大幅度降低环空流动阻力，因此，尾管固井工艺日益广泛地被采用。

（一）尾管固井的套管程序

1. 油田常用的井身结构

（1）339.7mm×244.47mm 套管挂 177.8mm 尾管，再挂 127mm 尾管。

（2）339.7mm×244.47mm 套管挂 139.7mm 尾管。

（3）508mm×339.7mm 套管挂 244.47mm 尾管，再挂 177.8mm 尾管。

2. 国外常用的井身结构

（1）339.7mm×244.47mm 套管挂 177.8mm 尾管，再挂 127mm 尾管。

（2）508mm×273mm×193.7mm 套管挂 139.7mm 尾管。

（3）177.8mm 套管挂 127mm 尾管。

（4）508mm×339.7mm×244.47mm 套管挂 177.8mm 尾管。

3. 常用的井身结构

注明：回接尾管时，可回接同一尺寸的或小一级尺寸的。

（1）339.7mm×244.47mm×177.8mm 尾管×127mm 尾管。

（2）339.7mm×244.47mm×139.7mm 尾管。

（3）508mm×339.7mm×244.47mm×177.8mm 尾管。

（二）尾管的分类和特点

尾管按其作用可分为生产尾管、技术尾管、保护尾管、回接尾管。

（1）生产尾管的特点：节约套管，可获得复合油管柱，增加产能，水泥返至悬挂器喇叭口。

（2）技术尾管的特点：节约套管，可改变钻井液密度，留有回接余地，不改变钻进程序，具有机动性。

（3）保护尾管的特点：管柱较短，要求较高的水泥环质量。

（4）回接尾管的特点：提高套管内外压强度，具有完井作业的机动性。回接段、套管受磨损小。

（三）尾管注水泥技术的优点

（1）改善钻井水力条件，下尾管后在尾管以上的技术套管封隔井段内仍可用大尺寸钻杆，比全井下套管后完全改用小尺寸钻杆时洗井液流动阻力小，这对深井或超深井的钻进具有特别重要的意义。

（2）可减轻下套管时钻机的负荷及固井后套管头的负荷。

（3）可节省套管钢材及水泥，从而降低一口井的成本费用。

现在在尾管固井后，有时还再下套管，与尾管顶部进行回接，把钻井过程中已损坏的技术套管重新封隔起来，在环形空间间隙很小的井眼内，用全面下套管注水泥方法难以使水泥返至地面时，采用回接方法使尾管与回接管分别注水泥固井，具有明显的优越性。

（四）尾管注水泥技术的难点

（1）在尾管坐挂后，尾管一般不能活动。

（2）尾管注水泥作业普遍情况是间隙小和水泥量少。所产生的问题是：注替过程水泥升温快，具有更短的稠化时间，凝固快。这主要是由于尾管循环温度大于套管注水泥循环温度，不能获得有效地湍流接触时间，通过钻杆注替水泥，井口压力高。

（3）只能单塞注水泥，不易保持喇叭口及尾管鞋处环空水泥环质量，某些情况下不能使用胶塞，这样更易接触污染。

（4）尾管段套管容易偏向井壁，居中度差。

（5）小间隙及悬挂结构，造成局部环空过水面积小，要求水泥浆应有更高的清洁度。

（6）要求较常规注水泥控制更高的水泥浆失水量。

（7）注替水泥浆结束后，为保证送入钻具的安全起出，要求冲洗多余的水泥浆（当返高超过尾管挂时），因此，设计尾管注水泥浆应有较长的稠化时间，但又不允许造成过低的早期强度。

（五）提高尾管环空水泥环质量的主要方法及措施

（1）井径与下入尾管尺寸应合理，其水泥环厚度至少应大于16mm，通过试验与实践资料表明，厚度大于20mm，水泥环才能获得水泥石强度，过小间隙应考虑扩孔问题。

（2）应保证加入足够数量的套管扶正器，这比常规全井下套管注水泥更重要。

（3）应设计好和使用注水泥的前后隔离液。

（4）当深井尾管作业时，钻具所形成的注替水泥的井口高压力，只宜采用塞流顶替，设计好隔离液的性能，保持水泥浆与泥浆有一定密度差（$0.2\sim0.4g/cm^3$）。

（5）严格控制水泥浆失水，6.9MPa、30min失水应控制在50~150mL之内。

（6）应保持注入水泥浆的均匀性，注入的水泥浆量应计量准确，同时也要求替量准确。

（7）当地层不漏失，尾管的回压阀作用可靠时，应设计足够量的附加水泥，这样既可满足接触时间要求，又可保证喇叭口处水泥环质量。

（8）提出送入接头（反扣中心管）冲洗喇叭口处多余水泥浆，应按尾管作业的技术条例规定，来进行循环冲洗，不对喇叭口处环空水泥造成冲击，起出送入钻具，应随时灌好井内钻井液，维持井筒内稳定的静液柱压力。

（9）如果要求能尽快冲洗出多余水泥浆，可采用反循环冲洗，但要注意是否会压漏地层。

（10）特殊长尾管注水泥，并有漏失层时，可用两级注水泥。

（11）应当用尾管喇叭口处温度条件下的水泥凝固时间为候凝时间，在尾管喇叭口处及管内钻水泥塞，不应带钻铤并应取较低转动速度，保持水泥环胶结，所测声幅质量才能真正反映出实际水泥环状况。

（六）常规尾管注水泥方法的流程

常规尾管注水泥的流程见图3-11。

（七）尾管设计计算

（1）方余计算（采用短方钻杆或方钻杆）：

$$方余=吊卡高度+垫铁厚度+钻具回缩距\ \Delta L_1$$

$$\Delta L_1=KPL/(100EF) \tag{3-17}$$

式中 ΔL_1——钻具回缩距，cm；

P——尾管浮重+(3000~5000)，kg；

L——送入钻具的长度，cm；

E——钢的弹性模量，$2.1\times10^6kgf/cm^2$；

F——送入钻具的截面积，cm^2；

K——接头影响系数，取 0.85~0.9。

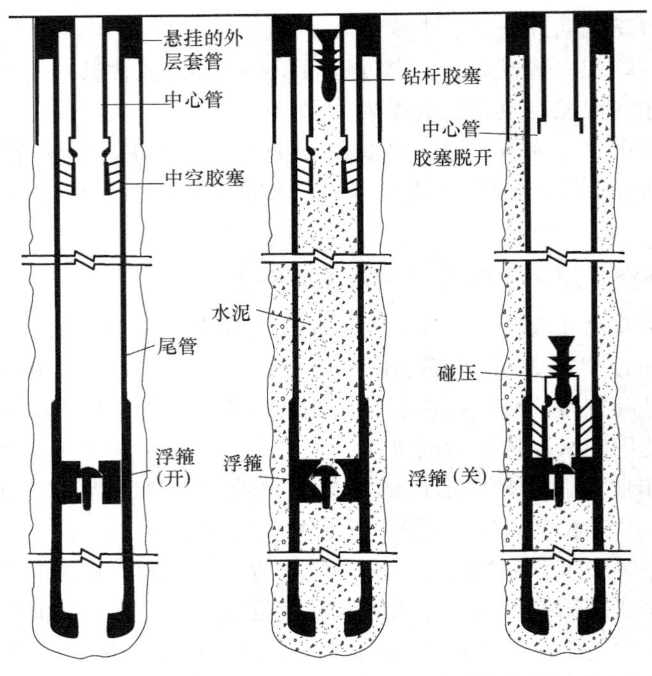

(a) 尾管下入并悬挂 (b) 注水泥由钻杆胶塞顶替 (c) 钻杆塞与中空胶塞结合并碰压

图 3-11 常规尾管注水泥流程图

（2）对送入钻具长度校核（由尾管质量与原钻具质量差而引起的长度变化的计算）：

$$\Delta L_2 = K\Delta PL/(100EF) \tag{3-18}$$

式中 ΔL_2——钻具伸缩变化，cm；

ΔP——尾管与等长钻具重量差，N；

L——原送入钻具长度，cm。

（3）投球下落时间 T 的计算：

$$T = K'(H/v_{球}) \tag{3-19}$$

$$v_{球} = \frac{20gD^2(\rho_1 - \rho_2)}{36\eta} \tag{3-20}$$

式中 $v_{球}$——球在密度为 ρ_2 的液体中的下落速度，m/s，经验值为 2m/s；

D——球的直径，cm；

ρ_1——球密度，g/cm^3；

ρ_2——钻井液密度，g/cm^3；

g——重力加速度，$980cm/s^2$；

η——液体塑体黏度，$10^{-3}Pa \cdot s$（cP）；

H——下落距离，m；

K'——非直线下落运动附加系数，2~2.5。

（4）倒扣时允许的钻具最大扭转圈数 N 的计算：

$$N = K_1 L \tag{3-21}$$

式中 K_1——钻杆扭转系数（查表）；

L——卡挂点深度，m。

（5）尾管送下时裸眼环空流速的计算：

$$v_{尾} = \frac{d^2}{D^2 - d^2} v_{杆} \tag{3-22}$$

式中 $v_{尾}$——尾管外环空流速；

$v_{杆}$——送入钻具下放速度；

d——尾管直径；

D——井眼直径。

二、分级注水泥的特点及方法

分级注水泥是采用特殊接箍在一口井使注水泥作业分成二级或三级完成的固井技术，这种特殊接箍称为分级箍或分接箍。双级固井演示动画见视频 5。利用分级箍后，可按需要将环空水泥封隔而分成两段或三段，分级注水泥工艺有 3 种类型，即正规非连续式双级注水泥、非正规连续式双级注水泥、三级注水泥，最常用的是正规非连续式双级注水泥。分级箍按开孔方式可分为液压式、压差式和混合式三种类型。

（一）分级注水泥工艺的选择方法

主要是根据对环空压力情况的分析和对封固段的某些特殊要求来选择是否采用分级注水泥方法。

视频 5 双级固井演示动画一

（1）当要求注入过大的水泥量，环空形成水泥柱过长，有过高静液压差或地层不能承受长段水泥浆柱液柱压力时，应采用双级或多级注工艺。

（2）当下部有气层，为防止过大失重时，应采用双级或多级注水泥工艺。

（3）当封固段太长，其水泥浆柱的顶部位置与底部位置的温度差别太大，使得很难设计在这两种温度下性能均能满足要求的水泥浆时，应采用双级注水泥工艺或一级双封注水泥工艺。

（4）当要求在上部某层有不受钻井液污染的水泥封固段时，当在上下有封隔层，但中间不需水泥封隔时，可采用双级注水泥或一级双封注水泥。

压力是否满足井下安全要求的分析主要可由井眼的压力剖面来获得。要求设计中应保证钻井液、前置液、水泥浆的静液柱压力和其流动阻力所形成的总压力小于破裂压力，大于地层孔隙压力，否则应从各液体组成、密度、流变性上进行调整。

（二）分级注水泥工艺的类型

一般情况下应尽可能采用正规的非连续式的分级注水泥方式，采用这种方法时，如果条件允许，第一级返深最好在分级箍位置 150~200m 以下。

1. 正规非连续式注水泥

1）非连续式注水泥的特点

（1）当水泥浆密度大于钻井液时，可防止因过长的水泥浆液柱可能造成下部薄弱地层被压裂而漏失，导致固井失败。

（2）分级注入不同初凝时间的水泥浆，可以防止水泥浆“失重”而造成高压油气上窜的危险。

（3）在井温不同的井段，采用不同类型的水泥及其处理剂，避免上部水泥浆在低温下过迟凝固，而影响固井质量。

（4）由于水泥浆流动距离缩短，从而注水泥时减少了水泥浆的污染。

（5）在两级间不需要封闭的井段，可以保留水泥浆，形成不连续的管外封固段，这样大大减少了水泥的用量。

2）正规非连续式双级注水泥的流程

正规非连续式双级注水泥流程如图 3-12、视频 6 所示。注水泥流程同一次注水泥方法相似，完成一级注水泥，一级顶塞碰压（一级注水泥返至分级箍位置以下的深度），由于浮鞋、回压阀及碰压塞卡簧的三级密封，此时，井口水泥头放压回零后（水泥浆不倒返）即

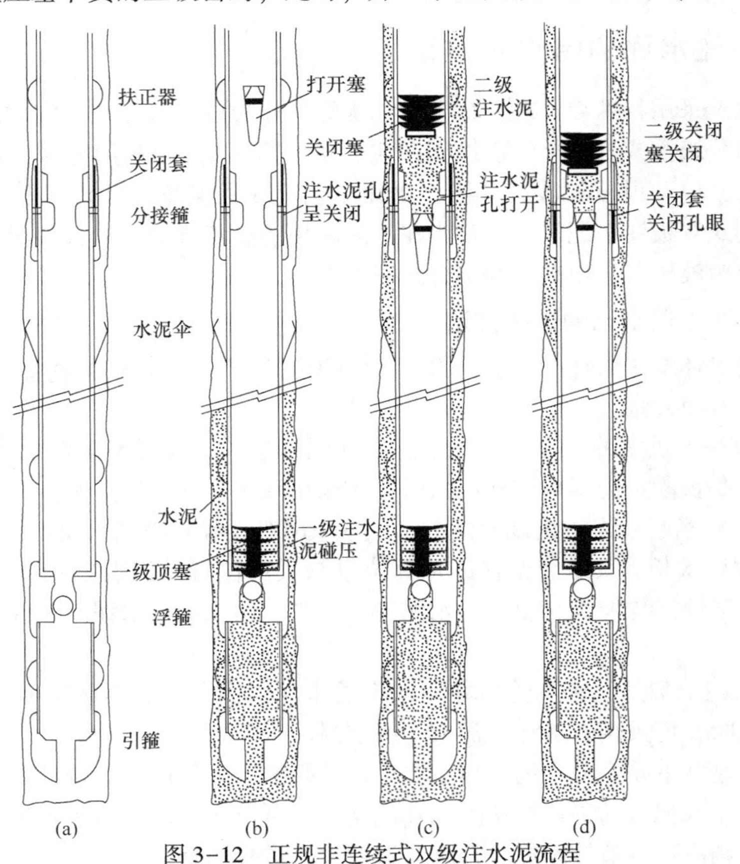

图 3-12 正规非连续式双级注水泥流程

（a）结构；（b）第一级注水泥替钻井液并碰压，在井口卸压后打开水泥头盖投入打开塞，并在水泥头上装好关闭塞；（c）打开塞打开分级箍注水泥孔，二级注水泥并用关闭塞顶替水泥浆下行；（d）关闭塞至上内套，下压打开液压孔，实行关闭套下行关闭注水泥孔，二级注水泥工序结束

视频 6 双级固井演示动画二

可投入打开塞。待打开塞自由下落至分级箍，打开塞胶锥面与下内套密合，井口加压，使下内套销钉剪断后下移，露出注水泥孔，恢复井下循环，可依据井下情况，立即或延迟按设计可进行二级注水泥。一般情况下，当注水泥浆的最后 $0.5 \sim 1.0\mathrm{m}^3$ 提前置入关闭塞，注水泥浆结束后立即替钻井液。当关闭塞行至分级箍的上内套时碰压，此时剪断上内套销钉，上内套

下移，露出进液孔，从而推动关闭套，关闭注水泥孔。二级注水泥工序完成，井口可放掉管内压力来候凝。分级箍产品系列均给出明确的打开孔压力及上内套关闭销钉剪断压力。例如，J形分级箍给出参考数据（178mm 附件）如下：打开塞（重力型）在钻井液（密度为 $1.2g/cm^3$）中下落速度约为 61m/min。下内滑套打开，销钉剪断压力为 5.86MPa，上内滑套关闭，销钉剪断压力为 6.9MPa。

2. 非正规连续式双级注水泥

它的主要工序内容是当一级水泥返至设计深度时，按间隔量置入打开塞，随后注入二级水泥，在第一级水泥被替至预计位置时，这时打开塞已打开分级箍上的注水泥孔（打开塞为第二级水泥推送），二级水泥由注水泥孔返出。计算好间隔量，随之置入关闭塞，由此达到顶替出二级水泥并碰压和关闭水泥孔眼的目的。

3. 分级箍位置选择

分级箍位置的选择主要应依据井眼的压力剖面而定。即保证分级后，每级注水泥中的环空压力均能满足井眼安全的要求。此外，还应考虑如下要求：

（1）分级箍选择位置最好置于外层套管段内，否则应设置在地层坚硬、稳定的井段。

（2）分级箍所在井段位置的井径应规则，井斜小于 30°的井可使用重力塞打开式分级箍；井斜大于 30°的井采用液压打开式分级箍。

注水泥工艺方法选定后，便可根据每一级的资料进行具体的注水泥设计，其方法与单级注水泥是一致的，故以下均针对单级注水泥设计进行。

（三）分级注水泥作业的要点

（1）类型选择。依据井下条件和地质目的，选择正规非连续式或非正规连续式，一般情况下尽可能采用正规非连续式的分级注水泥方法。平衡设计原则是提供分接箍位置的主要依据。用正规非连续式这种方法，如果条件允许，第一级返深最好距分接箍位置至少为 150~200m。一级碰压后，从井口放压，确认浮鞋回压阀工作可靠，水泥浆不回流，方可投入打开塞，否则，应推迟分级箍注水泥孔眼打开。分接箍选择位置最好置于外层套管段内，否则，应设置在地层坚硬、稳定的井段。

（2）关闭塞的关闭压力。二级注水泥，当关闭塞碰压后，其压力值应达到 15~20MPa（注意不包括管内外静液柱压差和流动阻力），因此，实施关闭套成功，将形成施工的最大井口压力，其值应当是关孔压力加静液柱压差之和。在设计分级注水泥施工时要计算最大压力，其压力值必须在注水泥井口工作压力的允许范围内，否则，应提高二级顶替钻井液密度来降低最大压力。同时应校核井口薄弱段套管抗拉强度，增加 20MPa 压力值后所附加的轴向力，其抗拉安全系数不低于 1.5。

（3）分接箍位置选择。分接箍所在位置的井径应规则，且在较直井段，过大斜度会影响重力塞与下内套重合密封，使打开不可靠。同时应在分接箍上下加设套管扶正器，保持套管居中。

（4）依据井下条件、载荷和套管强度，分别选择适应的分接箍类型、尺寸与规范。

（5）候凝及试压。按规定要求候凝（依分接箍段温度、压力条件），钻过分接箍注水泥孔眼深度后，按规定试压。

（6）前置液和顶替。分级注水泥，按其一次注水泥常规技术要求，搞好前置液以及顶替设计。

三、内管注水泥法

井深较浅而且是大直径套管时，尤其在无大尺寸胶塞的情况下，为防止注水泥及顶替过程中在套管内发生水泥浆窜槽，常用油管或钻杆内管进行注水泥（视频7）。这种方法还可缩短注水泥时间以及减少泵胶塞所用顶替液的体积，避免像普通注水泥那样需钻掉大套管内的大体积水泥塞，可节约水泥用量。

视频7 内管固井演示动画

内管注水泥法要使用改型浮鞋、引鞋或挡板以及接在内管下端的密封接头。通过内管注水泥可使用小直径胶塞。当套管装有回压阀或闭锁挡板时，只要一碰压，就可把内管自套管里提出来。采用这种注水泥法时要考虑套管的漂浮问题。通过计算将套管内的钻井液密度提至防止套管漂浮所需的最低密度。并对密封接头施加一定的坐封压力，确保其密封良好。

在大直径套管固井时，套管底部带1个内管注水泥装置；该装置集回压阀、引鞋及内管插座于一体（有的浮箍上带密封插座），下入钻杆或油管（下部带有插头）插入插座，加一定压力，水泥浆经钻杆（油管）入井眼环空而后将钻杆起出。内管注水泥法常用于340~660mm的套管。

（一）内管注水泥施工程序

套管串结构：引鞋+套管2根+带密封插座的浮箍+套管柱。

钻具结构：密封插入接头+刚性扶正器+钻铤3根+刚性扶正器+钻杆+方钻杆。

钻铤的加入量要根据坐封压力的大小来决定，根据实际情况也可改用加重钻杆。

施工中套管下入设计井深，洗井1~2周，待钻井液性能符合要求，泵压稳定即可停泵，卸掉循环接头，井口装上垫叉，下入规定的钻具，插入并坐在套管密封插座中，调整好坐封压力，开泵循环，如果套管中无泥浆溢出，则说明密封插头处密封良好，按设计要求进行注水泥，注完水泥后，按钻杆内容积替入计算的钻井液量，起出全部钻具，候凝。

（二）压力计算

1. 套管串所受浮力的计算

固井施工后，管外环空全部为水泥浆，此时套管所受到的浮力必须小于套管本身重量，否则套管将被举起，套管串所受的浮力为

$$F_{浮}=10S_{外}H\rho_{c} \tag{3-23}$$

式中 $F_{浮}$——套管串所受浮力，kN；

$S_{外}$——套管外截面积，m^2；

H——浮箍深度，m；

ρ_c——水泥浆密度，g/cm^3。

2. 套管串的重量的计算

套管串的重量的计算公式为

$$P_{套串}=qH\times10^{-2}+10S_{内}H\rho_{m} \tag{3-24}$$

式中 $P_{套串}$——套管串重量，kN；

q——每米套管质量，kg/m；

H——浮箍深度，m；

$S_{内}$——套管内截面积，m^2；

ρ_m——套管内钻井液密度，g/cm^3。

$F_{浮}$小于$P_{套串}$，否则，应把替入钻井液的密度加重。设计中计算替入“临界密度”是必要的。所谓替入钻井液“临界密度”，是指替钻井液结束时，套管柱所受浮力与套管柱重量相等时套管内钻井液的密度。

3. 临界密度的计算

临界密度的计算公式为

$$\rho_{井浆临}=(S_{外}\cdot\rho_c-q\times10^{-3})/S_{内} \tag{3-25}$$

式中 $\rho_{井浆临}$——临界井浆密度，g/cm^3；

$S_{外}$——套管外截面积，m^2；

ρ_c——水泥浆密度，g/cm^3；

q——每米套管质量，kg/m；

$S_{内}$——套管内截面积，m^2。

4. 加重钻杆串坐封压力的计算

内管注水泥方法的关键是，在施工的最高泵压下插入接头和密封套之间的密封是否可靠。如果事先不在密封球面与承受锥面之间施加足够的压力，在施工中很可能由于在泵压的作用下钻具产生“回缩”，造成密封球面与承压锥面“脱开”而失去密封作用。因此，在设计中进行坐封压力的计算是非常必要的。

坐封压力计算为

$$F_{坐封}=0.1p_{最大}S_{载} \tag{3-26}$$

式中 $F_{坐封}$——密封球面与承受锥面的压力（坐封压力），kN；

$p_{最大}$——施工中最大泵压，MPa；

$S_{载}$——密封球面与承压锥面的承压面积，cm^2。

四、高压油气井、深井及漏失井的固井措施

（一）高压油气井的固井措施

高压的概念是以压力梯度来表示的，当压力梯度超过0.013MPa/m时称为高压。按国内现场的经验可知，钻井液密度等于或大于1.40g/cm^3的油气井固井时，就认为已属于高压油气井的注水泥作业范畴了。

1. 高压油气井固井易出现的问题

高压油气井固井，易出现套管外油、气、水窜。国内外研究和实践证明：在注水泥段环形空间完全充满水泥浆的前提下，水泥浆在凝结过程中的“失重”是高压油气井固井发生油、气、水窜的主要原因。所谓水泥浆“失重”，即水泥浆在凝结过程中对其下部地层水泥浆液柱的有效压力减小至低于地层压力时，油、气、水就会窜入井筒而形成窜槽。引起水泥浆“失重”的原因有两种：

（1）水泥浆胶凝引起的“失重”。由于水泥浆的胶凝作用，在水化过程中水泥颗粒之间

以及水泥颗粒与井壁和套管之间，相互搭接起来，形成了一种空间网架结构，使水泥浆柱的一部分重量悬挂在井壁和套管上，从而降低了水泥浆柱作用在下部地层的有效压力，即所谓水泥浆胶凝引起的“失重”。

（2）桥堵引起的“失重”。在注水泥过程中及水泥返至设计高度静止之后，由于水泥浆失水而形成水泥滤饼。钻井时井下未带出的岩屑、注水泥时高速冲蚀下来的岩块以及水泥颗粒的下沉等因素，在渗透层或井径和间隙较小的井段形成桥堵，使得桥堵段上部的液柱压力不能继续有效地传递到桥堵段下部的地层，而下部的浆柱体积减小（水泥水化体积收缩和失水）。因此，作用在下部地层的有效静液压力就减小了，这就是桥堵引起“失重”过程和实质。桥堵引起的“失重”的严重程度主要取决于水泥浆失水的大小。

2. 我国高压油气井的固井方法和措施

（1）采用压稳、“两凝”及井口环空憋压等方法，防止水泥浆“失重”后油气水窜。

① 压稳：就是提高固井前的钻井液密度，要求注替水泥浆的动液柱压力加静液柱压力小于地层的破裂压力，施工结束后环空的静液柱压力（考虑水泥浆“失重”的影响）大于油气层的孔隙压力，达到相对压稳油气层，防止地层流体外窜的目的。

②“两凝”段注水泥，即在水泥浆柱内采用两种不同凝结时间的水泥浆，目的是解决由于水泥浆胶凝作用引起的“失重”，使整个环空液柱压力下降至低于油气层压力时发生的油气窜。采用“两凝”段水泥浆，可相对减少液柱压力下降的总值，而保持其大于油气层压力，防止油气窜入水泥浆柱。在设计“两凝”水泥浆时，必须保证速凝水泥浆“失重”时，缓凝水泥浆还未到初凝时间，这时，整个环空液柱压力（包括钻井液段、前置液段、缓凝水泥浆段和速凝水泥浆段“失重”时的液柱压力）应大于油气层孔隙压力。

③ 井口环空憋压。即在套管和井眼之间的环形空间憋上一定的压力，以提高环空液柱的总压力值，实现压稳油气层，防止油气水窜入水泥浆柱的目的。

（2）加重水泥浆固井。超高压井（一般是钻井中钻井液密度大于 2. 00g/cm^3 的井）可采用加重水泥浆固井，所采用水泥浆密度一般可达到 1. 95~2. 50g/cm^3，用这种方法固的井，虽然水泥石的抗压强度略低，但封固质量较好。

（3）采用双级注水泥法。这种方法的优点是不加重水泥浆，从而提高水泥石的强度。

（4）降低水泥浆的失水量。即用降低失水剂控制水泥浆失水量，API 高压失水应小于 40mL/30min。

（5）采用机械方法阻隔油气窜。即使用管外封隔器阻止油气上窜，其使用时应注意以下事项：

① 封隔器安放位置距油气层越近越好，使用时应注意：当胶筒胀开密封后，将隔绝封隔器以上环空井段的液柱压力的传递。所以在封隔器以下井段应使用膨胀性水泥浆或不渗透水泥浆，将会取得良好的控制油气窜效果。

② 封隔器安放处的井径应规则。

③ 设计使用封隔器应依据封隔处井径，封固后上下液柱压差及油气层压力，通过压力差曲线选择封隔器类型。

④ 使用时应掌握限制使用的温度及最大外挤载荷。

（6）采用化学方法防止油气窜。目前普遍采用的是油气井水泥中加入气锁膨胀剂，这种方法是利用气锁膨胀剂在水泥浆中发生化学反应，生成气体以抵消水泥浆胶凝和失水造成的体积收缩，甚至使水泥浆柱体积膨胀，从而实现水泥浆柱对油气层的压力不下降或可提高，防止了油气向水泥浆柱内的窜入。

（二）深井的固井措施

（1）深度超过4000m的井称为深井。井深大于6000m的井称为超深井。

（2）深井注水泥应考虑的问题。深井（套管和尾管）注水泥的主要步骤和浅井的基本相同，但深井的井眼条件和工作条件比浅井的复杂得多，因此要特别注意套管和水泥浆的设计，深井固井的不利因素有：

① 随井深的增加，温度和压力增高，某些地区的井内还会出现腐蚀性流体。

② 套管长度增加，环形空间间隙减小，流动阻力增大。

③ 套管柱质量和钻机负荷增大。

④ 从起钻、下套管到注水泥之间的时间间隔增长。

⑤ 钻井液密度较高，固井时不利于顶替效率的提高。

（3）深井水泥浆设计要点。

① 深井固井的可用水泥品种。可在高温条件下使用的API标准的油井水泥为E级和F级水泥，G级和H级基本水泥加入石英粉及相应的缓凝剂后亦可用于高温条件下固井。

当井深超过4000m时，其井底静止温度已达135℃，水泥浆设计时均应加入硅粉，以防止水泥石在高温条件下的强度衰减。

② 水泥浆密度应依据平衡压力固井要求，按各井具体情况加大或减小。

③ 模拟注水泥实际流程，决定升温速度及温度和压力值。一般试验温度应按循环最高温度为准，最高压力值按水泥返至设计深度后的环空静液压力加流动阻力之和确定，而稠化时间仅取稠度达到30~40Bc时所需的时间，一般稠度不应超过50Bc为宜，而稠化时间应达到施工总时间再加2~3h。

④ 水泥浆失水一般控制小于300mL（6.9MPa压差作用下，30min时间内）尾管固井应控制低于150mL（6.9MPa压差作用下，30min时间内），自由水低于1.2%。

⑤ 在20.7MPa养护压力和井底静止温度（BHST）为养护温度条件下，24h内抗压强度应大于3.5MPa。

⑥ 初始稠度小于10Bc。

（4）深井注水泥顶替。

① 深井套管与井壁间隙小以及裸眼长，均增加钻井液顶替的困难，水泥浆易在钻井液中窜槽并沿最小阻力途径前进，使用低静切力钻井液和加入减阻剂的低黏度水泥浆往往可实现高速顶替及有效清除钻井液。

② 深井固井时长水泥浆柱及裸眼段决定水泥浆顶替的复杂性，这也是深井固井成败的关键。当水泥量较大，水泥返高较大的井，应采用分级注水泥方案，防止井被压漏及水泥稠化憋泵的事故，减少水泥浆“失重”造成的油气窜问题。

③ 由于深井注水泥施工压力大，环空流动阻力突然增大，将会导致深井注水泥失败，为此应从以下几个方面做好固井设计、组织好固井施工：

a. 认真细致的井眼准备。包括井眼的清洗及钻井液除砂等清洁工序，进出口洗井液的密度差不能超过0.03g/cm^3，返出的钻井液黏度完全稳定，洗井时间至少两个循环周期。

b. 对于具有渗透层、漏失层和低压层的井，水泥浆必须控制失水，其中包括先导水泥浆失水量的控制，防止水泥浆顶替过程中在渗透性地层漏失而形成过厚的水泥滤饼而造成憋泵。

c. 从地面安装、施工程序来保证顶替工序的连续性，并防止顶替排量突变，要求排量均匀，并依据顶替压力的变化情况，调节顶替排量。

d. 深井注水泥施工要保持连续性，若一旦中断，再次顶替静止的水泥浆柱，需克服水泥浆所产生静胶凝强度，泵压升值可达 8～15MPa，同时还可能憋漏地层，因此，要保证注替水泥浆全过程环空液体一直处于流动状态直至碰压。

（三）漏失井的固井措施

（1）漏失井是指在钻进或固井过程中发生钻井液或水泥浆漏入地层的井。这种类型的井的特点是有漏层，钻进时发生过漏失，但经过调整钻井液性能或堵漏仍能维持钻进。在注水泥时，由于水泥浆的密度一般比钻井液的密度高，所以有可能再次发生井漏。

（2）固井施工发生井漏的危害。在固井过程中发生井漏，可造成水泥浆低返、油气层漏封事故，如果水泥浆漏入生产层，将对油气层造成严重伤害，影响油气产量和采收率。

（3）漏失井的固井措施。

① 若漏失层为非生产层，要先堵漏后固井。

② 若漏失层为本井需开发的裂缝性油气层，为保护油气层可采取下列方法：一是在油气层井段填入小块的泡氟石和方解石，在上面打水泥塞后再下套管；二是用套管外封隔器把油气层与水泥浆隔开，使水泥浆不能进入油气层，又不受油气层的窜扰。

③ 采用低密度或超低密度水泥浆固井。

④ 采用向水泥中加堵漏剂的措施。

⑤ 采用向钻井液中充氮气，也能减小对井底的液柱压力。有两种方法：一是把氮气充到水泥浆前面的钻井液内；二是在注水泥之前向井内注一段“氮气塞”。

⑥ 采用双级注水泥方法。

⑦ 加入分散剂，在较小排量下达到湍流，从而降低摩阻。

⑧ 采用大段前置液固井措施。为此，要做好平衡压力固井和前置液性能设计。

⑨ 控制注替水泥浆排量，在尾随水泥浆加入触变性处理剂。

五、其他特殊注水泥方法

（一）套管注水泥法

导管、表层套管、技术套管和生产套管多采用单级注水泥法，此方法是把水泥浆从套管内注入，经套管鞋从环形空间上返，并使用上下胶塞。

该法的优点是：工艺方法简便，便于控制水泥塞高度，在注替过程中可旋转或上、下活动套管，这就降低了水泥浆窜槽的可能性，提高了顶替效率和水泥环的胶结强度。

（二）管外注水泥法

在漏失严重的低压力带，对于导管、表层固井，使用常规的套管注水泥法，其水泥浆会因严重漏失而不能返出地面，采用在井眼与套管环形空间插入小尺寸钻杆或油管的一种充填式灌注液浆方法。

（三）反循环注水泥法

反循环注水泥法是把水泥浆从环形空间泵入，而被顶替的钻井液则从套管内返出。这时对浮鞋、压差式自动灌浆设备以及井口装置等都要加以改变。在正常注水泥中，若水泥浆达到湍流就要压裂套管鞋以上脆弱地层的情况下，可使用反循环注水泥法。它可使用多种水泥组分：在下部可用密度较大或缓凝的水泥，上部则用密度较低或速凝的水泥。这种注水泥法的缺点是无法用泵压变化来判断注水泥终止时间。这就容易造成环形空间体积、所需水泥浆量以及顶替液量的计算不准。为保证套管鞋附近能有效地为水泥所封固，必须在套管鞋以上的套管内至少有 90m 的水泥塞。下套管之前要有精确的井径数据，以便精确计算所用的水泥浆量和附加量。在顶替钻井液时，必须严格掌握替入量，以免把水泥浆替超或替少，造成上部油层或下部油层漏封。

（四）延迟凝固注水泥法

延迟凝固注水泥法能使套管外所形成的水泥环比普通注水泥法更加均匀。这种方法是在下套管前先在井底注入含有降滤失剂的缓凝水泥浆。水泥浆经钻杆泵入并返到环形空间。起完钻后，把底端封闭的套管下入尚未凝固的水泥浆内，待水泥凝固之后，就可按一般方法完井。

延迟凝固注水泥法是靠套管柱挤压水泥浆上溢，而完成注水泥的环空充填作业。这种方法具有充分活动套管时间，从而提高环空水泥环的胶结质量。

延迟凝固注水泥法主要用于无油管完成井，通过一油管柱把水泥浆泵送入井内，再把其余油管柱下在未凝固的水泥中。当向未凝固的水泥浆中下套管时，留在环形空间的钻井液和水泥浆会有些掺混，这虽然不好，但总比发生钻井液窜槽好。

这种方法的缺点是：这种水泥浆的候凝时间比普通水泥浆长。

（五）多管注水泥法

当单管或普通油井完成法不经济时，可使用多管油井完成法。多管油井完成法是单独下入各管柱，一般先下最长管柱。把第一根管柱安放在悬挂器上。进行循环洗井，再下次长管柱，坐放并悬挂好之后，也进行循环，依长短顺序将各管柱下至预定位置并悬挂好后，充分循环洗井。在有漏失层地区，可通过最长管注水泥，当达到一定水泥返高之后，其余井段水泥浆可由较短管柱注入。

通常，在生产层上下 30m 的范围内，每一单根套管加一个扶正器。

设计水泥浆所应考虑的因素和单管注水泥时没有多少区别。一般从两根较长管柱同时注入水泥浆。注水泥时对不注水泥的管柱要加压 7～14MPa，以免管柱发生漏失、热弯曲或挤毁。

如果只用两根较长的管柱不能把水泥浆返至最短管柱以上时，可用全部管柱注水泥。

多管注水泥的一般原则是：

（1）所配制的隔离液和冲洗水泥浆应能有效稀释和冲洗水泥浆前面的钻井液。

（2）所用水泥浆应按附近井一次注水泥的标准配制。

（3）应根据实际情况把多根管柱下至井底，以增加以后油井完成的灵活性，并有利于在较低排量顶替钻井液。

（4）注水泥过程中要上下活动一根或多根套管柱。

（5）对小直径管柱注水泥至少应通过两根管柱进行，以免泵压过高。

（6）对每根管柱注水泥时，都应使用回压阀。

（六）特殊工艺井对固井的要求

1. 盐岩层固井

凡有较厚盐岩层、钾盐层或石膏盐层固井均应做到：

（1）配浆水达到饱和盐水（结晶盐析出），其密度在 1.18～1.20g/cm^3 之间；

（2）控制饱和盐水泥浆密度在 2.0～2.3g/cm^3 之间；

（3）饱和盐水水泥浆注水泥，宜用油基隔离液，而水泥浆返高至少超过盐层顶部 150～200m；

（4）盐岩层的套管强度设计，盐岩层井段的外挤压力条件取 0.023～0.025MPa/m，抗挤安全系数选 1.25，该段高强度套管柱应上下附加 50m；

（5）盐岩层钻进时应采用相应密度的油基或过饱和盐水钻井液，为固井创造良好的井眼条件。

2. 定向井固井

（1）下钻通井时一般采用与套管尺寸相似的钻具通井，并记录摩阻力，为下套管时正确判断提供依据。

（2）定向井套管设计要进行弯曲应力和扶正器位置计算。

（3）下套管前降低滤饼摩擦系数，使其小于 0.2/45min，降低固相含量，否则加润滑剂处理达到要求。

（4）适当提高水泥浆密度和塑性黏度，降低析水量至零，滤失量小于 150mL（6.9MPa，30min）。

（5）隔离液控制最小的滤失量，选择最优表面活性剂。

3. 注水（汽）油田的调整井固井

（1）为保证注水油田调整井的固井质量，对有影响的区块和注水井必须采取停注、放压等降压措施，直至声幅测井后方可恢复注水。

（2）认真调查调整井地下动态，摸清注水（汽）后地层孔隙压力，地层破裂压力及开发目的层平面压力分布规律，以此制定固井施工方案。

（3）在完井阶段，为防止高压地层流体窜入井筒内，要保证在压稳条件下进行套管和注水泥作业。

（4）为改善高密度水泥浆的流动性，水泥浆中必须加入一定量的减水分散剂，以实现较低返速下的湍流注替。

任务实施

一、任务内容

阐述近年来固井的新工艺、新技术。

二、任务要求

考试形式及时间：采用笔试，时间 20min。

任务考核

一、理论考核

（1）“高压油气井”中高压的概念是以（　　）来表示的。

（A）压力　（B）压力梯度　（C）千帕　（D）帕

（2）高压的概念是以压力梯度来表示的，当压力梯度值超过（　　）时，称为高压。

（A）10MPa/m　（B）11.36MPa/m　（C）0.013MPa/m　（D）12MPa/m

（3）按国内现场的经验可知，钻井液密度等于或大于（　　）的油气井固井时，就认为已属于高压油气井的注水泥作业范畴了。

（A）$1.20g/cm^3$　（B）$1.30g/cm^3$　（C）$1.40g/cm^3$　（D）$1.50g/cm^3$

（4）水泥浆在凝结过程中的（　　）是高压油气井固井发生油、气、水窜的主要原因。

（A）胶凝　（B）桥堵　（C）水化　（D）失重

（5）所谓水泥浆“失重”，即水泥浆在凝结过程中，对其下部地层水泥浆液柱的有效压力减小至低于（　　）时，油、气和水就会窜入井筒而形成窜槽。

（A）破裂压力　（B）地层压力　（C）压力梯度　（D）环空压差

（6）桥堵引起的“失重”的严重程度主要取决于水泥浆（　　）的大小。

（A）密度　（B）失水　（C）流动度　（D）胶凝作用

（7）为防止超高压油气井深井固井环空水泥环油、气窜，可采用（　　）水泥浆固井。

（A）速凝　（B）缓凝　（C）加重　（D）减轻

（8）压稳要求水泥浆的动液柱压力加静液柱压力（　　）地层的破裂压力。

（A）小于　（B）大于　（C）等于　（D）大于或等于

（9）使用管外封隔器阻止油气上窜，封隔器安放位置距（　　）越近越好。

（A）标准层　（B）油气层　（C）漏失层　（D）低压层

（10）使用管外封隔器阻止油气上窜应掌握限制使用的（　　）。

（A）压力及最大外挤载荷　（B）井身条件和温度

（C）井身条件和轴向应力　（D）温度及最大外挤载荷

（11）采用化学方法防止油气窜，目前普遍采用的是油井水泥加入（　　）。

（A）缓凝剂　（B）加重剂　（C）气锁膨胀剂　（D）降失水剂

（12）气锁膨胀剂在水泥中发生化学反应，能生成气体以抵消水泥浆（　　）造成的体积收缩。

（A）失重　（B）水化和稠化　（C）胶凝和失水　（D）失水和稠化

（13）在固井过程中发生井漏，如果水泥浆漏入（　　），将影响油气产量和采收率。

（A）油层以上部分　（B）油层以下部分　（C）生产层　（D）标准层

（14）在漏失井固井中，不能采用（　　）。

（A）双级注水泥方法　（B）加重水泥浆固井

（C）低返速固井方法　（D）低密度水泥浆固井

（15）某漏失井的漏失层是需开发的裂缝油气层，为保护油气层，可采用（　　）。

（A）双级注水泥法

（B）低返速固井方法

(C) 向水泥中加堵漏剂的措施
(D) 套管外封隔器把油气层与水泥浆隔开
(16) 随井深的增加，井底的（　　）。
(A) 温度增加，压力降低　　(B) 温度降低，压力升高
(C) 温度和压力降低　　(D) 温度和压力升高
(17) 深井固井可在高温下使用的 API 标准的油井纯水泥为（　　）级水泥。
(A) A、B、C　　(B) C、D、G　　(C) E、F 和 J　　(D) G、H、D
(18) 深井固井水泥浆设计时，G 级、H 级纯水泥均应加入（　　），以防止水泥在高温条件下的强度衰减。
(A) 降失水剂　　(B) 硅粉　　(C) 缓凝剂　　(D) 重晶石粉
(19) 深井水泥浆设计中，水泥浆失水一般控制小于（　　）(6.9MPa 压差作用下，30min 时间内)。
(A) 150mL　　(B) 300mL　　(C) 200mL　　(D) 250mL
(20) 深井水泥浆在 20.6MPa 养护压力和井底静止温度（BHST）为养护温度条件下，24h 时间内抗压强度应大于（　　）。
(A) 2.7MPa　　(B) 4.5MPa　　(C) 3.5MPa　　(D) 3.0MPa
(21) 深井固井时，应根据最高顶替泵压的计算值再附加（　　）来选择保险阀销钉的承压能力。
(A) 3MPa　　(B) 5MPa　　(C) 10MPa　　(D) 2MPa
(22) 在设计“两凝”水泥浆时，必须保证速凝水泥浆（　　）时，缓凝水泥浆还未到初凝时间。
(A) 失重　　(B) 终凝　　(C) 凝结　　(D) 胶溶
(23) 深井注水泥的顶替使用低静切力钻井液加入（　　）的低黏度水泥浆往往可实现高速顶替及有效清除钻井液。
(A) 减阻剂　　(B) 缓凝剂　　(C) 加重剂　　(D) 降失水剂
(24) 采用尾管固井工艺在低压薄弱地层固井能大幅度降低环空（　　）。
(A) 容积　　(B) 流动阻力　　(C) 静液压力　　(D) 温度
(25) 由尾管（　　）相应选择悬挂器工作载荷。
(A) 类型　　(B) 尺寸　　(C) 结构　　(D) 重量
(26) 深井井内下入尾管比全面下套管具有的优点是（　　）。
(A) 可增加所用套管柱的长度　　(B) 改善钻井地质条件
(C) 改善钻井水力条件　　(D) 固井工艺简单，便于施工
(27) 尾管作业注替过程水泥浆升温快，具有更短的稠化时间，凝固快，这主要由于尾管循环温度（　　）套管注水泥循环温度。
(A) 低于　　(B) 高于　　(C) 等于　　(D) 接近
(28) 尾管注水泥要求较常规注水泥控制更高的水泥（　　）。
(A) 密度　　(B) 流动度　　(C) 失水量　　(D) 黏度
(29) 尾管固井要求严格控制水泥浆失水，6.9MPa，30min 失水应在（　　）范围内。
(A) 100~200mL　　(B) 150~250mL　　(C) 50~150mL　　(D) 80~250mL
(30) 分级注水泥是在一次注水泥方法的基础上，采用特殊（　　）而达到注水泥的固

井技术。

（A）连接　（B）悬挂　（C）接箍　（D）螺纹

（31）最常用的双级注水泥方式是（　　）。

（A）正规连续式双级注水泥　（B）正规非连续式双级注水泥

（C）非正规连续式双级注水泥　（D）非正规非连续式双级注水泥

（32）正规非连续式双级注水泥分级注入不同（　　）的水泥浆，可以防止水泥浆失重而造成高压油气上窜的危险。

（A）密度　（B）流动度　（C）初凝时间　（D）水灰比

（33）正规非连续式双级注水泥在水泥浆密度（　　）钻井液密度时，可以防止因过长的水泥浆柱造成下部薄弱地层被压裂而漏出。

（A）低于　（B）高于　（C）接近　（D）等于

（34）内管注水泥一般应用于（　　）固井。

（A）疑难井　（B）大直径套管　（C）漏失井　（D）挤水泥

（35）固井施工后，管外环空全部为水泥浆，此时套管所受到的浮力，必须（　　），否则套管将被举起。

（A）大于本身重量　（B）小于本身重量

（C）等于本身重量　（D）大于等于本身重量

二、技能考核

序号	考试内容	考试要求	评分标准	配分	扣分	得分
1	近年来固井新工艺、新技术	熟知近年来固井新工艺、新技术，包括以下内容： （1）深井油气藏固井工艺技术； （2）高压油气井固井工艺要求； （3）多级注水泥固井技术； （4）尾管固井技术； （5）调整井固井技术； （6）低压易漏井固井技术； （7）套管注水泥固井法； （8）管外注水泥固井工艺技术； （9）延迟凝固注水泥固井技术； （10）多管注水泥法	第（1）~（10）项每项2分	20		

项目四　挤水泥作业

任务描述

挤水泥作业是指使用液体压力将水泥挤入要求的射孔、裂缝、窜槽或者孔隙，使水泥浆失水，形成坚硬的固体，达到预期密封的作用。作为一项实用有效的修补固井措施，挤水泥作业在固井方面的应用主要在于对封固不充分的地层进行二次封固和固井作业前期封堵钻井液或气体窜槽等。然而挤水泥作业不仅应用于钻井固井方面，在修井方面也有着广泛的应用，如封堵不需要的水气层和放弃非生产产层等。挤水泥作业能否达到施工要求取决于挤水泥方案设计合理性与方案落实的彻底性。一个合理的挤水泥方案设计会给出相关基础数据包括井身结构、措施段位置、压井液性质和挤水泥管柱相关结构等，具有明确施工的目的性，对水泥浆用量以及干水泥用量有具体说明，能详细记述相应施工流程。

任务分析

要求能看懂挤水泥作业设计，且能根据设计方案进行挤水泥作业。

学习材料

一、挤水泥作业的目的

（1）一次固井注水泥质量不合格的补救。一般从尾管顶部向尾管外环形空间或尾管与上层套管重复部位挤水泥。

（2）控制气油比、含水率。通过封堵与油层相邻的气层和水层，以达到改善气油比和降低产水率的作用。

（3）套管堵漏。通过向套管上被腐蚀的孔洞挤注泥浆进行套管封堵。

（4）封堵漏层。

（5）封堵窜流。用以保证生产层位不受相邻层位产水、产气影响。

（6）处理报废井报废层。防止报废井或报废层的流体运移。

二、挤水泥技术方法

挤水泥施工技术种类繁多，各个大类下面还可进一步细分，这里仅就常见的分类情况对挤水泥常用方法技术进行介绍。

（一）根据挤入压力分类

1. 低压挤水泥

低压挤水泥是指施工时井底的挤注压力低于挤水泥地层破裂压力，一般可用于封堵炮眼和封堵套管泄露。其主要特点是所施加的压力能使水泥浆在炮眼及孔道和裂缝处脱水，形成滤饼，进而获得挤堵成功。在低渗透地层使用低失水水泥浆时，脱水过程缓慢，使得挤水泥作业时间延长，而高失水水泥浆对高渗透地层失水过快水泥浆消耗量又将增加。理想的挤水泥作业是水泥浆能适当地控制水泥滤饼增长速度，且在孔腔、通道和整个渗透性层面上形成一均匀的滤饼。

2. 高压挤水泥

与低压挤水泥相比，高压挤水泥施工时井底挤注压力高于地层破裂压力，在井底产生裂缝，也就是压破炮眼处或靠近炮眼处地层，裂缝是水平缝还是垂直缝受到最小水平主应力与上覆岩层应力大小关系影响。液体进入裂缝，让水泥浆充填预计空间，形成滤饼。

高压挤水泥技术需要确定地层破裂压力的大小，即用化学溶液（或盐水）进行试挤，通过井口的压力曲线对破裂压力进行求得。在地层破裂之后泵入前隔离液及水泥浆至挤入井段，然后低速注入，注入压力随注入量增加而升高，直到井口压力显示出水泥浆已经挤入或发生脱水为止，稳压，而后放掉压力。确认计入水泥浆不会回吐，最后正反循环冲洗井筒内剩余水泥浆。当采取低压挤水泥无法使水泥浆这种悬浮液进入空隙中形成有效胶结的情况时，需选择高压挤水泥。由于水泥浆会进入到挤破的地层裂缝中，高压挤水泥的水泥浆需求量远大于低压挤水泥的情况。

（二）根据泵入技术分类

1. 连续挤水泥

连续挤水泥技术也称为一次性挤水泥技术，其工艺特点是在水泥浆进入地层到水泥浆置换工作完成之间保持挤注压力相对稳定。主要应用在施工设计井段挤入压力明确的情况。

2. 间歇挤水泥

间歇挤水泥相比于连续性挤水泥，是将水泥浆以预定量进行一次性注入，而后在水泥浆进入地层以后，至初凝（或接近初凝）时，交替开泵停泵多次挤压，直到达到挤注测试压力。这种方法能使水泥浆凝胶强度得到有效的发展。该方法是在建立不起所需要的挤水泥压力时采用的，常采用等时间间隔。一般在计入排量低于300L/min时宜采用连续式挤水泥，高于300L/min宜采用间歇式挤水泥。封堵炮眼、修补套管宜采用间歇式挤水泥。

（三）根据加压时井筒分隔情况分类

1. 封闭井口挤入法

封闭井口挤入法是一种原始的挤水泥方法，它通过油管或钻杆进行而不必采用封隔器。把水泥替至管柱底部以后，借助井口装置（如防喷器或井口闸门）产生挤水泥压力。典型的有送浆加压挤入法、循环挤入法、平推加压挤入法等。这种方法广泛用于浅井挤水泥、打水泥塞和仅对炮眼进行封堵的情况。由于不使用封隔器，整体施工相对简单，但同时也就很难保证水泥浆能准确地进入目的层。所以这种挤水泥法的使用一定程度上受到了限制。满足以下所有条件时，可使用井口法挤水泥：

（1）挤水泥作业压力低于套管抗内压强度的70%和井口额定工作压力；

（2）注完水泥浆后能将作业管柱提至水泥浆面以上；

（3）将水泥浆挤入地层或环空，或通过一组炮眼将水泥浆挤入环空。

2. 封隔器挤入法

封隔器挤水泥法是用光杆（油管或钻杆）将封隔器下至目标位置，保证目标层位同其他层位隔离，而后进行坐封、挤水泥操作，最后可以将封隔器进行解封上提取回。封隔器法也可分为单封隔器法和双封隔器法，单封隔器法主要用于挤封底部油层，双封隔器主要用于分层作业。有时单封隔器法也可与井段下部的桥塞配合来进行层间封堵。封隔器挤水泥法能保证非挤水泥层段套管柱不受挤压内力的影响，能更好地保护上部套管。

3. 水泥承转器挤入法

水泥承转器也较水泥承留器，其作用类似于封隔器，可以起到封隔两层的作用，相比于封隔器的坐封与解封，承转器一般坐封之后不进行取回操作同时。承转器内部具有单流阀，能够有效地避免由于挤水泥压力高而后水泥浆反吐的情况发生，能起到管外封窜、层间封窜和封堵停产层等效果。满足以下任意条件时，应使用承转器法挤水泥：

（1）挤水泥作业压力高于高管抗内压强度的70%或井口额定工作压力。

（2）注完水泥浆后不能将作业管柱提出水泥浆面以上。

（3）两组炮眼间连通挤水泥，或炮眼与喇叭口连通挤水泥。

（4）高压挤水泥。

三、水泥浆相关设计

（一）水泥类型的选择

多数挤水泥作业可使用 A、G 或 H 类水泥，这些水泥适合于在 6000ft（1828m）以内的挤水泥作业。水泥的选择除在保证施工后强度外，首要考虑的因素即为稠化时间，稠化时间的影响因素主要为压力和温度，要说明的是，相比于一次注水泥，挤水泥往往没有经历大批量冲洗井，故井底温度一般要更高，温度的升高无疑将影响稠化时间。稠化时间=实际施工时间+外加时间。稠化时间的长短应根据实际施工情况进行选择，浅井或堵报废孔眼时间一般较短，而如果地层较深或者地层渗透率较高，而采用低压间歇挤注技术，则稠化时间就要加长，一般 4~6h。失水量对挤水泥设计关系很大，纯水泥浆的失水速度很快，达到 600~2500mL/30min。失水率过高，则很快在炮眼处形成水泥瘤，使水泥不能有效进入；如果失水率过小，就会在炮眼孔道上留下未脱水的水泥，一旦反循环冲洗或负压差作用，这些水泥就会被冲掉。最佳的是数量应根据挤水泥地层渗透性而定。低渗透性地层，允许失水率在 100~200mL/30min。高渗透地层约为 50~100mL/30min，对碳酸盐岩地层，由于多为裂缝和溶洞，为减少水泥浆注入量，滤饼的生成比水泥浆进入地层更为重要，可以选择中失水水泥或快凝水泥，也可向水泥浆中添加适量降失水剂完成。表 3-6 根据 SY 5374. 2—2006 标准列出不同地层对水泥浆失水率的要求。

表 3-6　水泥浆滤失量要求

地层条件	滤失量要求
孔穴和裂缝地层	小于 800mL/30min×6. 9MPa
高渗地层（大于 $100\times10^{-3}\mu m^2$）	小于 100mL/30min×6. 9MPa
低渗地层（$10\times10^{-3}\sim100\times10^{-3}\mu m^2$）	小于 200mL/30min×6. 9MPa
极低渗地层（$1\times10^{-3}\sim10\times10^{-3}\mu m^2$）	小于 300mL/30min×6. 9MPa

（二）水泥浆量计算

需要的水泥量取决于挤注水泥短长度及注入技术。往往无法直接精确控制，主要参考本地区的经验数据。石油行业标准 SY/T 5374. 2—2006 对挤水泥水泥浆用量给出如下计算原则：

（1）封堵炮眼：挤入量、炮眼段套管的内容积及附加量之和。

（2）封堵套管泄露：挤入量、泄漏段套管的内容积及附加量之和。

（3）封堵漏失层：挤入量、漏失段的内容积及附加量之和。

（4）补注水泥：补注段容积及附加量之和。连通炮眼间环空补注水泥，或尾管射孔处至喇叭口环空连通补注水泥，应有部分水泥水泥浆从上部炮眼或喇叭口返出。

（5）挤入量：封堵炮眼根据炮眼长度确定，射孔井段 300L/m；挤入排量不低于 300L/min 时的挤入量不宜低于 $5m^3$；裂缝性地层挤入量不低于 $10m^3$；易破裂地层及高压挤水泥，水泥浆量应适当增大。

（6）井口法挤水泥在上提作业管柱前。宜在作业管柱内保留比管外至少高 100m 的水泥浆。

1. 封堵炮眼、套管泄露和漏失层的常规挤水泥量计算方案设计

（1）向套管和裸眼环空挤入水泥量（挤入量）的计算公式为

$$V_{a}=\frac{\pi}{4}\sum_{k=1}^{n}\left(D_{wk}^{2}-D_{cok}^{2}\right)\times h \tag{3-27}$$

式中 V_a——向套管和裸眼环空挤入水泥浆量，m^3；

D_w——井径，m；

D_{co}——套管外径，m；

h——挤水泥有效封堵长度，m；

k——环空段序号。

（2）套管内预留水泥浆量的计算公式为

$$V_{slp}=\frac{1}{4}\pi D_{ci}^{2}\Delta h \tag{3-28}$$

式中 V_{slp}——套管内预留水泥浆量，m^3；

D_{ci}——套管内径，m；

Δh——套管内预留水泥浆柱高度。

（3）水泥浆总量的计算公式为

$$V_{s}=V_{a}+V_{slp}+V_{E} \tag{3-29}$$

式中 V_s——水泥浆总量，m^3；

V_E——水泥浆附加量，m^3。

2. 参考经验法则

（1）水泥浆量不超过井下管柱的内容积量；

（2）射孔井段用 6.5SK/m（1SK=62.67kg）；

（3）如地层破裂之后挤入速度可达到 0.32m^3/min，则最少水泥用量为 50~100SK。

（4）水泥浆总量在管内形成的水泥浆柱，必须能够反循环出来。

（三）前置液与后置液用量计算

前置液和隔离液的主要目的是隔离水泥浆与管柱内其他类型的流体，防止流体之间相互污染。通常要求前置液和后置液的高度不应低于 150m。

（四）顶替液用量计算

1. 承转器法挤水泥

SY/T 5374.2—2006 对承转器法给出了顶替液用量相应要求如下：

（1）注水泥插头插入承转器前，顶替液量等于作业管柱的内容积减去前置液和水泥浆体积。

（2）注水泥插头插入承转器后，顶替液量等于承转器与挤入位置的管内容积和设计挤入量之和。

为了保证在注水泥插头插入承转器之前挤水泥管柱内液压要比挤水泥管柱与套管环空液压低（否则在注水泥插头插入承转器前有可能会有部分水泥浆进入挤水泥管柱和套管环空，最终造成挤水泥管柱和承转器不能正常分离），常用的方法是在注水泥插头插入承转器前对承转器上部挤水泥管柱和套管环空之间添加加重塞（即增加高密度液体段，图 3-13），也可

以调整承转器上部钻井液密度；然后再在挤水泥管柱内注入相应前置液、水泥浆、后置液和顶替液；达到要求后才能将注水泥插头插入承转器中。

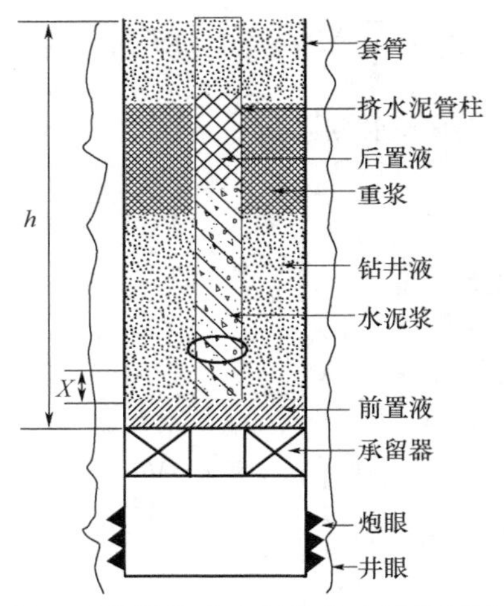

图 3-13　插入承留器前挤水泥管柱内外静压平衡示意图

（1）挤水泥管柱内通过后置液将水泥浆与顶替液分离时，顶替液的体积为

$$V_{b-d}=k_m(V_p-V_q-V_S-V_h) \tag{3-30}$$

式中　V_p——挤水泥管柱总的内部体积，m^3；

V_q——前置液量，m^3；

V_S——总的水泥浆量，m^3；

V_h——后置液量，m^3；

k_m——余量系数，根据现场经验自行确定。

（2）挤水泥管柱内水泥浆与顶替液不通过后置液进行分离时，顶替液的体积为

$$V_{b-d}=k_m(V_p-V_q-V_S) \tag{3-31}$$

（3）插入承留器后顶替液的体积为

$$V_{b-d}=k_m(V_p-V_y-V_h) \tag{3-32}$$

式中　V_y——挤水泥管柱预留水泥浆量容积。

2. 封隔器法与封闭井口法

封隔器法与封闭井口法都不存在承转器注水泥接头连接问题，即挤水泥管柱带入封隔器下放至指定位置，不需要井下二次安装。此时，顶替液的体积为

$$V_{b-d}=k_m(V_S+V_q-V_y) \tag{3-33}$$

式中　V_s——总的水泥浆量，m^3；

k_m——余量系数，根据现场经验自行确定；

V_q——前置液量，m^3；

V_y——挤水泥管柱预留水泥浆量容积。

四、挤水泥作业井口压力的影响因素

（一）地层破裂压力

地层破裂压力直接影响着地层起裂的初始井底压力，挤水泥施工都需要事先进行试压或

采集邻井相关数据确定挤注地层破裂压力。若设计方案为高压挤入，则地面挤入压力应大于地层破裂压力与井内静液柱压力之差；若设计方案为低压挤入，则地面挤入压力应小于地层破裂压力与井内静液柱压力之差。如果需要还可以考虑进内注液产生的摩阻对地层产生的附加压力。

（二）地层窜槽

地层窜槽会导致挤入地层的水泥能够通过近井地带的地层缝隙将挤入压力作用到套管某些位置的外部。如果设计时没有考虑地层窜槽的情况，则当外压大于套管最大允许外挤力时，套管就会变形甚至挤压破裂。

（三）选择挤水泥方式

挤注水泥的方式如果选择封闭井口法则在设计挤注压力时需要考虑在挤水泥层位上部套管也受到挤注压力。而采用承留器以及封隔器挤水泥时，由于挤注水泥都处在封隔器和承留器以下，在设计时仅需考虑封隔器和承留器下部套管受力情况。同时承留器与封隔器所处位置在有地层窜槽情况下也影响着管柱受到外挤力的大小。

（四）套管允许抗压强度（抗内压和抗外压）

套管与水泥浆直接接触，首先受到的就是内挤压力，随后由于窜槽会受到外挤压力。在设计时一般以套管许用应力的80%进行余量设计。

五、挤水泥作业步骤

（一）检查放喷闸板芯子

根据作业管柱类型检查放喷器闸板芯子，如果尺寸不匹配，应更换闸板芯子，并按照SY/T 5964—2006《钻井井控装置组合配套、安装调试与维护》的规定进行试压。

（二）下桥塞

如果挤入位置以下无水泥，挤水泥可能压漏下部地层时，应在挤入位置以下用可钻式或可回收桥塞封隔下部井段。

（三）射孔

如果目的挤注层段已经下入套管，且没有射孔孔眼，则需进行射孔操作。根据测井曲线确定射孔位置及孔数，下射孔工具射孔，射孔应避开套管接箍。

（四）冲洗炮眼

用冲洗液或冲洗工具冲洗炮眼。

（五）试挤

挤水泥作业前，应使用设计的介质进行试挤，确定挤入压力和挤入排量。试挤的方法如下：

（1）关井试挤：下作业管柱至设计挤入位置，关封井器，分别从作业管柱内外试挤，记录试挤排量、压力和挤入量。关井试挤可达到确定是否需要下入封隔器再次试挤、选择挤水泥设备；确定用井口法挤水泥时，从管外或管内进行挤水泥。

（2）封隔器试挤：用钻杆或油管下送封隔器至设计位置坐封，从管柱内试挤，记录试挤排量、压力和挤入量。下封隔器试挤可达到确定两组炮眼间或尾管段的炮眼与尾管喇叭口的连通情况；根据实际压力选择承转器和挤水泥设备；确定挤水泥时，是否需要作业管柱与套管环空试加平衡压力，并确定平衡压力值；确定用承转器挤水泥时，采用连续式或间歇式挤水泥。

（六）根据不同挤水泥施工方法进行挤水泥施工

1. 井口法挤水泥作业

（1）按设计注入前置液、水泥浆、顶替液。注替期间核对和复算各种作业流体的注入量，避免超量顶替或顶替不到位。

（2）将作业管柱起至前置液以上井段（或起出井口）。

（3）循环一周，井口返出液中应无水泥浆，前置液和混合物。

（4）关防喷器。

（5）按设计挤水泥。

（6）憋压候凝。

2. 承转器法挤水泥作业

（1）将承转器下至设计位置（下至射孔段以上，如循环封窜则下在两射孔井段中间部位）坐封。

（2）根据承转器类型进行下步作业：

① 用电缆下入式的承转器，起出电缆；

② 承转器的送入管柱不能作为挤注管柱时，起出送入管柱；

③ 承转器的送入管柱能作为挤注管柱时，按步骤（4）进行。

（3）将作业管柱下至承转器位置，将注水泥插头插入承转器。

（4）打开循环通道，从管内再次试挤，记录试挤压力、排量和挤入量。

（5）将注水泥插头提离承转器。

（6）按设计调整承转器以上管内钻井液密度。

（7）按设计注入前置液、水泥浆和顶替液。注替期间核对和复合各种作业流体的注入量，避免注水泥插头提前插入或水泥浆返至作业管柱外。

（8）将注水泥插头插入承转器。

（9）按设计注顶替液，挤水泥。

（10）将注水泥插头提离承转器。

（11）循环不少于一周。

（12）候凝。

六、挤水泥设计方案案例

（一）基本情况描述

（1）原井身结构：273.05mm 表层套管下入深度 500.58m，177.8mm×6.91mm 复合套管下深 2498.50~478.06m。

（2）射孔位置：2250~2350m；筛管位置 1900~2150m；胶皮伞位置 1900m。

（3）挤水泥管柱结构：

3½in 钻杆（0~1890m），单位内容积为 3.87L/m。

（二）挤水泥目的

封固 1900~2150m（1900~2170m）井段，避开周围注水井层位的干扰。

（三）数据计算

3½in 钻杆单位内容积为 3.87L/m；

0~1890m 段钻杆总容积为 7.3m^3；

177.8mm 套管单位内容积为 21.12L/m；

上下桥塞之间长度 2150m(2170m)-1890m=260m（280m），总容积为 5.5m^3；

钻杆与套管总容积为 12.8m^3。

（四）施工方案

该井准备在 1900~2150m（1900~2170m）位置挤水泥，为了保证施工一次成功，设计采用如下方案：

（1）充分洗井，维持原井筒内液体性能，防止溢流等复杂情况发生；

（2）在 2250m 处打水泥塞，进行地层封堵；

（3）在 1890m 处下入承转器，坐封后，进行验封，确保承转器起到密封作用；

（4）承转器坐封后，进行试挤作业，水泥车泵送清水试挤，0.2~0.3m^3/min，记录吃入量和吸收率。根据试挤情况，吃入量大，压力低，执行方案一；吃入量小，压力高，执行方案二。

① 方案一。

a. 承转器坐封后，将插管插入承转器，直接进行挤水泥作业。

b. 通过钻杆注入 0.5m^3 的前置液，排量控制在 0.6~0.8m^3/min。

c. 注入 7.5m^3 密度为 1.88g/cm^3 的水泥浆，排量控制在 0.6~0.8m^3/min。

d. 注入后置液 1m^3，排量控制在 0.6~0.8m^3/min。

e. 用清水挤水泥作业，排量控制在 0.3~0.6m^3/min，同时观察压力变化，如压力不增加或幅度小，进行间歇性挤水泥；如压力逐渐增加，可进行连续挤水泥作业，总共挤入量不超过 6.3m^3（此时环空内最大吃入量 2.5m^3），最高压力不超过 15MPa。

f. 拔出钻杆，循环洗井，起钻候凝。

② 方案二。

a. 试挤压力过高吃入量小，在固井前将注水泥插头从承留器中拔出。

b. 通过钻杆注入 0.5m^3 的前置液，排量控制在 0.6~0.8m^3/min。

c. 注入 7.5m^3 密度为 1.88g/cm^3 的水泥浆，水泥浆注入量达到 6m^3 时，将插管插入桥塞进行挤入作业，排量控制在 0.3~0.5m^3/min。

d. 注入后置液 1m^3，排量控制在 0.3~0.5m^3/min。

e. 用清水挤水泥作业，排量控制在 0.3~0.6m^3/min，同时观察压力变化，如压力不增加或幅度小，进行间歇性挤水泥；如压力逐渐增加，可进行连续挤水泥作业，总共挤入量不超过 6.3m^3（此时环空内最大吃入量 2.5m^3），最高压力不超过 15MPa。

f. 拔出钻杆，循环洗井，起钻候凝。

（五）施工难点及技术措施

1. 施工难点

（1）施工排量小、压力高，对设备性能要求高，施工安全性较低；

（2）套管外全是空井段，易造成水泥下沉，堵塞下部取水段。

2. 主要措施

（1）选用性能可靠的承留器，确保坐封一次性成功率和密封性。

（2）优选固井设备，选用性能良好的水泥车、高压弯头以及高压水龙带或 2in 高压硬管线。

（3）注入水泥浆量和挤入量要求计量准确，挤入总量不超过理论计算量。

（4）提前做好起钻准备，起钻时保持匀速上提。

（六）水泥浆性能设计

水泥浆配方：G 级水泥+纤维增韧剂+分散剂+降失水剂+消泡剂+现场水。

水泥浆性能见表 3-7。

表 3-7　水泥浆性能

水泥浆密度 g/cm³	流动度 cm	失水量，mL（6.9MPa，30min）	实验温度 ℃	实验压力 MPa	稠化时间 min	24h 抗压强度 MPa
1.88	<22	<150	60	0.1	120~150	<14

（七）施工设备及材料准备

1. 设备

水泥车 1 台，灰罐车 1 台，供水车 1 台，高低压管汇各 1 套，井口工具 1 套。

2. 材料

G 级水泥 10t；降失水剂 1.2t；分散剂 0.2t；纤维增韧剂 0.4t；消泡剂 SWX-10.1t；淡水 30m³（井队备）。

（八）施工注意事项

（1）施工前检查好固井和钻井队设备，确保施工顺利；

（2）施工前井队应先进行钻具试压，确保钻具有足够的承压能力且各连接处密封；

（3）高压作业开始后，作业区禁止非施工人员进入，同时作业人员做好安全工作；

（4）当挤入浆量到计算量或挤水泥压力高于 15MPa 时，停止挤水泥作业，拔出插管循环洗井，循环出来的水泥浆及时放掉；

（5）挤水泥结束后 48h，方可进行后续作业。

任务实施

一、任务内容

（一）目的要求

（1）能看懂挤水泥作业设计；

（2）能进行挤水泥作业。

（二）资料、工具

（1）学生任务单；

（2）参考相关资料完成部分挤水泥施工作业设计。

二、任务要求

考试形式及时间：采用笔试，时间为20min。

任务考核

一、理论考核

（一）填空题

（1）常用的挤水泥技术方法按照注入压力与地层破裂压力大小关系分为________和________；按照加压时井筒分隔情况分为________、________和________；按照泵入技术分为________和________。

（2）水泥浆设计时主要考虑的水泥浆的________和________性能。

（3）挤水泥施工常用于________、________、________、________、________和________。

（4）为保证水泥浆与其他工作液的隔离通常要求前置液和后置液在挤水泥管柱中的高度不少于________ m。

（5）不论采用封闭井口挤入法还是采用承留器法，在挤注水泥施工完成后，上提及水泥管柱前都需要进行的操作是________。

（二）简答题

（1）简述承留器法挤水泥技术和封隔器法挤水泥技术的区别。

（2）在设计顶替液用量时需要考虑的因素有哪些？

二、技能考核

（一）考核项目

通过查阅相关资料补全部分挤水泥施工设计方案。

（二）考核要求

（1）准备要求：查阅相关信息。

（2）考核时间：30min。

（3）考核形式：笔试。

项目五　固井作业异常情况分析与处理

任务描述

固井施工的效果好坏不仅影响作业井能否顺利完井，同时也决定了作业井后期能否长期有效地投入生产。固井施工过程中的个人操作、设备运行、固井原料以及井下条件等多种因素均会影响固井质量。而固井过程中出现的异常情况有时也不会直接指向诱因，一名合格的钻井工要处理的首要问题就是当面对常见固井异常问题时能有的放矢地寻找出诱发异常的直接原因，并能快速找到有效的解决方案。

任务分析

通过本任务的学习能够分析固井施工过程中常见异常情况产生的原因，针对各种固井作业异常情况的相应诱因能掌握相应的异常情况处理办法。

学习材料

一、地面施工常见异常及处理

（一）操作不当

1. 管路阀门开关不正确

管线试压后，水泥头工没能及时将往前置液管路上的球阀打开，操作手在得到开泵注入指令后，会发生管路压力异常升高甚至是管线爆裂现象，这时施工技术人员要及时指挥操作人员停泵放压，并将注入管路上的阀门开到正确位置后再进行施工作业。

完成水泥浆预混后进行泵送作业时，如没有将增压泵向大泵灌注的阀门打开（BJ 水泥车），或没有将混合罐通向大泵的阀门打开（CPT-Y4、GJC40-17、GJC100-30 水泥车），都会导致水泥浆不能被泵入井内，混合罐内水泥浆外溢这时要停止水泥浆的混拌，及时打开通向大泵的阀门，待混合罐内水泥浆液面正常后再开始正常作业。

2. 注水泥浆过程中操作不正确

使用漏斗混合器进行初始混合水泥浆时，干水泥将漏斗混合器堵死，造成混拌水泥失败，这时要停止注水泥作业，用撬棍将堵死的漏斗混合器通开。造成堵漏斗的原因主要有两个：一是在进行混拌水泥开始时，操作人员没有将底盘车发动机转速提高，为清水泵和再循环泵提供动力的液力系统压力不够，处理的办法是先提高底盘车发动机转速，然后再重新开始水泥浆的混拌泵送作业；二是从漏斗混合器到混合罐的管线有内扒皮，使漏斗混合器中的水泥浆不能顺利地进入混合罐，导致堵漏斗，处理办法是更换管线。

使用水泥浆密度自动控制系统进行水泥浆混拌作业时，在下灰罐车要进行倒罐作业前，由于下灰罐车提供的干水泥量小，很多操作手习惯将灰截流阀由自动位置打到手动位置操作，当下灰罐完成倒罐作业后，干水泥供给量迅速增大，水泥浆密度提高迅速，操作手常常错误以为水供不上，就对自动控制系统下达停止混拌的指令，而此时灰截流阀是在手动位置，不服从下达的关闭指令，造成混合罐内大量干水泥填充，造成混拌不能进行，即所谓的“砸罐”。这时施工技术人员要马上通知水泥头工将钻台上注水泥管线的球阀关上，防止高密度水泥浆进入井内。同时用洗车管线冲洗和用循环泵反冲的方法来迅速解决问题，如果不能很快恢复作业，应安排备用水泥车来完成水泥混拌和泵送作业。

在使用外加剂水泥浆体系进行注水泥作业时，常常出现水泥车密度计指示值低于人工测量值的问题，致使现场施工技术人员无法正确判断水泥浆密度。这时施工技术员要根据施工前完成的操作来判断，施工前一般对水泥车密度计标定两点：一是在管线空时标定一次，将密度计测量状态认定为“零”；二是在预混水泥浆前，管路中充满配浆水时标定一次，此时将密度计读值标定为“1”。这一标定过程是否精确将会直接决定密度测量是否准确，原因是标定的液体密度通常不是“1”。例如现场常用混配液（胶乳），自身有一定的黏性，在使用循环泵循环标定时常起泡，其自身的密度值小于“1”，而在标定时将其认定为“1”，其结果是水泥车自动混配系统在进行水泥浆作业时控制的实际的水泥浆密度低于设定值，导致将低于设计密度的水泥浆泵送到井内。解决这类问题的办法有两种：一是在标定时尽置用清水作为标定液体，在用混有药液的液体进行密度标定时，要加入消泡剂，消除起泡造成的影响；二是将人工计量的密度计事先校正好，当出现车载密度计测量值小于人工计量值时要以人工计量值为准，但这时切记一定要重新设定水泥车自动控制系统的水泥浆密度，设定值应为设计水泥浆密度加上车载密度计与人工计量值偏差（如设计水泥浆密度 1.900g/cm^3，测量差为 0.015g/cm^3，这时重新在水泥车上输入的水泥浆密度值应为 1.915g/cm^3）。

（二）设备故障

1. 清水泵不能正常工作

在固井施工时，清水泵经常发生不正常工作现象，导致混配水泥浆出现异常。在用漏斗混合器进行水泥混拌时，会出现堵漏斗现象，这时要停止水泥浆的混拌作业。有些水泥车配有双清水泵，只需要启动备用水泵工作即可；对于单水泵的单机单泵水泥车，只能换备用水泥车。

2. 再循环泵不能正常工作

在固井施工时，再循环泵常有不正常工作的现象发生，会导致混配速度降低，保证不了水泥浆密度。此时，施工技术员要综合考虑水泥车的配置和现场要求来采取有效处理，首先要判断增压泵不能正常工作的原因，对于叶轮被卡问题，可以用小管钳盘一下增压泵的轴，就有可能解决问题，或者是拆松增压泵的外壳，再盘一下轴，就能解决问题，恢复作业。如果是楔形键失效等其他原因，对于单机单泵漏斗混配的水泥车，这时要更换备用的施工水泥车完成后续作业；对于密闭混配，有搅拌器的水泥车，可以利用搅拌器来完成后续较小量的作业；对于配有紧急混拌装置的水泥车，可以使用紧急混拌装置完成水泥浆的混拌作业，其原理是利用一个大泵作为清水泵提供混合用清水，利用地面漏斗混合器完成水泥浆混配，用另外一台大泵边抽汲边泵送，完成注水泥浆作业。

3. 柱塞泵不能正常工作

柱塞泵（即高压注水泥泵）工作异常情况主要有以下两种情况：

一是泵送水泥浆作业时，泵入井内的排量明显大于混配速度。这时大泵的排出管线也有异常抖动，表明大泵阀有卡阻，造成泵排出效率低，严重时大泵会出现液体泵送不出去的现象。对于高速短冲程的柱塞泵（如 BJ 水泥车），可以采取提高柱塞泵冲数来解决阀卡阻，如果不能得到解决，就要暂停注水泥作业，拆开柱塞泵液力端阀盖，清除上水阀和排水阀上卡的杂质，更换严重损坏的阀，然后恢复泵送水泥浆作业。

二是泵送作业时，常发生柱塞上的水封或油封失效的情况，造成液力端液体（水泥浆或钻井液）泄漏。这时要根据后续作业量来采取处理方法，如果后续作业不多，可以在完成作业后更换密封；后续作业量大、工作时间长，则要更换后才能进行泵送作业，或更换备用水泥车来完成作业。

4. 底盘车不能正常工作

在固井施工时，水泥车上装液力系统会出现压力低的情况，通常是由于驱动液力泵的底盘车工作不正常，不能提供足够的转速造成的，多数的原因是燃料油中的杂质堵塞了油管，这时要准备好备用车，一旦发现施工无法正常进行立即更换设备。

5. 下灰罐车不能正常工作

下灰罐车在固井施工中不能正常提供气化的干水泥。常见的有两种情况：一是压风机皮带打滑，保证不了足够的气压，这是可以向压风机皮带上撒上一些干土，坚持下完水泥，回厂后更换皮带；另外一种情况是压风机万向节的十字轴断裂，这时可以用另外一台灰罐车的压风机配气，完成干水泥的输送。

6. 计量仪器不能正常工作

现场用的固井计量仪器仪表主要完成井口压力、密度和入井液体流量这 3 个参数的计量和显示。

压力传感器多为应变片式的，用久了会发生零点漂移和应变片脱落，会造成压力无法显示，此时可以观察水泥车上的压力表来判断井口压力，井口压力一般情况下要比水泥车压力表显示的压力低 1~2MPa。

密度计一般为放射性密度计，密度传感器多为玻璃管的，在连接管线时，强烈的振动会使传感器损坏，现场无法修复。这时可以观察注水泥车上质量密度计，并结合现场人工称量来确定和控制入井水泥浆密度。

现场使用的流量计绝大多数是涡轮流量计，在施工时常发生的异常问题有：(1) 显示的排量高于实际排量，这是由于计量液体中有杂物（如胶垫、石块等）造成过流面积减少，涡轮转速虚高。(2) 显示的排量低于实际排量，这是由于计量液体中有杂质（如丝袋线、小铁片等）缠卡住叶轮，使涡轮转速虚低，施工技术员要参考最初的排量、水泥车排量和大泵排量来判断正确的排量，以免造成施工事故。(3) 涡轮流量计在进行数次现场固井作业后，计量精度满足不了要求，应对涡轮流量计要定期校验，更换磨损了的叶片和轴承。(4) 对现场流量计量范围考虑不全面，会导致计量精度不高。原因是涡轮流量计的计量范围分为高精度区域、正常使用区域、扩大使用区域和低流量区域，要充分考虑现场施工流量计量范围，然后选择流量计，保证计量作业大部分在高精度区域。(5) 现场作业时，当用涡轮流量计计量特种水泥浆体系和钻井液体系时，计量不准确，这是因为涡轮流量计的计量数学模型与被测介质的物理性质（介质密度、介质黏度）有关，测量不同类型的液体时，要选用不同的流量系数，保证较高的计量精度。

7. 供水车不能正常工作

在现场施工时常常用车载的离心泵组来供水，离心泵组一般是由两台离心泵组成，现场常见的异常主要是离心泵的动力传动的楔形键失效，导致离心泵不能工作，或者是传动套（一般为尼龙的）破损，这时要根据现场施工进行程度来判断是否更换设备。

（三）原材料杂质

1. 水泥中有杂质

下灰罐车在下灰过程中常出现下灰蝶阀不能正常开关的情况，这主要是干水泥中混有的杂物卡在阀门处造成的，可以用手锤敲击蝶阀处，利用振动消除阻卡，恢复正常。

使用密闭下灰的水泥车注水泥工作时常发生的异常是混配头的灰截流阀不能自由开启，造成注水泥失败。主要原因是水泥中的杂质（多数情况下为小铁片）卡在灰截流阀的内外阀板缝隙中。解决方法是在注水泥作业前要检查灰截流阀的内阀板是否已被冲蚀严重，如果严重要及时更换，同时要对灰截流阀进行注润滑油（腊）保养作业，对缝隙进行填充。在注水泥作业过程中发生的阻卡，要暂停作业，反复多次旋转灰截流阀（当自动方式不能完成时，可以用手动方式进行)，直到阻卡现象得到解决，如果解决不了，应更换备用设备。

2. 钻井液中有杂质

在固井施工的顶替作业时，会察觉到仪表计量的数值偏小或偏大，施工技术人员要提前估算好顶替量，避免造成高速顶替时碰压或碰不上压的问题，钻井液中的丝袋线或胶垫都会造成计量不准确。

（四）固井附件问题

1. 水泥车上水管线

在现场施工时，水泥车在从水罐车内抽水时发生抽不上来的现象，常常是因为上水管线漏气或发生内扒皮现象，这时要更换其他水泥车上的供水管线来完成作业。

2. 高压软管线

在现场施工时，时常发生高压软管线爆裂或憋压情况，这是由于高压软管使用时间长而使管线老化发生了内扒皮现象，或者是注入过腐蚀性液体造成了管线内层扒皮，要及时更换新的高压软管线完成作业。

3. 弯头

在现场施工时，弯头发生刺漏现象的主要原因是密封垫子发生了损坏。如果施工正在进行，为保证施工的连续，可以不用更换弯头；如果是处在试压或求碰压阶段，要暂停作业，更换完后再进行作业。

二、施工过程井下异常与处理

（一）固井施工前井下异常

1. 循环洗井压力过高

理论上讲，循环压力只应是沿程阻力作用的结果。如果由于洗井不充分，钻井液中固相含量过高；钻井液黏度以及切力过高；井壁坍塌脱落造成环空不畅等原因，应加大洗井排量或处理钻井液性能后使压力降至正常值以后方可施工。

如果是由于环空间隙过小，导致环空流速过快，应适当降低洗井排量，以防止冲毁井壁或坍塌。

2. 在洗井过程中发现钻井液中有油气显示

首先应判断是否是油气侵造成的，如长时间大量的油气显示，则应提高钻井液相对密度，延长循环时间，适当提高洗井排量，直至油气消失。

3. 循环洗井时发现微漏

继续加大排量循环，如漏失加重，应进行堵漏处理，如循环一段时间以后，形成滤饼，微漏停止，方可固井。

4. 停泵后套管悬重异常

悬重增加一般发生于定向井或事故井，是由于井眼不畅造成套管受卡或定向井的键槽造成套管受卡。应先行处理，待解卡后方可固井。如果套管悬重变轻，应先核算在去除钻井液浮力影响并校正指重表。排除此因素外，应是套管断或螺纹开，应拔套管并对扣打捞。

（二）下套管异常

套管阻卡复杂情况一般可分为套管黏附卡、井眼缩径卡以及井眼坍塌或砂桥卡。对于套管黏附卡的处理方法主要是保持钻井液循环，反复活动套管，或用解卡剂浸泡。对于缩径卡及井眼坍塌或砂桥，主要在于逐渐增加循环压力，以期靠钻井液的切力冲散砂桥，并且进行套管划眼操作。

（三）注隔离期间发生井漏

在注隔离期间，发现井口返出量减少，应停注隔离液，继续循环钻井液；若注入量与返出量差较大，说明井漏严重，应进行堵漏处理到循环正常后，停泵固井。

（四）注水泥浆期间异常

在注水泥浆期间主要有以下几种异常情况：

（1）调整井固井注水泥初期，水泥浆密度没有达到设计范围内，且经过整改仍未达到设计要求。这时应更换水泥车，利用另一台水泥车进行注水泥作业。若无法实现，采取把水泥浆全部循环出井，洗井甚至拔套管，重新进行下套管和固井作业。

（2）注水泥浆期间，因设备机械故障无法继续注水泥，处理方法是：①采取更换注水泥设备，完成注水泥作业。②在无设备更换或已更换的设备仍不能作业，要认真计算注入井内的水泥量是否可封固油顶。若可以，结束水泥作业，开始顶替作业。否则，对于调整井，注水泥量小于300袋，可将水泥浆循环出地面，洗井甚至拔套管重新组织固井；对于开发井、探井，开始顶替作业待声幅测井后，根据水泥返高决定是否进行修井补救。

（3）注水泥浆后期突然出现井漏。首先根据钻井工程情况和井漏时循环泵压判断井漏层位，若断定漏失层位在封固段或油层顶部以上，可继续注水泥作业直到施工结束。若断定漏失层位在油层顶部以下，可停止注水泥，循环出钻井液，采取重新固井作业的方法。当然这种处理方法适合调整井和较浅开发井，对深井、探井和封固段长的开发井，应继续注水泥至设计量后开始顶替作业，待封固质量检测完毕，确定是否采取补救作业。

（4）注水泥期间压力激增。原因是：①留水泥塞过长或灌香肠，使施工无法继续进行；②胶塞提前下井，应停止施工，检查予以确认井下异物；③在下套管时的井下落物或环空落物堵塞在浮箍上造成憋压或环空堵塞；④机械故障造成注水泥停顿，水泥浆静止时间长，形成网状结构迅速稠化造成二次开泵困难；⑤管线内扒皮或水泥杂质过多或结块过多。

压力激增时，不得不停止施工，应候凝48h后，先钻掉水泥塞，后检测管外水泥返高，确定下步方案。

（5）注水泥浆结束，压完胶塞后，发现井漏，应开始顶替作业，待声幅测井后再决定是否进行修井作业。

（6）调整井注水泥期间，注水泥浆设备混配速度过低（小于10袋/min）时，应按较低混配速度计算施工总时间是否超过水泥浆稠化时间，若时间允许，可继续注入设计量后，进行下一步施工。若超过，更换设备；若没有设备可更换，替出已入井的水泥浆，重新进行固井作业。

（7）水泥浆闪凝。水泥浆闪凝是指在注水泥或替浆过程中由于水泥浆性能发生突变，水泥浆提前发生稠化或凝固，造成固井失败。水泥浆发生闪凝后要立即根据现场施工情况，在保证设备和井下安全的条件下用高泵压顶替，如果可能，应迅速接水泥车顶替，尽可能多将水泥浆替到环空内，后采用挤水泥的方法补注水泥。

（8）水泥浆触变性致使顶替液顶不进去。水泥浆发生触变性后要根据现场施工情况，可在配浆水中加入分散剂，并确保连续施工。

（9）水泥浆过度缓凝复杂情况。水泥浆过度缓凝是指由于水泥浆稠化时间过长，造成水泥石强度发展缓慢甚至不凝固，无法有效封固油气水层。水泥浆过度缓凝后只能延长水泥浆候凝时间，待水泥浆凝固后才能进行下步作业。

（10）注水泥浆期间发生起泡严重。首先应立即停止注灰，防止低密度水泥或清水入井，然后加入足够量的消泡剂，降低混配速度，提高灰浆相对密度，待无泡后方可继续施工。必要时可以将多泡低密度水泥浆排掉。

（五）压胶塞时异常

在压胶塞时，如果发现胶塞在注水泥期间已下井，应立即停泵，起套管，洗井，重新组织下套管、固井。若压胶塞作业完成后发现胶塞仍未下井，应检查水泥头及压胶塞管路，核实液体是否进入套管，如果压塞液已经进入套管，应卸下水泥头，直接采用循环接头进行顶替作业，留足水泥塞；如果压塞液未进入套管（如液体进入其他管路），应导通管路阀门，继续开始顶替作业。

（六）顶替钻井液时异常

（1）顶替钻井液时突然提前碰压，应进行管内试压检查碰压是否属实，试压 20MPa 稳住，结束施工。待声幅测井后，视情况制定补救措施。

（2）顶替液已达到设计替量，如果仍未碰压，处理措施如下：

① 停泵，关闭井口替泥浆管线上的球阀，进行管线憋压，检查地面管汇是否有泄露处，同时根据瞬时流量、时间及泵车工作情况判断替入量是否准确，并检查水泥头内胶塞是否落井。

② 若胶塞未落井，停止顶替，敞压候凝。

③ 若胶塞已入井，地面管汇有泄漏或认为未达到总的替量，注意观察碰压时的压力。

④ 若胶塞已入井，地面管汇无泄漏，替入量计量基本准确，可继续顶替，观察替压，但替量不要超过浮箍深度以下井眼容积量。若达到此量仍未碰压，停止顶替，敞压候凝。

（3）顶替中途出现井漏，应继续顶替，直至碰压为止。

（4）顶替过程中，如果压力突然升高，超过正常替压 4~5MPa，应注意观察泵压，在顶替泵额定压力范围内，仍以原来的速度顶替，若压力继续增加，可适当降低泵速，不可停泵，防止再开泵后顶替困难，直至碰压为止。

（5）顶替过程中，由于停电等造成大泵不能供钻井液，应把清水作为顶替液，向顶替车供清水，继续顶替，直至碰压。

（6）顶替钻井液过程中，若因设备机械故障不能继续顶替作业，应立即更换可实现顶替作业的泵车，直至碰压。

（7）顶替钻井液过程中，若替压低于正常压力 4~5MPa，首先应判断压力表是否工作正常，排除压力表不准的可能性。其次检查套管悬重，若悬重减少很多，说明套管已断或脱扣，停止顶替，开始事故处理；若悬重正常，可继续顶替。顶替过程中，认真观察顶替压力的变化，随时掌握顶替量和速度，若顶替达到设计量都未有碰压显示，对于中深探井需停止顶替，对于调整井，可继续顶替，顶替压力稳定，说明套管有漏失，在顶替过程中，注意观察井口压力和顶替量，直到漏失流体达到井口为止。

（8）调整井油层固井顶替钻井液过程中，若发现水泥浆已返出地面，应继续顶替直至水泥浆全部返出地面，然后再进行工程事故处理。

（9）套管内“灌香肠”。在注水泥结束后替钻井液中途发生替不动，使部分水泥浆灌在套管内，造成“灌香肠”事故，具体原因如下：

① 由于套管串浮箍中的起单流阀作用的尼龙球掉入浮鞋上，堵塞了通道。

② 在探井固井时，由于注水泥时间长水泥浆密度高致使水泥浆因失水、稠化胶凝形成环空堵塞。

③ 注灰中途胶塞入井。

④ 在注隔离液前，胶塞落入套管内（胶塞提前下井），使所注入的隔离液及水泥浆全部留在套管里造成“灌香肠”事故。

⑤ 水泥浆体系性能未能满足设计要求。

⑥ 套管内有落物，阻断套管内外通道。

⑦ 井壁坍塌阻断环空通道。

水泥浆发生灌香肠后要立即根据现场施工情况，在保证设备和井下安全的条件下用高泵压顶替，如果可能，应迅速接水泥车顶替，尽可能多将水泥浆替到环空内，后采用挤水泥的方法补注水泥，否则只有拔套管。

（10）替空。在替泥浆过程中，由于所替泥浆返入环形空间而造成封固井段下部的环空无水泥（浆）的现象称替空。发生的替空现象有以下类型：

① 在求碰压时，碰不上压造成多替泥浆，主要原因是阻流环（浮箍）脱落无胶塞（或胶塞无铁板）或套管内有落物。

② 下部管串密封不好，在替完泥浆试压时压力稳不住，进行重复试压，将底部套管串外的水泥预替走而发生替空。

（11）如果碰压后试压有压力降。

① 套管本体刺漏，维持施工压力关井候凝；

② 地面管汇及水泥头刺漏，应在检查后重新更换或接好，重新试压；

③ 胶塞不密封，维持施工压力关井候凝。

三、常见固井工程异常原因分析

（一）表层固井替空

表层固井时，由于将上井的水泥全部注完未返出地面，替到设计量后未返出而继续顶替，直至将水泥浆替到地面。由于水泥不足而多替清水，井底的一部分套管外无水泥浆，发生替空现象。主要原因是施工晚下胶塞，施工技术员经验不足、野蛮施工。

（二）表层固井后喷冒

表层固井应采用混有防气窜膨胀剂的水泥，在固完表层候凝期间，由于表层固井水泥一般上返至地面，水泥浆柱上方无压力，水泥浆膨胀后外冒，直至发生浅层喷冒。因而其主要原因一般认为使用了不合适的水泥浆体系，对水泥的膨胀性未能足够的控制。

（三）注水泥中途胶塞下井

在注水泥未结束时，将水泥头胶塞挡销打开，使胶塞在真空吸力作用下进入套管。替完钻井液后，由于胶塞上面有水泥浆，使浮箍上边的一段套管内形成水泥塞，因此被迫钻水泥塞。原因是施工人员操作失误，未能在注水泥结束后下入胶塞。

（四）固井后井涌井喷

这种情况主要发生在有高压浅气层的高压井，表现为将井内钻井液及水泥浆喷出地面。造成这种情况的原因有：

（1）固井时钻井液密度未达到设计上限。

（2）注入的隔离液太多，固井后环空未压稳。

（3）水泥浆注入过多，将清水隔离液顶到上部高压浅层，使环空压力下降，发生浅层井涌，甚至引起井喷。

水泥浆发生替空事故后要立即停泵，后根据测井曲线用挤水泥办法补救。

（五）固井时井漏和漏封

在注水泥中途发生漏失现象（表现在井口不返泥浆或返出量少于注入量）。这种情况是由于井内存在薄弱地层。在固井施工中发生漏失的井往往因水泥浆漏失而发生漏封目的层的现象。

井漏分上部地层漏失及目的层漏失，其原因是固井作业时由于环空压力（静压力和动压力之和）大于薄弱地层的压力。

漏封是水泥面返高在目的层顶部以下，造成目的层部分井段没有封固，发生的原因是井内目的层段有漏失或注水泥量不够。

井漏和漏封如发生在注水泥过程中，可根据已入井的水泥浆量结合要封固的油气水层位置，可适当少注入水泥浆；如发生在替浆过程中，应根据水泥浆稠化时间和施工时间情况，采用低返速固井技术。

任务实施

一、任务要求

（一）目的要求

（1）能分析固井施工过程中出现异常情况的原因；

（2）掌握固井施工过程中异常情况的处理办法。

（二）资料、工具

固井施工作业指导书、固井施工记录、铅笔、尺子、橡皮等。

（三）制表

制作固井施工异常处理对照表，表3-8为模板。

表3-8　固井施工异常处理对照表

序号	作业阶段	异常显示	故障原因	处理方法
1				
2				
3				
…				

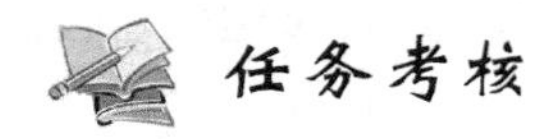

任务考核

一、理论考核

（一）填空题

（1）地面固井施工异常主要包括________、________、________、________四种情况。

（2）柱塞泵工作异常主要有________、________两种情况。

（3）现场使用涡轮流量计测量时显示排量高于实际排量可能是因为________，显示排量低于市价排量可能是因为________。

（4）下灰罐车在下灰过程中不能正常开关主要是因为________，解决办法是________。

（5）水泥车上水管线抽不上水常常是因为________和________。

（6）注水泥期间，因设备机械故障无法继续注水泥的处理办法是：一是________，二是________，否则________。

（二）简答题

（1）简述水泥车密度计显示值低于人工测试值的原因及解决办法。

（2）简述注水泥后期，突然出现井漏的处理措施。

（3）简述顶替钻井液已经达到设计顶替量仍未碰压的处理措施。

（4）简述套管内“灌肠”产生的原因及相应处理办法。

（5）简述固井后井涌井喷产生的原因。

二、技能考核

（一）考核项目

绘制固井作业施工异常处理对照表。

（二）考核要求

（1）准备要求：查阅相关信息。

（2）考核时间：30min。

（3）考核形式：笔试。

学习情境四　固井质量评价

固井工程是钻井完井工程中一个非常重要的环节，固井质量的好坏直接影响油田开发利用的质量和寿命。在油气井建井中，经常要用到各类测井技术对固井后套管与地层的胶结质量进行评价，如最早使用的声波幅度测井（CBL）、目前普遍使用的声波变密度测井（VDL）和目前较先进的分区水泥胶结测井（SBT）。这些测井方法都可用于评价套管与井壁之间的胶结状况，但又各具特点，测井评价技术是从事油气田勘探工作必不可少的技术资料。在本情境中，主要是学习固井质量评价的基本知识以及对固井质量检测结果进行解释。

知识目标

（1）了解声波在介质中的传播特性、声波幅度测井（CBL）、声波变密度测井（VDL）和分区水泥胶结测井（SBT）的原理；

（2）理解声波幅度测井（CBL）、声波变密度测井（VDL）和分区水泥胶结测井（SBT）曲线的特征；

（3）运用声波幅度测井（CBL）、声波变密度测井（VDL）和分区水泥胶结测井（SBT）曲线判断固井质量情况；

（4）掌握影响固井质量的各种因素；

（5）掌握固井质量的分析方法；

（6）了解固井常见异常情况及处理方法。

能力目标

能根据声波幅度测井（CBL）、声波变密度测井（VDL）和分区水泥胶结测井（SBT）曲线特征评价固井质量情况。

项目一　声波幅度测井固井质量分析

任务描述

声波幅度测井（简称声幅测井）可以测量井下声波幅度的大小，主要用于检查固井质量、确定水泥返高。此外，声幅测井配合其他测井方法，可以判断地层裂隙、研究岩石的孔隙度，还可以判断地下出气层位等。

任务分析

通过本项目学习，要求理解声幅测井原理了解声幅测井曲线影响因素及资料解释应用，具备声幅测井曲线分析解释应用能力。

一、岩石的弹性

受外力作用发生形变，取消外力后能恢复其原来状态的物体称为弹性体；而当外力取消后不能恢复其原来状态的物体称为塑性体。一个物体是弹性体还是塑性体，除与物体本身的性质有关外，还与作用其上的外力大小、作用时间的长短以及作用方式等因素有关，一般地说外力小、作用时间短，物体表现为弹性体。

声波测井中声源发射的声波能量较小，作用在岩石上的时间也很短，所以对声波速度测井来讲，岩石可以看作弹性体。因此，可以用弹性波在介质中的传播规律来研究声波在岩石中的传播特性。

在均匀无限的岩石中，声波速度主要取决于岩石的弹性和密度。作为弹性介质的岩石，其弹性可用下述几个参数来描述。

（一）杨氏模量

设外力 F 作用在长度 L、横截面积 A 的均匀弹性体的两端（弹性体被压缩或拉伸）时，弹性体的长度发生 ΔL 的变化，并且弹性体内部产生恢复其原状的弹性力。弹性体单位长度的形变 $\Delta L/L$ 称为应变，单位截面积上的弹性力称为应力，它的大小等于F/A。由胡克定律知道，杨氏模量就是应力 F/A 与应变 $\Delta L/L$ 之比，以 E 表示，单位为 Pa，则

$$E=\frac{\frac{F}{A}}{\frac{\Delta L}{L}}=\frac{F\cdot L}{A\cdot\Delta L} \tag{4-1}$$

（二）泊松比

弹性体在外力作用下，纵向上产生伸长的同时，横向上便产生压缩。设一圆柱形弹性体，原来的直径和长度分别为 D 和 L，在外力作用下，直径和长度的变化分别为 ΔD 和 ΔL，那么横向相对减缩和纵向相对伸长之比为泊松比，用 σ 表示，则

$$\sigma=\frac{\frac{\Delta D}{D}}{\frac{\Delta L}{L}}=\frac{L\cdot\Delta D}{D\cdot\Delta L} \tag{4-2}$$

泊松比只是表示物体的几何形变的系数。一切物质的泊松比都介于 0 到 1/2 之间。

二、岩石的声波速度

声波在介质中传播，传播方向和质点震动方向一致的称为纵波，而传播方向与质点震动方向相互垂直的称为横波。纵波和横波的传播速度与物质的杨氏模量和密度分别有如下的关系：

$$v_{\mathrm{P}}=\sqrt{\frac{E(1-\sigma)}{\rho(1+\sigma)(1-2\sigma)}} \tag{4-3}$$

$$v_S=\sqrt{\frac{E}{2\rho(1+\sigma)}} \tag{4-4}$$

式中 v_P——纵波速度，m/s；

v_S——横波速度，m/s；

E——杨氏模量，Pa；

σ——泊松比；

ρ——岩石和固体物质的密度，g/cm^3。

在同一介质中，纵波和横波的速度比为

$$\frac{v_P}{v_S}=\sqrt{\frac{2(1-\sigma)}{1-2\sigma}} \tag{4-5}$$

由于大部分岩石的泊松比约等于0.25，故纵、横波速度之比约为1.732。由于纵波速度大于横波速度，且横波不能在液体中传播，目前，声波测井主要是研究纵波的传播规律。

由式（4-3）可知，岩石的纵波速度将随岩石的弹性加大而增大。但却不能随着岩石的密度的加大而减小，这是因为随着岩石密度增大，杨氏模量有更高级次的增大，所以随着岩石密度增大，岩石纵波速度增大。

对于沉积岩来说，声波速度除了与上述基本因素有关外，还与下列地质因素有关。

（一）岩性

实践证明，不同岩性的弹性和密度不同，因此不同岩石其声波速度是不相同的。一般是声波速度随岩石密度的增大而增大。一些常见的介质和沉积岩纵波速度见表4-1。

表4-1　介质和沉积岩的纵波速度

介质（0℃，1atm）	声速 m/s	时差 μs/m	介质	声速 m/s	时差 μs/m
空气	330	3000	泥质砂岩	5638	177
甲烷	442	2260	泥质灰岩	3050~6400	330~154
石油	1070~1320	985~757	盐岩	4600~5200	217~193
水，一般钻井液，滤饼	1530~1620	655~620	无水石膏	6100~6250	164~163
疏松黏土	1830~2440	548~410	致密石灰岩	7000	141
泥岩	1830~3962	548~252	致密白云岩	7900	125
渗透性砂岩	2500~4500	400~220	套管（钢）	5340	187

（二）孔隙度

从表4-1可以看出：孔隙流体相对岩石骨架是低速介质，所以岩性相同孔隙流体不变的岩石，孔隙度越大，岩石的声速越小。

（三）岩层的地质时代

深度相同、成分相似的岩石，当地质时代不同时，声速也不同。老地层比新地层具有较高的声速。

（四）岩层埋藏的深度

在岩性和地质年代相同的条件下，声速随岩层埋藏深度加深而增大。这种变化是因为受上覆地层压力增大的影响，岩石的杨氏模量增大。岩层埋藏较浅的地层，埋藏深度增加时，其声速变化剧烈；深部地层，埋藏深度增加时，其声速变化不明显。

从上述分析看出，可以根据岩石声速来研究地层，确定岩层的岩性和孔隙度。

三、声波在介质中的传播

声波在通过不同的两种介质的界面上时将产生折射和反射现象，如图 4-1 所示。

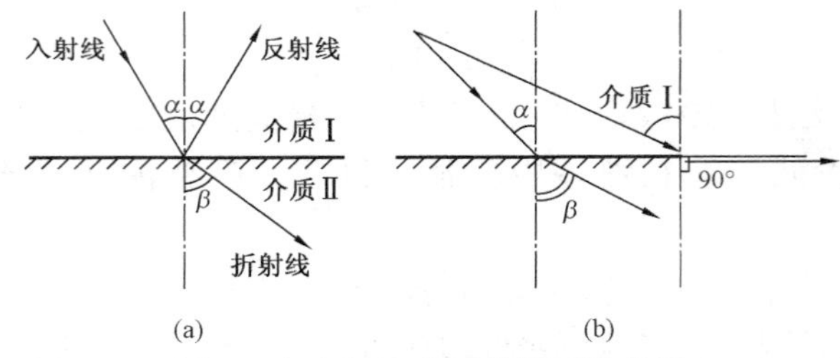

图 4-1　声波在介质分界面的传播

根据折射定律：

$$\frac{\sin\alpha}{\sin\beta}=\frac{v_1}{v_2} \tag{4-6}$$

式中　α——入射角，（°）；

β——折射角，（°）；

v_1，v_2——介质 I 、介质 II 的声波速度，m/s。

由于 v_1 和 v_2 为固定值，因此当 $v_1<v_2$ 时，随入射角 α 的增大，折射角 β 也将增大，当入射角增大到某一定值时，折射角可以达到 90°。这时的折射波将沿界面在介质 II 中滑行，称为“滑行波”。此时的入射角称为临界角 i，其数值为

$$\sin i=\frac{v_1}{v_2} \tag{4-7}$$

四、岩石的声波幅度

声波在岩石介质中传播的过程中，由于内摩擦的原因，总有部分声波能量转变为热能，而造成声波能量的衰减，使声波幅度（声波能量与幅度的平方成正比）逐渐减小。这种声波幅度衰减的大小和岩石的密度以及声波的频率有关。密度小，声速低，幅度衰减大，声波幅度低。

声波由一种介质向另一种介质传播，在两种介质形成的界面上，将发生声波的反射和折射，如图 4-1 所示。入射波的能量一部分被界面反射，另一部分透过界面在第二介质中传播。反射波的幅度取决于两种介质的声阻抗。所谓声阻抗（以符号 Z 表示），就是介质密度和声波在该介质中传播的速度的乘积：

$$Z=\rho v \tag{4-8}$$

两种介质的声阻抗之比 $Z_{\text{I}}/Z_{\text{II}}$ 称为声耦合率。介质 I 和介质 II 的声阻抗差越大，则声

耦合越差。声波能量就不易从介质Ⅰ传到介质Ⅱ中去，通过界面在介质Ⅱ中传播的折射波的能量就越小，而在介质Ⅰ中传播的反射波的能量就越大。如果介质Ⅰ和介质Ⅱ的声阻抗相近时，声波耦合得好，声波几乎都形成折射波通过界面在介质Ⅱ中传播，这时反射波的能量就非常小。

通过声波幅度的测量可以了解地下岩层的特点或检查固井质量及相关问题。

五、固井声幅测井

（一）固井声幅测井原理

声波在介质中传播时，引起质点振动，能量逐渐被消耗，声幅逐渐衰减，其衰减的大小与介质的密度、声耦合率等因素有关。

声幅测井使用单发单收下井仪进行测量，如图 4-2 所示，从发射探头发出的声脉冲，经过各种途径到达接收探头，其中沿套管传播的滑行波（套管波）首先到达接收探头，然后是地层波和泥浆波，固井声幅测井只记录首至波（套管波）的波幅。

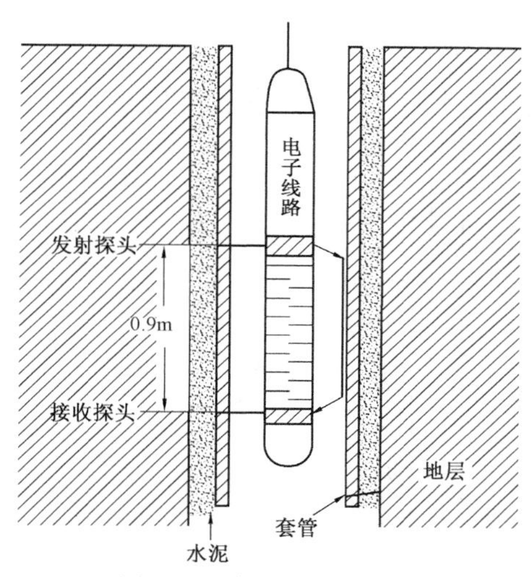

图 4-2　声幅测井示意图

套管波幅度的大小与套管及周围介质之间的声耦合情况有密切关系。当套管外无水泥或水泥与套管胶结不好时，套管与水泥之间的声耦合较差，套管波的能量仅有很少一部分传到水泥或管外的钻井液中，大部分到达接收探头，这使接收探头收到的套管波很强。相反，在固井胶结良好情况下，套管与水泥环的声耦合较好，大部分声波能量进入水泥环，这时接收探头收到的套管波很弱。因此，通过测量套管波的幅度变化可以了解套管与水泥的胶结情况。

（二）影响固井声幅测井的因素

1. 测井时间的影响

一口井固井后，在不同时间测量出的声幅曲线的形状与幅度是不同的。若测井时间过早，水泥尚未固结，这使沿套管滑行的套管波能量衰减小，测井曲线会出现高幅度值的假象。若测井时间过晚，由于水泥沉淀固结及井壁坍塌等现象可造成无水泥井段低幅度值的假象。因此，应根据现场实际情况确定测井时间，一般情况下，在固井后 24～48h 之间进行声幅测井效果最好。

2. 水泥环厚度的影响

水泥环厚度增加，可以使套管中声波能量分散，因而减小了套管波的幅度。水泥环越厚声幅值越低，当水泥环厚度足够大时，水泥环的厚度对套管波幅度的影响不明显了，因此，在应用声幅测井曲线检查固井质量时，常参考井径曲线。

3. 井筒内钻井液气侵的影响

井筒内钻井液气侵，可以使钻井液的吸收能力提高，造成声幅测井曲线出现低值现象。在这种情况下，容易把没有胶结好的井段，误认为是胶结良好，应注意。

（三）固井声幅曲线及其应用

固井声幅测井曲线如图 4-3 所示，仪器记录点定在发射探头和接收探头的中点，其测量结果反映在发射探头和接收探头间的套管中传播时，套管波首波幅度的平均值。测量结果用毫伏表示。

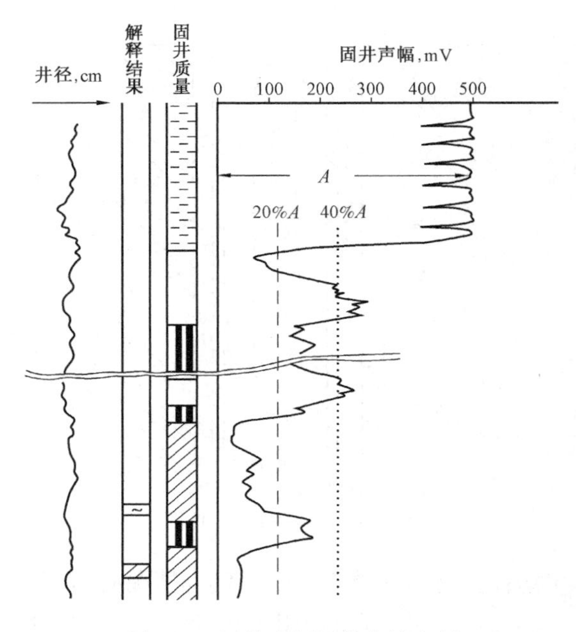

图 4-3　固井声幅测井曲线实例

因为每口井的泥浆性能、套管尺寸与质量、水泥标号及外加剂等可能不同，在不同的井内测得的声幅曲线无法对比。所以，一般用相对幅度值表示固井质量的好坏。

$$相对幅度=\frac{目的层井段声波幅度}{无水泥井段声波幅度}\times 100\% \tag{4-9}$$

一般情况下，如果相对幅度小于 20%，表明套管与水泥胶结良好；当相对幅度大于 40%以上时，则表明套管与水泥胶结不好，判断为窜槽；相对幅度介于 20%和 40%之间，表明套管与水泥胶结中等。

利用声波幅度测井可以确定水泥帽和水泥面的位置，水泥帽以下为无水泥段，相对幅度介于 20%和 40%之间，水泥面以下为固井质量段，水泥面以上为混浆段。

声波幅度测井也可以用于查找套管断裂位置，在套管断裂处，由于套管波严重衰减，所以有一个明显的低值尖峰。

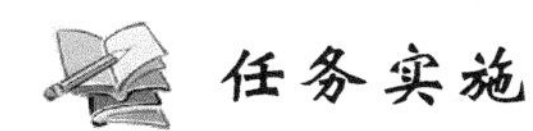

任务实施

一、任务要求

（1）能够正确识读声幅测井曲线；
（2）能够通过声幅测井曲线分析评价固井质量。

二、资料、工具

（1）学生工作任务单；
（2）声幅测井曲线。

任务考核

一、理论考核

（一）名词解释

（1）声阻抗；
（2）声耦合率；
（3）相对声幅。

（二）判断题（如果有错误，分析错误并改正）

（1）声耦合率好，易反射。
（2）固井声幅相对幅度大于20%为固井质量差。
（3）利用声幅测井可识别套管损坏情况。

（三）简答题

（1）水泥胶结测井曲线的影响因素是什么？
（2）如何利用水泥胶结测井判断固井质量？

二、技能考核

（一）考核项目

（1）分析解释固井声幅测井曲线。
（2）绘制不同固井质量下的声幅测井曲线。

（二）考核要求

（1）准备要求：工作任务单准备。
（2）考核时间：30min。
（3）考核形式：口头描述+笔试。

项目二　声波变密度测井固井质量分析

任务描述

声波变密度测井在固井质量评价中是常运用的测井方法，声波变密度测井是一种测量套管外水泥胶结情况，从而检查固井质量的声波测井方法，它可以提供更多的水泥胶结的信息，能反映水泥环的第一界面和第二界面的胶结情况，从而为后续工作提供资料。通过本任务的学习，可以认识和理解声波变密度测井（VDL）的原理、声波变密度测井仪的结构以及根据声波幅度的变化来了解固井质量情况。

任务分析

声波变密度测井是基于声波在介质中传播时的特性的一种测井方法，在学习声波变密度测井方法之前，我们首先要了解声波在介质中的传播特性，然后学习 VDL 利用这种声波在不同介质中的传播特性的测井原理以及 VDL 仪的结构，在这基础上对不同的测井曲线特征来分析固井质量情况。

学习材料

一、单发单收声系声波的传播

图 4-4 所示的单发单收声系，在套管井中，声波从发射探头到接收探头有三条传播路径：沿套管传播（套管波）、通过地层（地层波）、通过井内钻井液直接从发射探头到接收探头（钻井液波）。研究表明，只要源距选择恰当，套管波、地层波和钻井液波将依次到达接收探头。套管波的强弱与套管外水泥环和套管间界面的胶结状况相关；地层波的强弱则同时受到套管—水泥环—地层间界面胶结状况的影响。因此，通过检测套管波和地层波的强弱变化可以反映水泥环与套管、水泥环与地层间界面胶结的程度。在现有的固井质量评价仪中，CBL、VDL 采用单发单收声系，CBL 仪检测沿套管传播到达接收探头的套管波，因而也只能用于反映水泥环与套管间的胶结质量；VDL 与其余几种采用不同声系结构的仪器都同时检测来自套管的套管波和来自地层的地层波，因而都能同时反映水泥环与地层、水泥环与

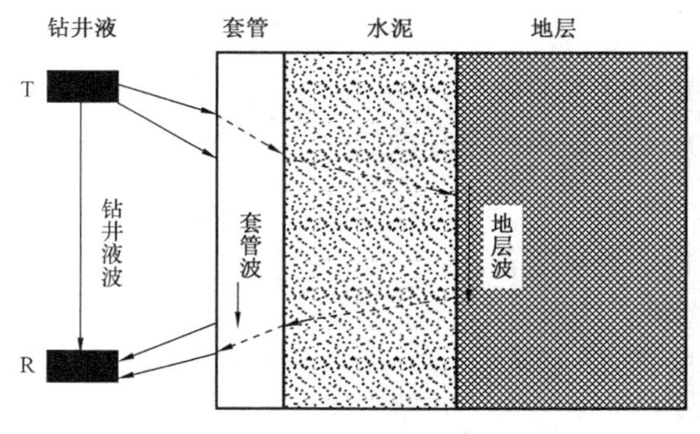

图 4-4　套管井中接收到的声波

套管间的胶结质量。

二、声波变密度测井（VDL）

声波变密度测井仪（VDL）也是利用单发单收声系，由一个发射换能器和一个接受换能器组成，源距为1.5m，声系还可以附加另一个源距为1m的接受换能器，以便同时记录一条水泥胶结测井曲线，但它不仅记录套管波的幅度，而且记录随后到达的地层波和钻井液波的幅度。因此，在任意测量深度，VDL得到的不是一个幅度值，而是表示声波能量强弱的一个波列，如图4-5(a)所示。在套管井中，从发射换能器到接收换能器的声波信号有四个传播途径，即沿套管、水泥环、地层以及直接通过钻井液传播。通过钻井液直接传播的直达波最晚到达接受换能器，最早到达接收换能器的一般是沿套管传播的套管波，水泥对声能衰减大、声波不易沿水泥环传播；所以水泥环波很弱可以忽略。当水泥环的第一、第二界面胶结良好时，通过地层返回接收换能器的地层波较强。若地层速度小于套管速度，地层波在套管波之后到达接收换能器，这就是说，到达接收换能器的声波信号次序首先是套管波，其次是地层波，最后是钻井液波。声波变密度测井就是依时间的先后次序，将这三种波全部记录的一种测井方法，记录的是全波列，所以又称为全波列测井。该方法与水泥胶结测井组合在一起，可以较为准确地判断水泥胶结的情况。

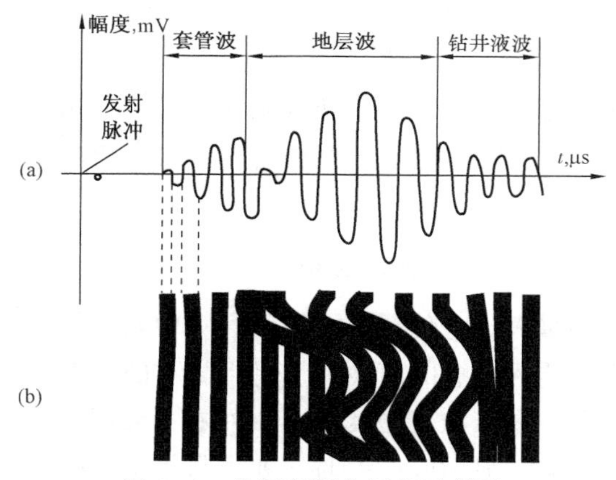

图4-5　变密度测井原理示意图

（a）声波波列；（b）变密度测井幅度—时间记录

为了把接收器接收到的波列记录成随深度变化的连续记录，而每个深度点的波列又不相互干扰，变密度测井一般常采用调辉方式记录，调辉记录是对接收到的波形检波去掉负半周，用其正半周作幅度调辉，控制示波器荧光屏的辉度，信号幅度大，即辉度强，反之，信号幅度小，则辉度弱。接收换能器每接收一个波列，则在荧光屏上按时间先后自左向右水平扫描一次，由照相机连续拍摄荧光屏上的图像，照相胶卷与电缆速度以一定的比例同步移动拍摄，于是就得到了密度测井调辉记录图，黑色相线表示声波信号的正半周，其颜色的深浅表示幅度的大小，声信号幅度大则颜色深，相线间的空白为声信号的负半周，通过线条颜色的深浅变化来表示能量的变化，如图4-5(b)所示。在VDL图上，颜色越深表明波的能量越强；随着颜色逐渐变亮，声波的能量逐渐变弱。在图4-5(b)中，左边条纹代表套管波，中间是地层波，右边是钻井液波。调宽记录和调辉记录所不同的是将声信号波列的正半周的大小变成与之成比例的相线的筹度，以宽度表示声信号幅度的大小。

套管信号和地层信号可根据相线出现的时间和特点加以区别。因为套管的声波速度不变，而且通常大于地层速度，所以套管波的相线显示为一组平行的直线，且在图的左侧。由于不同地层其声速不同，所以地层信号到达接收换能器的时间是变化的。因此，可将套管波与地层波区分开。在强的套管波相线（自由套管）上，可以看到人字形的套管接箍显示，这是因为接箍存在缝隙，使套管信号到达的时间推迟，幅度变小的缘故。

固井后，VDL 图上显示出的套管与水泥环、水泥环与地层间的相互关系主要有以下几种情况。

（一）自由套管

在水泥面以上，套管外被钻井液包围，自由套管和第一、第二界面均未胶结的情况，这时形成套管与钻井液的第一声学界面。由于钻井液的声速小于套管的声速，大部分声能将通过套管传到接收换能器而很少耦合到地层中去，其特征显示为套管波很强，地层波很弱或完全没有。在声波变密度图上，出现平直的条纹；越靠近左边，反差越明显；对应着套管接箍出现人字形条纹，如图 4-6(a) 所示。

（二）第一界面和第二界面都胶结好

在这种情况下，声能很容易从套管传递到水泥环，又从水泥环再传到地层，因此，套管波很弱，地层波很强。在声波变密度图上，左边的条纹模糊或消失，右边的条纹反差大，如图 4-6(b) 所示。

（三）第一界面胶结好，第二界面胶结差

在这种情况下，声波能量大部分传至水泥环，套管中剩余能量很小，传到水泥环的声波能量由于与地层耦合不好，传入地层的声波能量是很微小的，大部分在水泥环中衰减，因此造成套管波、地层波均很弱。在声波变密度图上，左右条纹模糊，信号很弱，如图 4-6(c) 所示。当第一界面胶结好、第二界面胶结差时，如果只看水泥胶结测井曲线就会发现其幅度值低，显示固井质量好，但实际情况却并非如此。有不少油气田就是因水泥环与地层间胶结不好而发生窜槽的。

（四）第一界面胶结差，第二界面胶结好

在这种情况下，套管波很强，地层信号中等显示。如图 4-6(d) 所示，在声波变密度测井图上，左边条纹明显，右边也有显示。这时主要考虑以下两种情况：

（1）如果地层疏松或井眼很大，都可使地层信号减弱；

（2）如果水泥与套管间隙很大，会影响声能传递，也可造成较弱的地层波显示。

（五）第一界面胶结差，第二界面胶结也较差

这种情况与自由套管类似。套管波明显，不仅条纹多，且幅度大，有的井段套管信号占据了地层波和钻井液波的位置，与自由套管的套管波类似。地层波微弱甚至消失，在声波变密度测井图上，反映地层波的条纹基本消失。

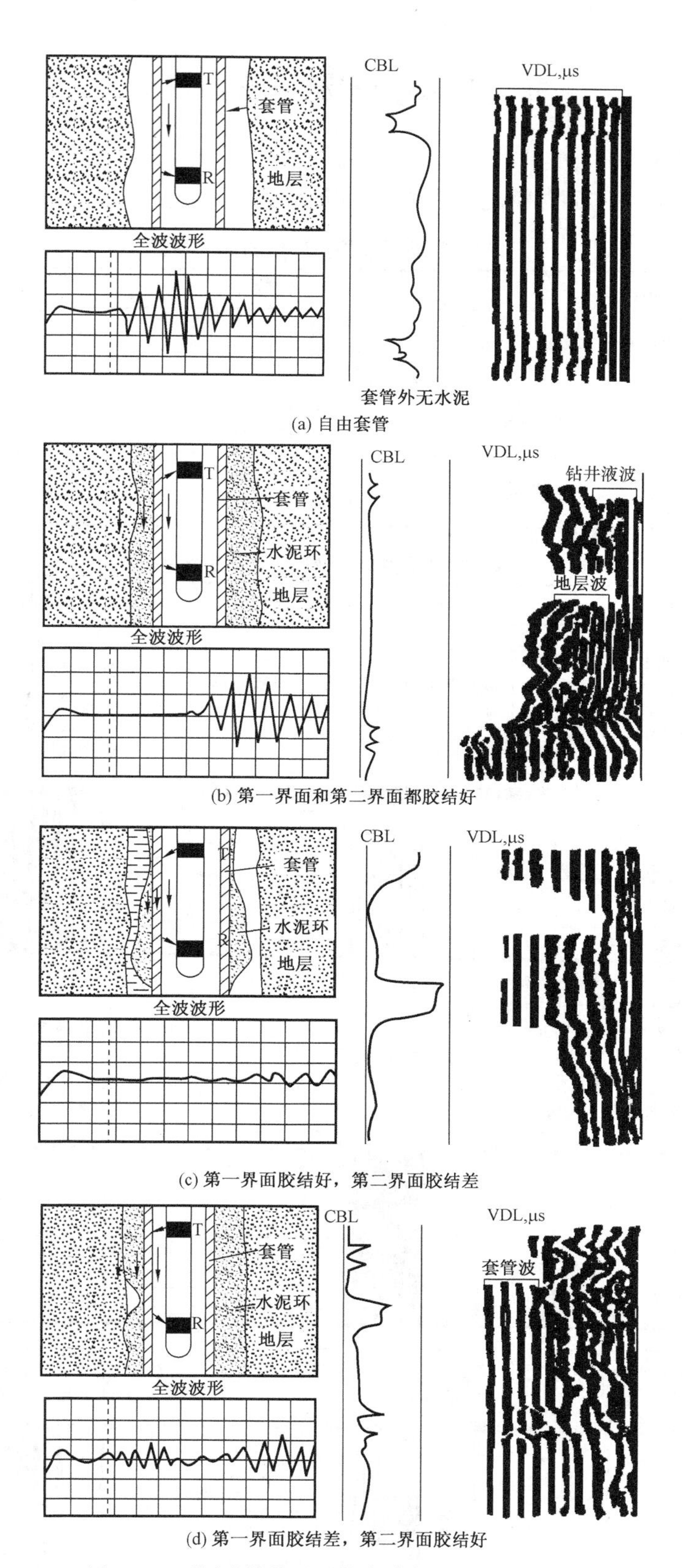

(a) 自由套管

(b) 第一界面和第二界面都胶结好

(c) 第一界面胶结好，第二界面胶结差

(d) 第一界面胶结差，第二界面胶结好

图 4-6　不同胶结状况下的声波变密度图显示特征

三、声波变密度测井（VDL）资料解释方法

（一）定性解释

声波幅度图形特征与固井情况见表 4-2 和表 4-3。

表 4-2　声波幅度图形特征与固井情况

固井情况	波列特征	VDL 图形特点
套管与水泥环、水泥环与地层胶结均良好	套管波弱 地层波强	左浅 右深
第一界面胶结良好而第二界面未胶结	套管波弱 地层波也弱	左浅 右浅
第一界面未胶结或套管外为钻井液	套管波强 地层波弱	左深 右浅

表 4-3　CBL 和 VDL 响应特征与固井质量的关系

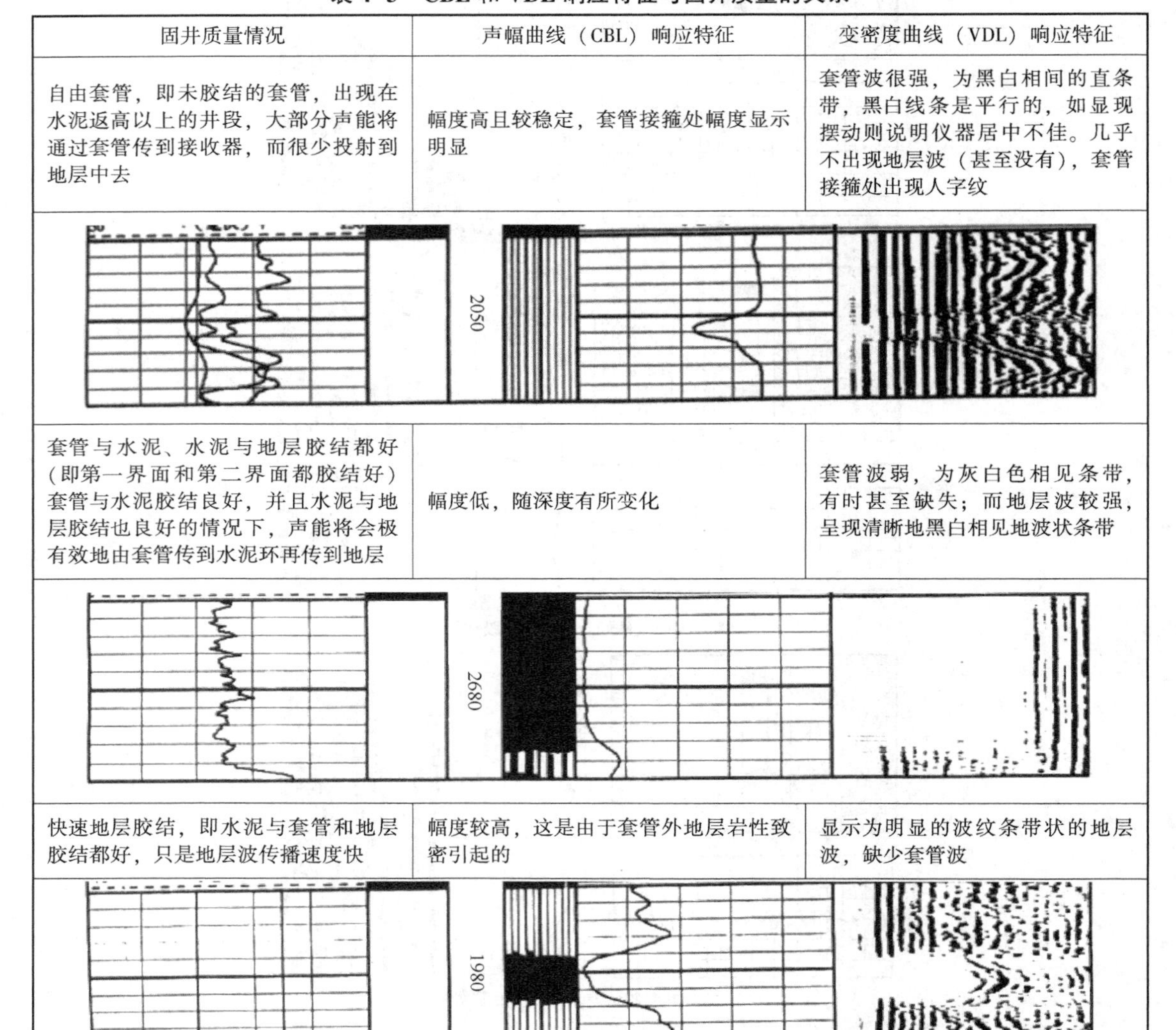

固井质量情况	声幅曲线（CBL）响应特征	变密度曲线（VDL）响应特征
自由套管，即未胶结的套管，出现在水泥返高以上的井段，大部分声能将通过套管传到接收器，而很少投射到地层中去	幅度高且较稳定，套管接箍处幅度显示明显	套管波很强，为黑白相间的直条带，黑白线条是平行的，如显现摆动则说明仪器居中不佳。几乎不出现地层波（甚至没有），套管接箍处出现人字纹
套管与水泥、水泥与地层胶结都好（即第一界面和第二界面都胶结好）套管与水泥胶结良好，并且水泥与地层胶结也良好的情况下，声能将会极有效地由套管传到水泥环再传到地层	幅度低，随深度有所变化	套管波弱，为灰白色相见条带，有时甚至缺失；而地层波较强，呈现清晰地黑白相见地波状条带
快速地层胶结，即水泥与套管和地层胶结都好，只是地层波传播速度快	幅度较高，这是由于套管外地层岩性致密引起的	显示为明显的波纹条带状的地层波，缺少套管波

续表

固井质量情况	声幅曲线（CBL）响应特征	变密度曲线（VDL）响应特征
套管与水泥胶结良好，而水泥与地层胶结不好（即第一界面胶结好，第二界面胶结差）	幅度低	套管波微弱或缺失，记录的地层波极弱或根本没有，最右边出现直条带的钻井液直达波
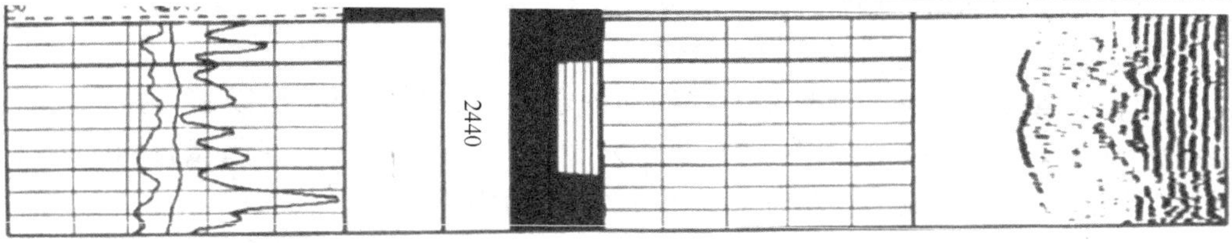 2440		
微环胶结，即水泥和地层胶结良好，套管和水泥之间存在微小空隙，但能封住液体运移，只有气体能通过	幅度较高（相当于胶结中等）	显示出套管波，地层波也较明显
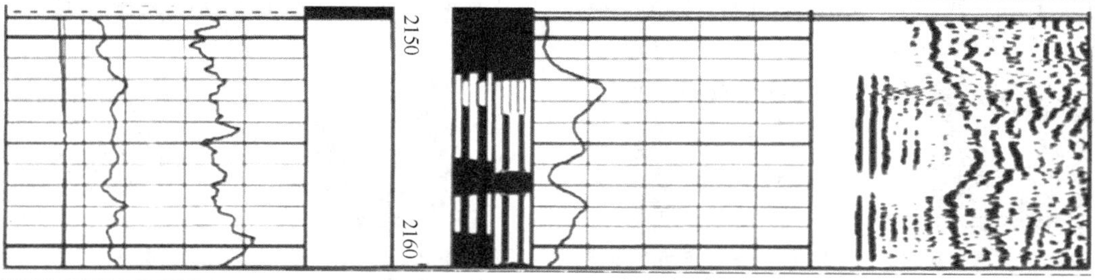 2150 2160		
局部胶结，即套管、水泥、地层相互之间只有一部分胶结，而一部分没有胶结，在实际测井中常常遇到	幅度略低于自由套管幅度值，即幅度值较高，且不稳定	套管波比自由套管时显示的弱，能显示出一些地层波信息
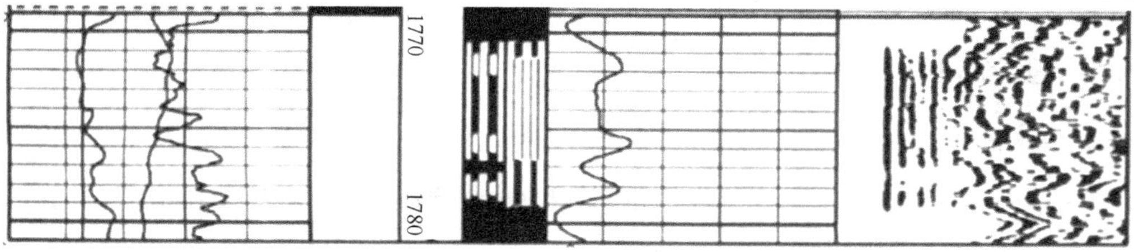 1770 1780		
套管与水泥胶结不好，水泥与地层胶结好，即第一胶结面胶结差，第二交接面胶结好。这种情况目前在测井资料上还很难解释分析清楚，因第一胶结面不好，大部分声能留在套管中，直接传到接收器，投射到地层的很少，这就给测井资料认识带来困难。实际中以为套管与水泥胶结不好，就已直接造成上下段窜通	幅度为高值	出现明显的套管波，而地层波呈现出较难辨认的现象
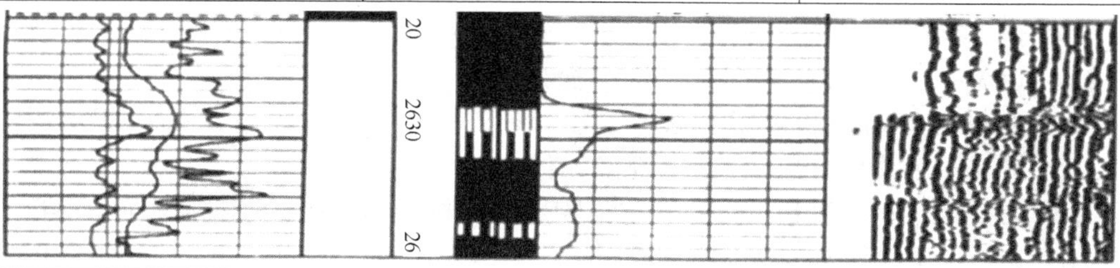 20 2630 26		

（二）定量解释

（1）根据声幅曲线的幅度值，采用相对幅度法评价第一胶结面的固井质量，即：

$$相对幅度\ C=(目的层段的声幅值/自由套管井段的声幅值)\times 100\% \qquad (4-10)$$

① 当相对幅度≤20%时，确定为胶结良好；

② 当相对幅度为20%~30%时，确定为胶结中等；

③ 当相对幅度≥30%时，确定为胶结差。

（2）根据变密度图上套管波显示的强弱来确定第一胶结面的胶结级别，套管波信号微弱或缺失定为第一胶结面胶结良好；套管波显示清晰，曲线粗而黑，套管接箍明显，定为第一胶结面胶结差；套管波显示较弱时定为第一胶结面胶结中等。

（3）根据声幅—变密度测井资料解释规程，依据变密度图上显示的地层波的强弱来确定第二胶结面的胶结级别。

对同一口井的不同井段，变密度地层波显示强确定为胶结良好；地层波微弱或缺少，确定为胶结差；地层波可以辨认出，但地层波信息不清晰，确定为胶结中等。具体解释实例见彩图4-1、彩图4-2、彩图4-3、彩图4-4。

彩图4-1　红南106井固井质量评价图

彩图4-2　连南1-5井固井质量评价图

彩图4-3　丘东79井固井质量评价图

彩图4-4　温13-21井固井质量评价图

任务实施

一、任务内容

（一）目的要求

掌握不同固井胶结情况下声波变密度图的特征并根据声波变密度测井图判断固井质量情况。

（二）资料、工具

声波变密度图、铅笔。

任务考核

一、理论考核

（一）填空题

（1）在套管井中，声波从发射探头到接收探头有______、______、______三条传播路径。

（2）通过检测套管波和地层波的强弱变化可以反映_______、_______界面的胶结程度。

（3）在声波变密度图上出现人字形条纹，代表_______。

（4）声波是物质的一种运动形式，它由物质的机械振动产生，通过质点间的相互作用将振动由_______地传递而传播。

（5）人耳听到的声波的频率在________之间。

（6）目前声波测井利用的是声波在岩石中传播的________和幅度特性。

（7）声波测井有：________、声波幅度测井、声波变密度测井和超声波电视测井等方法。

（8）声波在声阻抗不同的两种介质的界面上传播时发生的折射和反射是符合波的________定律的。

（9）________是通过测量声波幅度的衰减变化来认识地层特点以及水泥胶结情况的一种测井方法。

（10）固井声幅测井是使用单发射________接收井下仪器进行的。

（二）判断题

（1）声波是由物质的机械振动产生的。（　）

（2）声波的频率在 20kHz 以上的机械波称为超声波，声波测井仪多测量 20~20000Hz 之间的频率。（　）

（3）声波从介质Ⅰ向介质Ⅱ传播时，产生滑行波的条件是 $v_2>v_1$。（　）

（4）固井声幅测井在井内由下而上连续进行测量，得到一条单位为毫伏随井深不同固井质量变化而变化的曲线。（　）

（5）密度测井是用来研究岩层的密度等岩层物质，求得岩层的孔隙度。（　）

二、技能考核

（一）考核项目

分析图 4-7，分别说出各井段的固井质量情况。

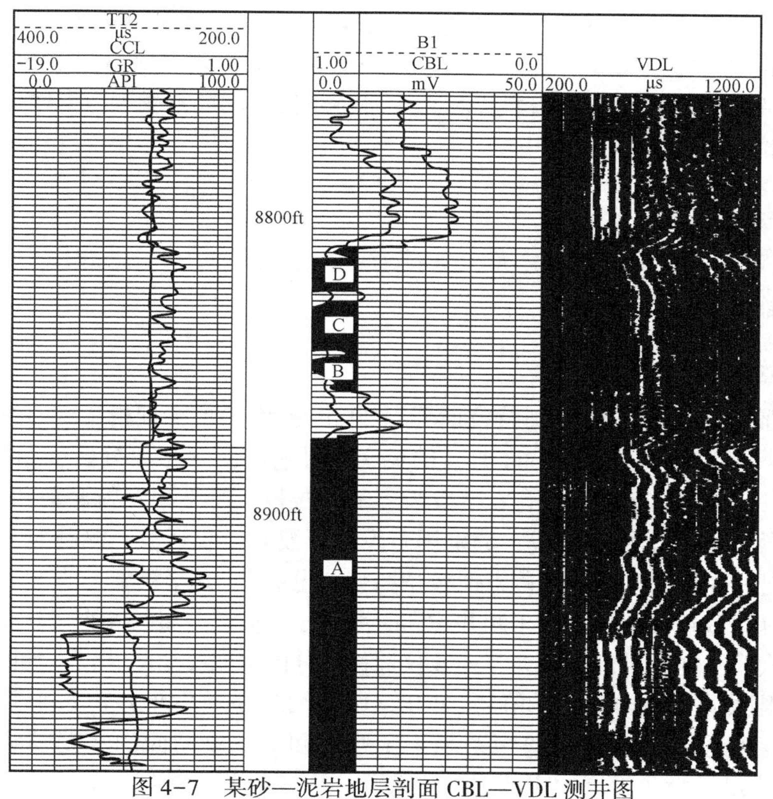

图 4-7　某砂—泥岩地层剖面 CBL—VDL 测井图

（二）考核要求

（1）准备要求：查阅信息包。

（2）考核时间：30min。

（3）考核形式：笔试。

项目三　分区水泥胶结测井固井质量分析

任务描述

分区水泥胶结测井（SBT）是目前检查固井质量及管外窜槽的最新最有效的测井方法之一，分区水泥胶结测井（SBT）是从纵向和横向两个方向分6（或8）个区测量套管外水泥胶结情况，从而检查固井质量的声波测井方法。它综合利用声波—水泥密度资料，准确判断水泥孔洞、缺失、槽道在方位上分布情况，准确判断固井水泥微环和水泥返高，评价套管壁厚。扇区成像可视化效果好，能够直观显示井周的水泥分布情况，更全面地评价固井质量。通过本任务的学习，可以认识和理解分区水泥胶结测井（SBT）的原理、分区水泥胶结测井（SBT）测井仪的结构以及根据SBT胶结图的变化来了解固井质量情况。

任务分析

分区水泥胶结测井（SBT）是基于声波在介质中传播时的幅度衰减特性的一种测井方法，所以在学习分区水泥胶结测井（SBT）方法之前，首先要了解声波在介质中的传播特性，然后学习声波变密度测井（VDL）测井方法原理，最后学习分区水泥胶结测井（SBT）仪的结构和测井原理，在此基础上掌握利用不同的分区水泥胶结测井（SBT）胶结图特征来分析固井质量情况。

学习材料

一、仪器原理

（一）仪器结构

分区水泥胶结测井仪SBT是阿特拉斯公司20世纪90年代初期推出的一种新式的固井质量评价测井仪。SBT是Segment Bond Tool的英文字母缩写，意为“分区胶结测井仪”，该仪器的系列号为1424XA。SBT仪器有6个极板，每个极板上有1个发射探头和1个接收探头，共计6个发射探头和6个接收探头，分别用于发射声波和接收声波；测井时SBT安装的6个动力推靠臂各把一块发射和接收换能器滑板贴在套管内壁上，6个极板上的12个高频定向换能器不断的发射和接收声波信号，由于测井时同时测量6个极板分属的6个区域信息，因而可得到6条分区的套管水泥胶结评价曲线，故该仪器称为分区水泥胶结测井仪，如图4-8所示。

传统检测固井质量的方法有CBL和VDL，CBL用的是单发单收声系来判断第一胶结面的胶结质量，VDL用的是单发双收声系来识别第一和第二胶结面的水泥胶结质量。由于这两种测量都只能提供沿套管周边声幅的平均值，因而这类测量难以区分围绕套管外的低抗压

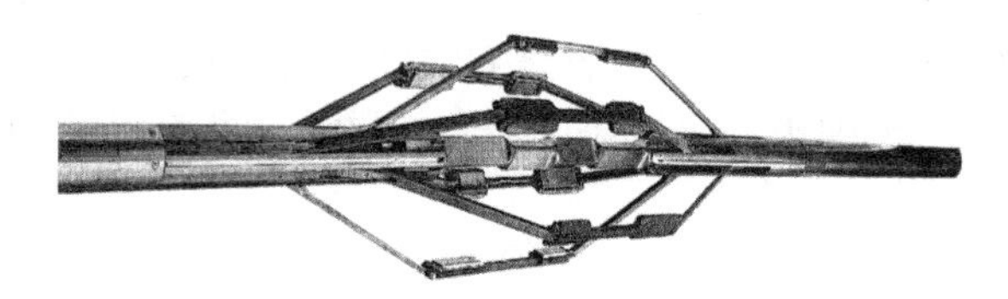

图 4-8　分区水泥胶结测井仪（SBT）井下极板示意图

强度水泥，还是套管周围水泥胶结好、但周长中有一小区块水泥胶结差的高抗压强度水泥这两种情况，使 CBL/VDL 出现多解性，如图 4-9 所示。同时，这两种方法还受测井时间、水泥环厚度、水泥浆密度、钻井液气侵、微环、井斜度的大小、仪器偏心等影响。理论分析和实际测量都表明上述两种仪器存在以下缺点：

（1）仪器偏心对声波幅度的影响较大。

（2）微环对信号幅度的影响较大。

（3）井内泥浆性质的变化和刻度方法的不同都会影响解释结果。

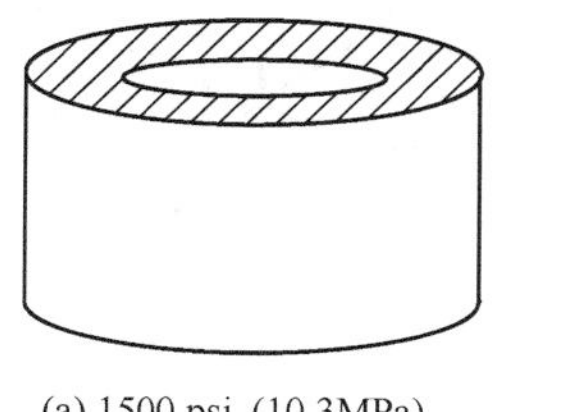

(a) 1500 psi (10.3MPa)

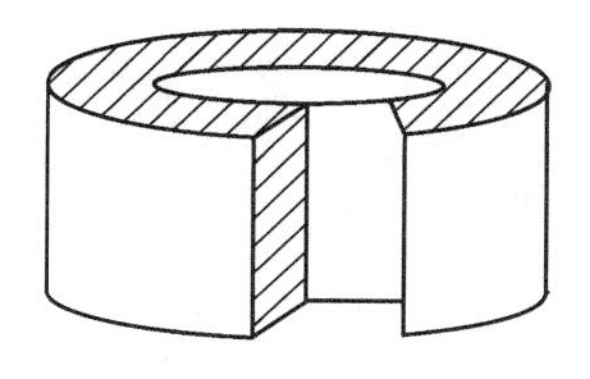

(b) 3000 psi (30.7 MPa)

图 4-9　常规水泥胶结测井测量的多解性

SBT 测井仪则可以较好地减少上述三种影响，还能对水泥胶结质量从纵向和横向沿套管周边进行定量测量，并可以成像方式显示给用户，给用户提供大量的有用信息。声波换能器装在 6 块滑块上，滑板与套管内壁接触，进行补偿衰减测量，因此，它基本上不受快地层的影响；不受井内各种流体的影响，包括密度大的钻井液和含气井液；还可以测到小于 15°的窜槽；更重要的是克服了普通声波幅度 CBL/VDL 的多解性；滑板与套管内壁接触良好，使扶正器在井斜达 60°的井内可成功地进行测量，并且测量结果不受仪器偏心的影响。SBT 测井的具体优点如下：

（1）SBT 的刻度简易、灵活可靠。

（2）SBT 拥有 6 个推靠臂，每个推靠臂力为 50lb（1lb = 0. 45kg），偏心影响小可在大斜度井取得合格资料。

（3）SBT 能确定水泥窜槽的有无、大小和方位，有较高的周向分辨率。

（4）SBT 测井与井内钻井液性质无关。

（5）SBT 的源距、间距小，在这个距离内地层波始终赶不上套管波，故首波总是套管波。所以 SBT 的测量结果不受快速地层的影响，并可以以成像方式显示给用户，向用户提供大量的有用信息。

（二）仪器测量原理

SBT 测量系统以环绕方式在包括整个井眼的 6 个角度区块定量测量水泥胶结情况。声波换能器装在相隔 60°的称为 T1 ~ T6 的极板上，支撑滑板与套管内壁接触，进行声波补偿衰减测量。当发射器在每个区块上发射时，两相邻极板上的接收器测量声波幅度，这两个幅度分别为远、近接收器所接收。声波经过两接收之间空间的能量损失，可直接作为衰减测量，由此可推导出套管外这一60°范围内的水泥胶结质量。SBT 声波滑板阵列 360°展开图如图 4-10 所示。

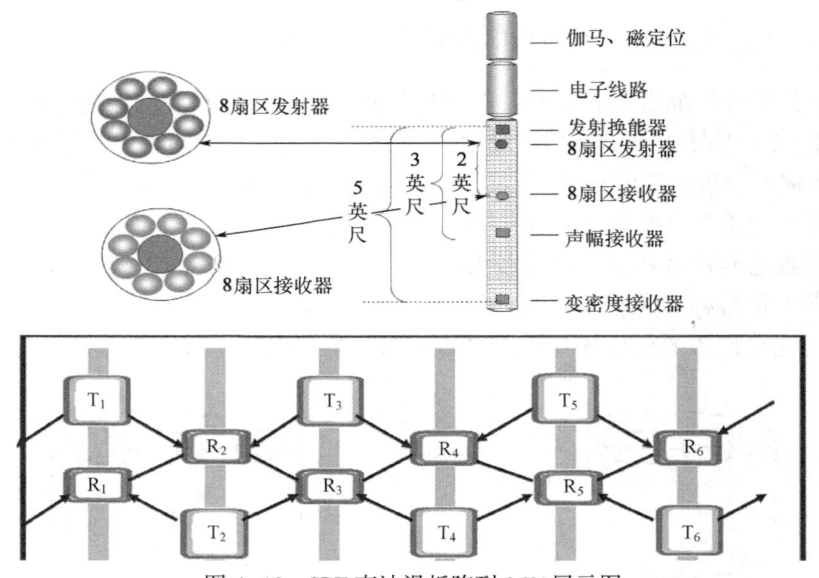

图 4-10　SBT 声波滑板阵列 360°展示图

SBT 采用声波换能器控制技术增强固定在滑板上的换能器和全波列发射器二者的输出，这种技术利用两个发射单元（每个为 1/4 波长）控制发射器的方向特性，并利用延时原理，在一定的逻辑控制下最远单元首先发射，当声波从第一单元通过第二单元时，第二单元发射，从而增强了该预定方向上的声波，如图 4-11 所示。因为声波强度随幅度的平方变化，因而有效声波能量可以增大 4 倍。

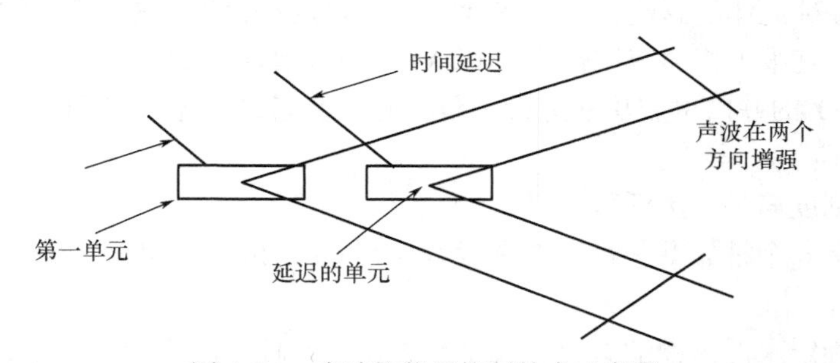

图 4-11　声波换能器控制技术示意图

声波能量的增强全面提高了变密度测井或全波资料的测井质量，尤其对于低速地层，改善的波形有助于更深入地提取波列信息。

在对应的 SBT 分区中，利用 4 个邻近滑板上的 2 个发射器和 2 个接收器组成的声系可从两个方向来测量声波衰减，如图 4-12 所示。当发射器 T_1 发射时，接收器 R_2 和 R_3 测量其下行声幅，定义为 A_{12} 和 A_{13}，如图 4-12 所示。由于使用同一发射测量两个幅度值，而且衰减测量只取决于幅度比。因此，下行衰减不受发射强度的影响，其结果仅取决于接收器的灵敏度。

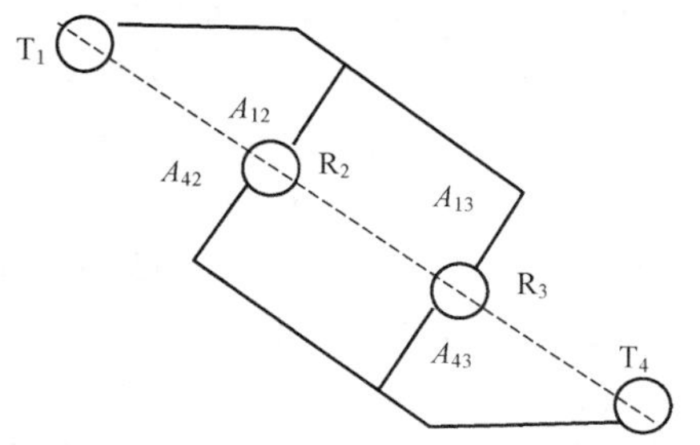

图 4-12　SBT 提供 6 个分区的补偿衰减测量

于是套管波的衰减率为：

$$\alpha_1 = (10/d)\lg(A_{12}/A_{13}) \tag{4-11}$$

同理，当发射器 T_4 发射，由接收器 R_2 和 R_3 测量其声幅，定义为 A_{42} 和 A_{43}。同样，该衰减值也不受 T_4 发射强度的影响，而仅仅取决于接收器的灵敏度。

套管波的衰减率为：

$$\alpha_2 = (10/d)\lg(A_{43}/A_{42}) \tag{4-12}$$

两次测量结果组合在一起可求出补偿后的衰减值：

$$ACT_1 = \alpha_1 + \alpha_2 = (10/d)\lg[(A_{12} \times A_{43})/(A_{13} \times A_{42})] \tag{4-13}$$

其余 ACT_2、ACT_3、ACT_4、ACT_5、ACT_6 也是这样类似得出，从上述公式可以看出其衰减值不受发射强度的影响，因而所得结果消除了接收器灵敏度的影响，只取决于幅度比。

6 个扇区螺旋线状排列的补偿声波收发阵列：

section 1：$T_1R_2R_3T_4$　　section 4：$T_4R_5R_6T_1$

section 2：$T_2R_3R_4T_5$　　section 5：$T_5R_6R_1T_2$

section 3：$T_3R_4R_5T_6$　　section 6：$T_6R_1R_2T_3$

对于胶结质量好的地方，声波能量透过套管、水泥环直接传递到地层中去，所以极板衰减 ACT 比较大，从 SBT 图形反映出来颜色比较深，反之胶结质量不好，则 SBT 图形反映出来颜色相对比较浅。这种测量过程在 6 个分区中的每一个都进行着重复。这样，对于六个区块的每一个，在整个 25dB/ft 的范围内，衰减测量结果得到完全的补偿。发射器和接收器的排列也同时补偿了套管表面不平和套管内壁有残留水泥的影响。由于该仪器从纵向、横向（沿套管周围）两个方向测量固井胶结质量，同时该仪器设计考虑的短源距使补偿衰减测量结果基本上不受快地层的影响，因而该仪器能用于各种流体的井内，包括重泥浆和含气井液等。测井时只要保持滑板与套管内壁接触，一般的偏心不影响测量结果。

SBT 还可提供仪器方位曲线，两个井下加速度计用来确定下井仪相对于井斜的偏侧，当井斜大于 1°时，相对方位测量精度在±5°以内。

二、解释方法

SBT 能测量 6 条（即 6 个方向）水泥胶结（衰减率）曲线、1 条 RB（相对方位）曲线、1 幅 VDL 变密度地层胶结波列。SBT 还能和 CCL（套管节箍）、GR（带直流电源的自然伽马）、CN（补偿中子）等仪器组合，附带测量 CCL、GR、CN 等 3 条深度校正曲线。SBT 测量成果分为五道显示出来，第一道显示自然伽马，最小、最大时差及 CCL 和相对方位；第二道显示 6 个极板的声波幅度衰减，并对基线进行充填；第三道是平均声波幅度衰减曲线，最小及最大声波幅度衰弱曲线，声波平均幅度曲线；第四道是按套管壁 360°展开的水泥胶结质量成像图；最后一道是 VDL 或 SBT 的声波波形或声波变密度图。按常规声幅解释方式可把第三道和第五道当成主测井图，主测井图与普通水泥胶结测井图格式类似，显示水泥胶结声幅、最小和平均衰减曲线、特征波形或变密度。平均衰减曲线是 6 个区块测量结果的平均值，最小衰减曲线代表最小衰减的 60°区块，这两条曲线用同一比例尺并行显示，标出的两条衰减曲线的幅度差表示套管与水泥胶结的均匀程度，差值越大，表明胶结越不均匀。根据其差值的大小，结合成像图，可确定窜槽井段或某一侧缺失水泥。分区阵列图（第二道）定量显示 6 个补偿衰减测量值，根据 6 个扇区各自的衰减曲线，可以判断不同扇区的胶结情况，并在第四道依照 6 个极板声波幅度的衰减关系得到随深度变化的套管周边“胶结图”，即成像图。胶结图的配色原理与数字井周声波成像仪 CBIL 或微电阻率成像仪 STAR 一样，即利用色阶表示法，由彩色的不同深浅表示不同的水泥胶结程度，色彩越深代表胶结得越好，极浅色白区指示未胶结套管，白区的宽度同时指示该特定深度窜槽的程度。第五道 5ft 变密度图的解释方法与常规的 VDL 测井相同，主要用于确定第一界面及第二界面胶结情况。另外，两条时差曲线可指示出测井时仪器的偏心程度，当 DTMX−DTMN>6μs/ft 时，说明仪器偏心较严重。

（一）SBT 测井的解释

1. SBT 资料定性解释标准

SBT 六扇区水泥胶结测井灰度成像图显示从左到右边界环绕井筒 360°的展开图像，灰度颜色分五级刻度，以水泥返高以上自由套管段内六扇区声幅曲线的幅度值作为基准值，定为 100%，不同幅度值的含义如下：

六扇区声幅测井值在 0%～20%之间，灰度颜色为黑色，表示水泥胶结良好；

六扇区声幅测井值在 20%～40%之间，灰度颜色为深灰，表示水泥部分胶结；

六扇区声幅测井值在 40%～60%之间，灰度颜色为中灰，表示水泥部分胶结；

六扇区声幅测井值在 60%～80%之间，灰度颜色为浅灰，表示水泥部分胶结；

六扇区声幅测井值在 80%～100%之间，灰度颜色为白色，表示水泥未胶结或空套管。

2. SBT 资料定量解释标准

定量解释中第一界面以六扇区平均声幅（AMAV）为主，以 3ft 声幅为辅。自由套管段内六扇区声幅曲线的幅度值不分套管尺寸，理论上均为 100mV（参考值），实际测量时根据套管尺寸进行选择，以 5.5in（1in=25.4mm）套管为例实际测量值为 95mV 左右。常规高密度水泥浆解释标准：

六扇区平均声幅幅度值<10mV 时，评价为胶结良好；

六扇区平均声幅幅度值介于 10～30mV 之间时评价为胶结中等；

六扇区平均声幅幅度值>30mV 时，评价为胶结差。

（二）SBT 测井的解释实例

示例一：图 4-13 为塔里木油田某井测井资料图，为了保证阵列成像显示效果，图中去掉了第五道（WAVE 或 VDL）的显示，井深 1475m 处的套管接箍非常明显，对应于 CCL 测井曲线高值尖子，6 个极板衰减曲线均出现能量衰减的高读值，另外最小声波时差与最大声波时差出现明显差异性，声幅曲线出现极低值，这些均表明声波能量很好地耦合进入地层，SBT 成像图上出现一条明显的暗带，与上下胶结不好的水泥环（亮带）对比非常明显。

与1475m处一样，3295.6m与3307.6m处的套管接箍也很明显，成像图上显示套管四周水泥环胶结不均一，暗黑的深色部分指示水泥胶结好，浅色部分显示胶结差。其中3300m以上井段水泥胶结较好，声波幅度明显较低，其中6个极板大部分衰减曲线都呈现较高的衰减值，但1、6号极板衰减幅度稍低，对应这两个极板的位置在成像图上出现浅色的亮带，指示1、6号极板方向水泥胶结不好，由其最小声波衰减与平均声波衰减曲线间的差异指示出该井段水泥环胶结不均一的程度。而3300m以下井段则出现整体胶结不好而局部胶结好的相反情况，1号极板的声波衰减较大，对应该方向的成像图显示较黑条带，表明局部胶结较好。

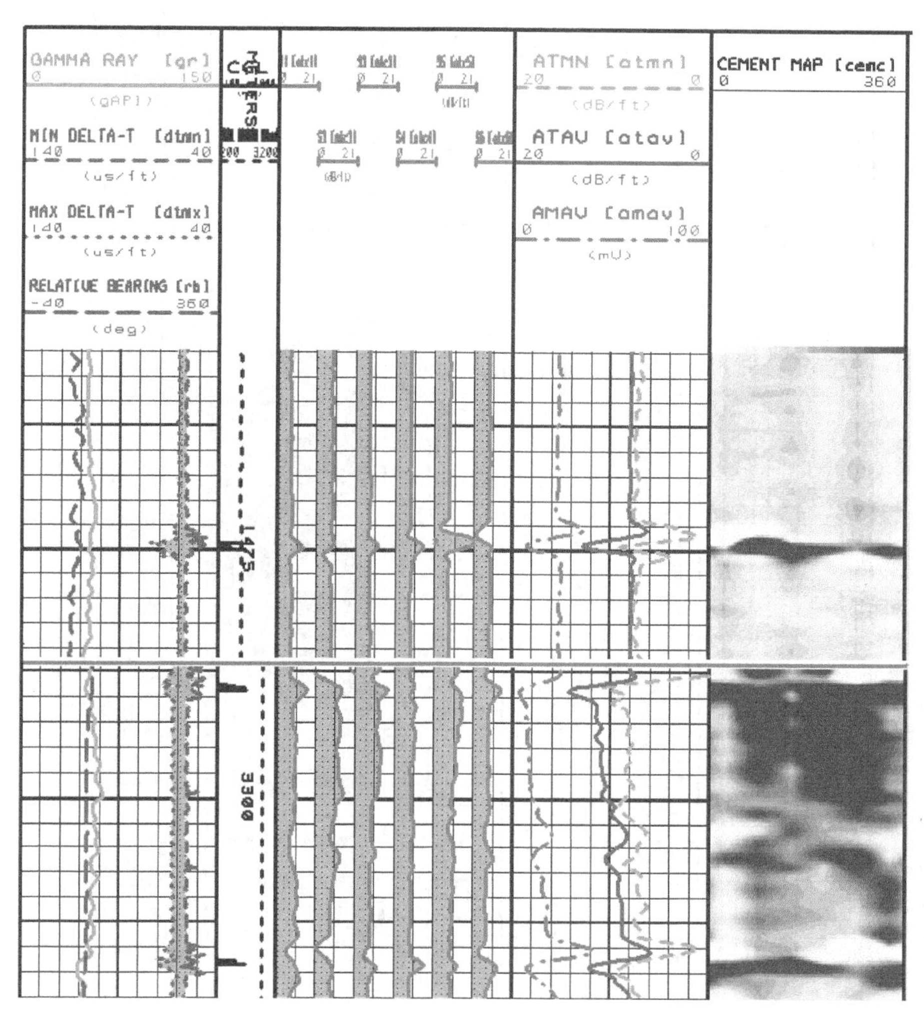

图4-13　塔里木油田某井测井资料图

示例二：图4-14为新疆某口水平井SBT测井图（由于井段过长，采用拼接图）。

从图4-14上可以看出SBT能向甲方提供最小时差（dtmin）曲线和最大时差曲线（dt-max）；6条水泥胶结曲线、6条衰减曲线（atc1至atc6）、1条相对方位（rbod）曲线，1幅VDL变密度地层胶结波列及成像图、最大声波衰减曲线（atmin）最小声波衰减曲线（at-max）及平均衰减曲线（atav），以及SBT和套管节箍（ccl）、自然伽马组。SBT6个极板声

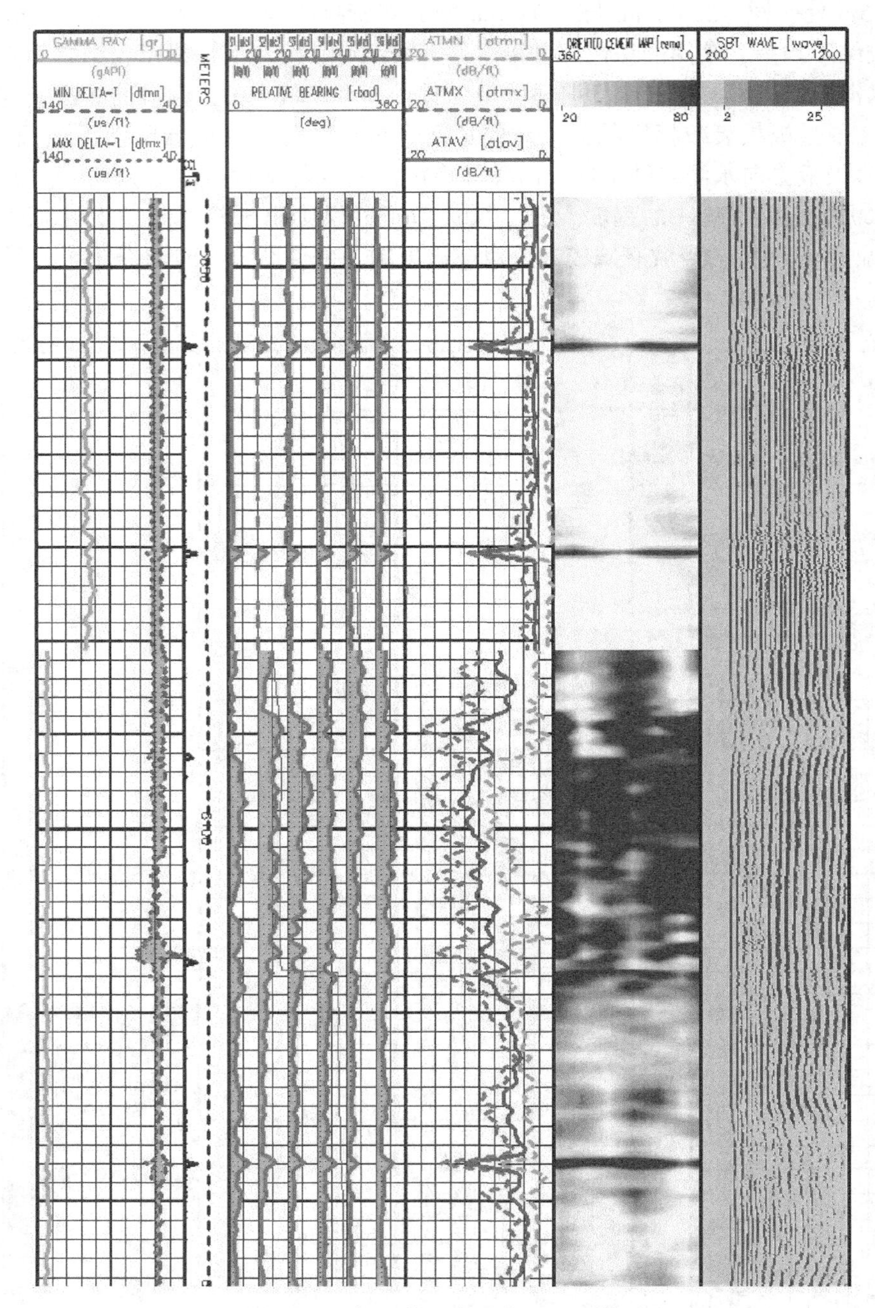

图 4-14　新疆某口水平井 SBT 测井图

波幅度的衰减关系得到随深度变化的套管周边成像图。其用色阶表示法，由彩色的不同深浅表示不同的水泥胶结程度，色彩越深代表胶结得越好（当然色阶可调），极浅色白区指示未胶结套管，白区的宽度同时指示该特定深度窜槽的程度。

从图 4-14 可以看出井深 5094m 处砂泥岩地层低井斜角度的套管接箍非常明显，对应于 CCL 测井曲线高值尖子，6 个极板衰减曲线均出现能量衰减的低读值，另外最小声波时差与最大声波时差出现差异性较小，声幅曲线出现极低值，这些均表明声波能量没有耦合进入地层，SBT 成像图上出现一条明显的亮带，同时 VDL 第一界面图上显示与成像图相关性极好，显示该段地层固井质量不好为空套管。但是在 6096m 处石灰岩地层，井斜处于 82°时，VDL 已经由于偏心的影响显示该段固井质量差，同时从 SBT 测井来看井测井资料图，对应于 CCL 测井曲线高值尖子，6 个极板衰减曲线均出现能量衰减的高读值，另外最小声波时差与最大声波时差出现明显差异性，声幅曲线出现低值，这些均表明声波能量很好地耦合进入地层，SBT 成像图上出现明显的暗带，6 个极板大部分衰减曲线都呈现较高的衰减值，但 1、3 号极板衰减幅度稍低，对应这两个极板的位置在成像图上出现浅色的亮带，指示 1、3 号极板方向水泥胶结不好，由其最小声波衰减与平均声波衰减曲线间的差异指示出该井段水泥环胶结不均一的程度（也有可能 1、3 号极板由于井内残留水泥量贴井壁不是很好）。从 SBT 图上显示出该井段固井质量较好。这也同时显示了 SBT 测井不受偏心影响优于普通 VDL 测井。具体解释实例见彩图 4-5、彩图 4-6。

彩图 4-5　某井 SBT 成果图

彩图 4-6　神 808 井 SBT 成果图

任务实施

一、任务要求

掌握不同固井胶结情况下分区水泥胶结测井图的特征，识读分区水泥胶结测井图，并能够初步掌握根据判断固井质量情况。

二、资料、工具

（1）学生工作任务单；
（2）分区水泥胶结测井图；
（3）铅笔。

任务考核

一、理论考核

（1）分区水泥胶结测井（SBT）的优点有哪些？
（2）简述分区水泥胶结测井井下仪器的结构。
（3）简述分区水泥胶结测井测量原理。
（4）六扇区螺旋线状排列的补偿声波收发阵列是如何分布的？
（5）分区水泥胶结测井图由几道组成？包括哪些曲线？
（6）分区水泥胶结测井解释标准是什么？

二、技能考核

（一）考核项目

分析给定的某砂—泥岩地层剖面分区水泥胶结测井测井图，分别说出各井段的固井质量情况。

（二）考核要求

（1）准备要求：工作任务单准备。

（2）考核时间：30min。

（3）考核形式：口头描述+笔试。

项目四　固井质量分析

影响固井质量的主要因素包括钻井过程质量、固井施工以及其他特殊因素等，分析一口井的固井质量必须从多方面考虑。通过对固井质量影响因素的分析，运用提高固井质量的方法提高固井质量，从而提高油水井的使用寿命，减少油水井后期作业的影响，降低油田生产开发成本。在本项目中，主要学习固井质量影响因素以及提高固井质量的方法和途径。

任务描述

固井质量的影响因素是多方面的，从建井的整个工艺过程和地质因素等方面对固井质量影响因素进行全面分析，找出影响固井质量的主要因素和次要因素，从而有针对性地制定固井施工措施，提高固井质量。

任务分析

通过对常见固井质量影响因素的分析，结合具体的施工过程，完成对钻井、固井资料的收集，对单井进行因果对照法绘制影响固井质量的因果图，对某一区块采用统计方法，查找影响固井质量的因素。

学习材料

一、地层因素

（一）高压异常层

高压异常层地层压力梯度一般在 0.017MPa/m 以上，最高达 0.026MPa/m。如此高的地层压力对固井质量的影响是很大的，主要表现在三个方面：

（1）高压层钻井完井施工的钻井液密度高，不利于提高固井顶替效率。由于顶替效率与水泥浆和钻井液的密度差有很大关系，差值越大，在环空液柱中位于水泥浆上部的钻井液处于高能量不稳状态，易与水泥浆置换，影响固井顶替效率。

（2）固井后水泥浆在候凝过程中处于失重状态，当套管外环空的液柱压力低于高压层的地层压力时，地层中的高压油气水就会侵入到水泥环中，从而影响水泥环的胶结质量。侵入严重时，高压油气水可沿第一、第二界面上窜，直窜至地面，达到管外冒油、气、水。在三种流体中，以气体窜入最为严重，因为气体一旦窜入，就会迅速上移，并在水泥环中形成孔隙或通道，影响程度最大。例如，大庆喇嘛甸油田中块，气顶活跃，层位集中在井深 920m 上下，该区出现的固井质量问题井中，绝大多数是在气顶层位及其上侧出现幅度。

（3）由于在高压区内钻井液的密度较高，其固相含量就越多，在井壁上就会形成一层厚的和胶结疏松的滤饼，固井过程中很难把钻井液全部顶替干净，导致第二界面封固质量不好。

（二）欠压层及高渗低压层

欠压层（高渗低压层）是指地层压力较低（一般低于原始地层压力）、渗透率较高的层位。具有三个基本特征：

（1）砂岩层单层有效厚度大，一般大于5m。

（2）平面分布广，在全油区连片分布。

（3）渗透率高，有效渗透率大于或等于500μm^2。形成欠压层的原因只有一条，即长期处于缺水开采状态。

欠压层对固井质量的影响主要有以下三点：

（1）在固井施工过程中，由于环空液柱压力梯度远高于地层压力梯度，第一界面处于过平衡状态，固井后随着水泥浆失重，环空液柱压力开始降低，一旦第二界面的压力平衡被打破，地层流体（包括钻井过程中渗入地层的钻井液）就会同流进入水泥环，影响水泥环的胶结质量。

（2）由于地层渗透性高，在钻井过程中井壁易形成虚滤饼或厚滤饼，固井施工时，在冲洗液和前导水泥浆的作用下，造成部分滤饼脱落，使水泥浆直接面对高渗层而大量失水，致使形成的水泥石呈现脆性，强度低。

（3）欠压层段易发生漏失或渗漏，造成油层漏封或报废井。

（三）多压力层系的影响

多压力层系在同一井眼内，钻穿的各层位之间的地层孔隙压力与破裂压力互不相同，层与层间的地层压力（孔隙压力、破裂压力）差异很大。

在多压力层系调整井固井过程中，存在的主要问题是压稳与欠压层的漏失问题。由于钻井液的设计既要考虑压稳高压层，又要防止欠压层漏失，因此，这类井的钻井液密度要比同等单纯高压井要低，固井后，难以保证压稳，容易在高压层段发生油气水窜，欠压层段发生漏失及地层流体回流侵入，影响固井质量。另外，在多压力层系井钻进过程中，极易发生喷、漏、卡、塌等钻井工程事故，给固井施工也带来一定难度。

二、工程影响因素

（一）井身质量因素的影响

井身质量对固井质量的影响主要是井径扩大率和井径变化率。

1. 井径扩大率

适中的井径扩大率是固好一口井的保证。而井径扩大率扩大，替速就难以保证，井径扩大率越小，环空间隙就越狭窄，水泥环的强度就越差。统计资料已经表明：井径扩大率在5%~15%之间的井，固井优质率最高；井径扩大率超过15%时，固井质量优质率有降低的趋势，而且井径扩大率越大，优质率就越低。当井径扩大率小于5%或缩径时，固井优质率仍然较低。因此在实际钻井过程中，要尽可能地把井径扩大率控制在5%~15%之间。

2. 井径变化率

井径变化率是指相邻井段内井径变化程度大小的物理量，井径变化率越大，井壁台肩就越大即留下大肚子井眼，特别是在从大井眼过渡到小井眼的一侧，滞留的钻井液或死滤饼很难替净，此处的固井质量就很难保证。或者，在顶替过程中，排量的非均匀性，即使这些滞留死钻井液被驱替出去，也容易造成上部封固段混浆现象。

为了进一步研究全封固段的井身质量与封固质量（或顶替效率）的量化关系，这里引入了一种新的井身质量评价参数—井径不规则度。井径不规则度是反映全封同段井径规则程度的参数，井径不规则度等于全封固段井径的均方差。井径不规则度数值越大，井径就越不规则，大肚子井眼就越多，反映在井径曲线上，就是尖锯齿状。根据统计计算，在不同井径扩大率（全封固段平均）情况下，随着井径不规则度值的增加，固井质量呈下降趋势；在井径不规则度值相同的情况下，随着井径扩大率的增加，固井质量随之下降。

另外，方位角随井深的变化越大，即所谓的“狗腿”严重度越大，井眼就越弯曲，套管难以居中，固井质量就难以保证。

3. 钻井液性能

钻井液性能对于保证固井质量十分重要，钻井液的密度关系到压稳，黏度过高或过低，切力偏高都将影响顶替效率。钻井液与水泥浆的相容性将影响水泥环的胶结质量。

4. 钻井工程事故的影响

钻井工程事故主要包括卡钻、井漏、工具落井、井喷、井斜等。

钻井工程卡钻必须进行泡油等处理，否则影响钻井液性能，同时井身质量也受到影响。

钻井工程漏失需要进行堵漏处理，加入堵漏剂后，影响钻井液性能，且漏失井必须进行防漏固井施工，顶替效率难以保证。

工具落井、掉钻具等事故的发生，必须进行套铣等打捞处理，井身质量易受影响。

井斜等事故的发生，须进行纠斜处理，也将影响井身质量。

井喷等事故的发生，说明地层压力异常，难以实现压稳效果。

上述钻井工程事故的发生，都将直接或间接地影响固井质量。统计和分析结果表明，在井漏事故中，堵漏处理可以提高井眼防御漏失能力，因而经过这种方法处理井的固井质量要高于简单的划眼处理或未处理。在外溢（喷、涌、侵）事故中，应用抗窜剂、套管外封隔器等技术能起到较好的作用，固井优质率接近同期平均水平；而采用提高钻井液密度（达到压稳）措施是一种被迫采用的方法，固井质量效果不太理想；发生外溢事故未处理而进行固井施工，封固质量最差。在卡钻、井斜超出标准、工具落井事故中，尽管采取了一系列措施，但由于都有不同程度的负面影响，因此固井质量也达不到理想效果。

因此，对于钻井工程事故井，在搞好固井施工的同时，应配合应用新技术等预防措施，对保证固井质量起到积极作用。

（二）钻井工艺措施落实情况

在多年来钻井实践的基础上，已经形成了以“一居中、二保证、三压稳、四坚持”为核心内容的保证固井质量的钻井完井工艺技术措施，这些措施的贯彻执行，对提高固井起到明显的效果，但在实际钻井过程中，由于种种原因，个别钻井队为了急于抢速度、抢进尺，这些措施未能得到完全落实，造成了一定的质量隐患。

（1）未能认真划眼通井。主要原因是钻井队急于抢进尺，下套管前不彻底划眼。井眼中的死钻井液难以替净，井眼不畅通，不利于提高顶替效率，影响固井质量。

（2）下套管过程中执行规定不严。主要表现在：下套管不紧扣，造成套管密封不严；

套管内有落物，造成胶塞无法正常坐封，固井后套管试不住压甚至替空；下套管前不通径，造成胶塞遇阻提前碰压；不按规定程序下套管，如油层段未下入厚壁套管，高压层段未按要求下入黏砂套管等，影响固井质量及油井寿命。

（3）未按规定卡放套管扶正器，难易保证套管居中。主要表现形式：一是下入套管扶正器的数量不足；二是扶正器的卡放位置不合理，尤其是未按井径图卡放扶正器。把扶正器卡放在大肚子井眼处，失去扶正器的作用。

（4）工程漏失井未进行堵漏处理，井眼抗漏失能力差，固井时，由于水泥浆液柱压力较高，造成固井后漏失或微漏，影响固井质量。

（5）未按规定关井放溢。有关方面为了急于提高产量，对钻井区块未提前进行关井放溢，致使所钻井区地层压力降压缓慢，呈现地层压力异常，影响固井质量。

（6）钻井液性能差。钻井时钻井液性能差将导致井径不规则及相关黏卡事故；完井时钻井液性能差则影响固井质量。

（7）固井前未充分洗井、举砂，尤其大井眼处冲洗不干净，影响固井顶替效率。

（三）钻井原材料

影响固井质量的钻井原材料主要有油井水泥、外加剂、配浆水、重晶石粉、固井用水、固井前置液及其他技术器材等。

1. 油井水泥

油井水泥质量较差，固井会对固井施工造成很大影响，如水泥中有杂块等，影响固井施工正常进行，甚至出现施工中停。长期存放的水泥会造成下灰不畅。油井水泥的化学性质不合格则会造成施工事故及水泥环胶结质量差，影响固井质量。

2. 外加剂

外加剂质量差会在施工中造成水泥浆起泡、早凝或缓凝，影响固井施工正常进行，有些甚至会导致质量事故。

3. 重晶石粉

重晶石粉如果含有杂质较多，易沉淀，固井后易出现假水泥塞，须进行通井等处理，影响水泥环胶结质量。

4. 固井用水

固井用水一般采用生活用水，其中 K^+、Na^+、Ca^{2+}、Mg^{2+} 等离子矿化度不能超过 1000mg/L，Cl^- 的含量不能超过 1000mg/L，pH 值适中，否则将影响水泥浆性能。

5. 固井前置液

不同的井型、地层和钻井液体系，应采用有针对性的前置液，如油基钻井液钻井须采用柴油和乳化冲洗液。如果使用的冲洗液不当或者冲洗效果差，使用的隔离液密度、黏度等不合适，终将影响固井质量。

6. 其他技术器材

封隔器加压后打不开甚至加压后炸裂，不能起到封隔和压稳作用；控制水泥面工具打不开就不能起到应有的作用，打开后未能关闭则会造成套管串试不住压；浮鞋浮箍阀体脱落则可能造成替空，反向密封失灵会造成水泥浆回流，影响最终固井工程质量。

三、固井施工质量影响

(1) 施工前静止时间过长。井眼内的钻井液静止时间越长，钻井液性能变化就越大，主要表现是黏度和切力增大、井筒滤饼增厚、死钻井液多，固井时，难以达到替净效果。

(2) 水泥浆密度不合格，尤其是水泥浆密度太低，则会造成候凝期间大量失水、析水，导致水泥环强度降低，影响固井质量。水泥浆密度不均匀，井筒内的水泥浆凝结时间不同，将出现“桥塞”现象，造成混窜。

(3) 注速过低时，管内的水泥浆处于高能量不稳定状态，易造成较长的混浆段。

(4) 替钻井液一般应采用塞流和紊流顶替，如果速度过低，既不满足塞流又无法达到紊流，则影响顶替效率。替速低有三种因素：一是固井设备原因；二是井队大泵供不上浆；三是采取限制顶替排量措施。

(5) 固井施工中发生故障而出现中停，因受管内外压差的作用，发生 U 形管效应，容易引起水泥浆窜槽；对于具有触变性的特殊水泥浆体系则会引起速凝。

(6) 固井技术措施执行不严格。主要是未活动套管，按照常规井设计的水泥浆密度 1.90g/cm^3 计算，要使顶替时环空达到紊流状态，设计管外上返速度必须达 1.8m/s 以上。目前替钻井液管外返速通常只能达到 1.5m/s 左右，在这种条件下，必须不间断地活动套管，才能实现紊流效应。

(7) 固井施工技术措施制订不得当，也将影响固井质量。主要指有些井，预料到施工难度，在当前技术条件下，有能力解决，但出于经济等因素，而未采取预防措施，导致出现质量问题。

(8) 固井前置液未能按设计要求注入，注入量不足，冲洗接触时间不够，顶替效果差。

四、其他影响因素

(1) 固井后通井。一般发生在多级注水泥井或留有水泥塞的井，固井后，用小钻头通井。由于在通井过程中的机械振动，引起套管外环空水泥环破碎和界面微间隙出现。

(2) 固井后活动套管。一般发生在有表层的井，周井后，简易套管头难以坐封，往复上提下放套管，人为地破坏水泥浆初凝时的结构，影响固井质量。

(3) 井底口袋长。有的井实际套管下深和完钻井深相差较多，当超过 5m 以上时，井底口袋内滞留的大量钻井液难以一次驱替干净。在顶替过程中，由于排量的非均衡性，当排量忽然增大时，井底滞留的钻井液就会被携带上去，进入水泥浆中，引起部分井段水泥环窜槽。

(4) 洗井时间过长。一般发生在井场不太好的井，由于客观或者人为原因，井队套管已经下完，而固井车辆组织不上去，造成循环洗井时间过长，引起井眼质量发生变化，从而对固井质量造成影响。

五、固井质量分析步骤

尽管影响固井质量的因素是繁多而复杂，但对具体的一口井而言，影响其固井质量的因素是有限的。因此，对每一名固井工程技术人员来说，及时发现和找出影响固井质量的原因，从而制定切实有效的技术措施，对保证和提高固井工程质量起到至关重要的作用。分析步骤如下：

（一）资料收集

一口井完整的钻井完井资料应包括地层压力数据、油层动态、邻井情况、钻井工程情况、固井施工情况、电测情况（井径图、自然电位曲线、微电极曲线）、封固质量检测情况，甚至探井包括取心见油及油气显示情况等。分析前，这些资料必须齐全。

（二）对照层位

查看声波（或变密度）测井曲线，标出起幅度层位及对应的井段。注明幅度大小，起幅度井段长短，核实质量情况。

（1）漏封，实际水泥面低于油层顶。

（2）窜槽，封固段出现幅度或空套管。

（3）水泥塞过高，实际水泥塞深度高于预计水泥塞位置 5m 以上。上述三种情况均认为质量有问题，看图时应加识别和标出。

（三）查找原因

（1）检查固井施工记录，钻井工程和固井施工是否正常。

在实际钻井完井中，钻井工程和固井施工出现问题的井虽占少数。但是，一旦有事故发生，都将对固井质量有至关重要的影响。重点查喷、塌、漏、卡、斜、掉钻具和施工故障，注替速、水泥浆密度等参数，结合单井声幅情况，查找直接影响因素。一般来讲，事故发生的层位声幅质量较差，水泥浆密度低的井段易出现质量问题。固井施工故障或替速低的井易混窜。

（2）检查地层压力资料，分析是否受地层因素影响。

高压层处起幅度的明显特征是：大幅度混窜，甚至出现空套管，尤其是高压气层，气层段和气层上部呈连续的幅度，当然个别井出现的幅度不明显；欠压砂层处起幅度的特征是：幅度不太大，反映在测井曲线上，就是每一个起幅度的幅峰，都对应于自然电位曲线的负异常，二者近似于“反对称”关系。

通常识别高压层和欠压砂层的主要方法是根据地层压力资料。高压层的压力系数较一般大于 1.45 以上，且砂体不太发育，连通性较欠压层差。欠压层地层压力系数一般在 1.0 以下，且砂体发育，在测井曲线上看，自然电位负异常较大，微电极曲线上实线与虚线呈分离状态，且相距较远。

（3）检查井身质量。

① 检查井径扩大率大小，现有的钻井设备和固井设备是否能够保证替速。

② 检查井径曲线，大肚子井眼是否多。一般井径变化大，反映到声幅曲线上的特征是每一个大肚子井眼处对应的声波幅度都明显较大。对照井径曲线，核对每个套管扶正器的卡放位置，检查扶正器是否真正起到扶正套管的作用。

③ 检查井斜、方位角变化情况，方位角变化较大，且井眼斜度较大处很容易出质量问题，因为在这样的井眼中套管总是贴井壁一侧。

（4）检查钻井液性能。

固井前，钻井液的密度必须达到设计上限，才能实现压稳地层目的。

钻井液的黏度：按目前常用钻井液体系，要求固井时漏斗黏度范围控制在 40~50s。

钻井液的切力：一般在固井前应达到，初切小于 3Pa，10min 切力不高于 5Pa。

钻井液的性能对固井顶替效率及质量的影响还没有明确的定量关系，需要在实践中进一步探索和研究。

（5）检查钻井工艺技术措施执行情况。

① 管串结构。油层段是否下入厚壁套管，应下入黏砂套管的井段是否下入黏砂套管。

② 扶正器的卡放。位置是否合理，下入数量是否满足要求，油层封固段是否每根套管放一只扶正器。

③ 划眼情况。一是检查划眼井段及划眼时间，划眼速度是否符合 30m/h。二是判断是否真正划眼，从完钻到下套管之间需要进行起钻、电测、划眼、起钻、下套管准备等工序，完成这些工序需要一定时间，如果少于这个时间，即认为是没有划眼或没有认真划也可以从打钻记录卡的曲线上进行分析。

④ 事故处理情况。尤其是漏失井，井队是否进行堵漏处理。

⑤ 邻近注水井是否停注放溢。

⑥ 固井施工是否按照制定的措施进行。主要施工参数（灰量、密度、注替速等）是否达到要求，施工故障处理得是否妥当。

（6）检查原材料的使用。

① 油井水泥的级别是否符合固井井深的需求，产地是否记录清楚，水泥浆性能是否达到 API 规定的要求。

② 外加剂类型选择是否合理，加入量是否正确，复配的水泥浆性能是否满足设计要求。

③ 技术器材质量：封隔器、控制水泥面接头使用是否正常；浮鞋浮箍是否能够实现敞压候凝；钻井队在钻井液中是否应用符合标准的石粉。

（7）检查其他情况。

应用水泥浆体系是否起泡；钻关试验的关井距离是否太近，固井后是否通井或活动套管，井底口袋是否过长，洗井时间是否太长等。

邻井质量情况对比，区块质量问题分布情况对比，找出规律。

在按照上述各程序查找影响固井质量的主要原因，制定切实可行的技术措施，编写出质量分析报告。

六、分析方法简介

固井质量分析方法因分析目的的不同而不同。对于单井分析而言，适合采用因果对照法，绘制影响固井质量的因果图，根据质量分析程序进行对比分析。对于某一固井区块或某一类质量问题，在众多的因素中寻求共性问题，宜采用统计技术，如图表、排列图、直方图等。

（一）单井固井质量因果图

根据本章第一节列出的影响固井质量因素，绘制因果图（图 4-15）。在进行单井分析时，可以对照图中因素逐一排除，最后确定影响单井固井质量的具体原因。

（二）统计分析法

统计分析方法有多种，列表法为常用非常直观的一种方法。如表 4-4 所示，“九五”期间调整井不同区块分层固井质量问题统计结果表明，以 S0 和 S0~S1 为代表的低渗高压层固井质量问题占主要地位，在实践中应针对主要问题制定切实可行的技术措施。

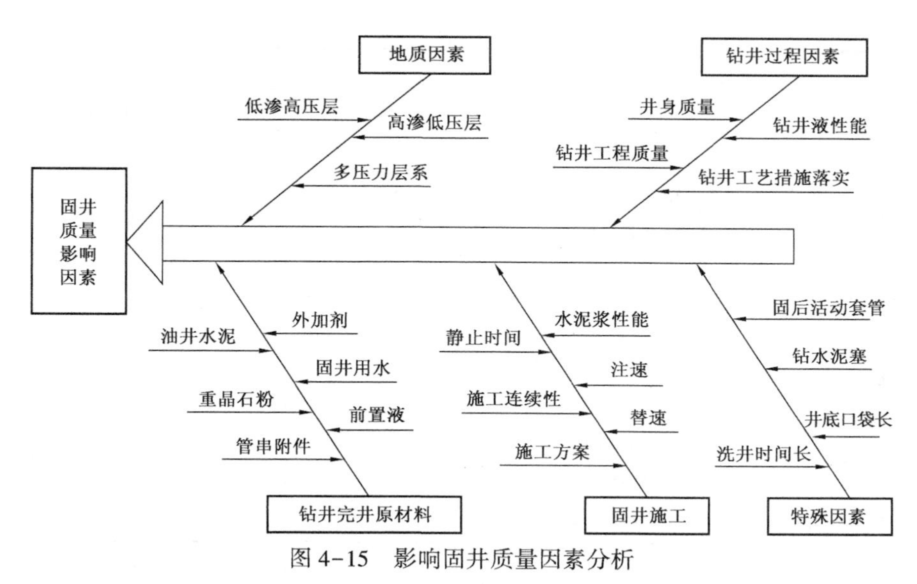

图 4-15　影响固井质量因素分析

表 4-4　调整井固井质量问题井层位统计表

区块		统计口数	起幅度层位（CBL>15%）									
			S0	S0～S1	S1	S1～S2	S2	S3	S～P	P1	P2	G1
喇嘛甸		4	4	1			1					
		比例,%	100	25			25					
萨尔图	北区	23	14	9	5	2	2	2	1	1	1	
	中区	10	8	6	3	1	1	1				
	南区	57	32	9	5	3	6	4	8	3	6	1
	小计	90	54	24	13	6	9	7	9	4	7	1
		比例,%	60.0	26.7	14.4	6.7	10.0	7.8	10.0	4.4	7.8	1.1
杏北		73	11	5	9	8	19	7	10	42	28	5
		比例,%	15.1	6.8	12.3	10.9	26.0	9.6	13.7	57.5	38.4	6.8
杏南		39	9	5	5	5	17	7	5	15	2	
		比例,%	23.1	12.8	12.8	12.8	43.6	17.9	12.8	38.5	5.1	
合计		206	78	35	27	19	46	21	24	61	37	7
		比例,%	37.9	17.0	13.1	9.2	22.3	10.2	11.7	29.6	18.0	3.4

表 4-5 为 2001 年对调整井影响固井质量因素调查，从调查结果分析，高渗低压层固井质量已成为制约调整井固井的主要矛盾。

表 4-5　2001 年调整井影响固井质量因素调查

序号	影响因素		作为主要因素	
			口数	比例,%
1	地层因素	低渗高压层	6	16.2
		高渗低压层	14	37.9
		多压力层系	12	32.4

续表

序号	影响因素		作为主要因素	
			口数	比例,%
2	钻井过程因素	井身质量差		
		钻井工程事故	3	8.1
		钻井液性能差		
		技术措施不当		
3	固井过程因素	水泥浆密度低		
		注替速低		
		施工故障		
		施工漏失	1	2.7
4	钻井完井材料	外加剂		
		管串质量差		
		隔离液起泡	1	2.7
5	其他因素			
合计			37	100

上述两个例子说明统计技术在分析固井质量以及制定提高固井质量措施方面的作用，在实际工作中，还有更多的实例，应根据分析目的选用合适的统计分析技术。

任务实施

一、任务要求

绘制固井质量管理的排列图、因果图并制定提高固井质量的方针和措施。

二、材料、工具

邻井资料、钻井作业记录、固井作业记录、测井解释、铅笔、尺子、橡皮等。

三、绘制固井质量管理排列图、因果图

绘制如图 4-15 所示的固井质量管理排列图、因果图。

任务考核

一、理论考核

（一）填空题

（1）影响固井质量的因素主要有________、________、________、________、________。

（2）影响固井质量的主要地层因素____________________、____________________、________、____________________。

（3）井身质量对固井质量的影响主要是______________和__________。

（4）影响固井质量的钻井原材料主要有________、________、________、________。

（5）固井施工对固井质量的影响主要有________、________、________、________等。

（6）固井质量分析的步骤是________、________、________、________。

（7）固井质量的分析方法主要包括________________、________________。

（8）为保证注水油田调整井的固井质量，对有影响的区块和注水井必须采取________、________等降压措施，直到声幅测井后方可恢复注水。

（二）简答题

（1）简述异常高压地层对固井质量的影响。

（2）简述欠压层对固井质量的影响。

（3）简述井径扩大率与固井质量的关系。

（4）简述钻井工艺措施对固井质量的影响。

（5）简述固井施工对固井质量的影响。

二、技能考核

（一）考核项目

绘制固井质量管理排列图、因果图，制定提高固井质量的措施。

（二）考核要求

（1）准备要求：详细查阅相关资料。

（2）考核时间：30min。

（3）考试形式：笔试。

学习情境五　完井作业

完井是联系钻井与采油生产的一个关键环节，是以油气储集层的地质结构、岩石力学性质和油层物性为基础，研究储层与井眼的最佳连通方式的技术工艺过程，包括钻开油气层、确定完井的井底结构、安装井底（下套管固井或下入筛管）、使井眼与产层连通并安装井口装置等环节。完井关系到油气井的稳产与高产，因此，应当选择最佳的完井方式为其创造最优的条件。在本情境中，主要介绍完井的各个环节，要求学生掌握常用的完井作业方式，熟悉完井作业方式选择流程。

知识目标

(1) 了解完井的概念；
(2) 掌握钻开油气层的工艺技术及钻开油气层的完井液；
(3) 了解目前常用完井方式的特点和原理；
(4) 熟悉直井、水平井及定向井完井作业方式的选择流程；
(5) 掌握常用的完井井口装置及其作用。

能力目标

根据地质特性和开发方式进行完井方式选择。

项目一　钻开油气层

任务描述

钻开油气层，是完井生产环节中的第一步，也是钻井与完井中的重要环节。钻开油气层，破坏了油气层原有的平衡状态，使油气层开始与外来工作液接触，这必然会给油气层带来伤害，它关系到一口井的产能和使用寿命，并关系到油气层改造方法的选择。因此，钻开油气层实际上是油气层钻井技术与储层保护技术的综合应用技术，即保护油气层的钻井完井技术。

任务分析

了解钻开油气层之前的准备工作、钻井作业对油气储层性质的影响，在此基础上，选择合适的钻井工艺技术及完井液。

学习材料

油气储层的岩石未被钻开时，它在地下是处于相对稳定状态的。当储层的岩石被钻开之后，原始的应力状况受到破坏，岩石在新的应力状态下获得新的平衡，因此岩石的机械性质、储油性质都发生变化。由于储层与钻井液体、完井液体相接触，液体与储层岩石发生化学、力学的接触，会使储层的性质发生变化。这些变化可能的后果就是使储层受到伤害；储层岩石失去稳定性使井眼变形；储油孔隙及通道产生形状变化使储层的渗流能力变差。伤害使井的产能降低，使井的寿命降低。另一变化是压力平衡关系的破坏引起井涌。

完井是使油气储层与井眼有良好的连通，并使储层岩石受到的不良影响降到最低程度。钻井的最终目的是迅速有效地开发油气资源，在整个钻井、完井过程中应当尽量保护油气层，不使油气层受到伤害。因此，钻开油气层是完井的一个重要的环节。

一、钻开油气层前的准备工作

钻开油气层是完井工程的开始，要安全、快速、优质地钻开油气层，必须科学地做好井控设计，包括合理的井身结构、钻井液的密度设计，而且要认真做好各项准备工作。

（一）准备好井控装置

井控装置是为实现平衡压力或欠平衡压力钻井而装设的，是指实施油气井压力控制技术的所有设备、专用工具和管汇。钻进中当井内液柱压力与地层压力失去平衡时，就要利用井控装置去正确控制和处理溢流，尽快重建井底压力平衡。

（二）检查好钻井设备

钻开油气层前除去前面规定的准备好井控装置外，还必须对绞车、井架、提升系统、动力机、钻井泵、循环系统，以及水、电系统进行全面检查，及时排除故障。井场电气设备、照明器具及输电线路应符合防火、防爆和安全技术要求，所有井控设备、专用工具、水、电气路系统应处于正常工作状态。

（三）准备好钻井液

按设计要求配制钻井液，钻井液密度必须符合设计，并储备足够的钻井液和加重剂，加重设备要好用。

（四）防火要求

（1）锅炉房、发电房和电气设备、照明器具及电路安装均应符合安全规定和防火防爆要求。发电房和锅炉房应设在当地季节风的上风方向，锅炉房应距井口 50m 以外，发电房应距离井口 30m 以外。

（2）按消防规定配齐泡沫灭火器、干粉灭火器、消防铁锹和消防桶等，必要时可配备消防水车和干粉炮车，在压井管线处接好灭火供水管线。

（3）钻开油气层前要清除柴油机排气管积炭，防止排气管排火，井口周围无积油和易燃物。

（五）防硫化氢中毒

（1）钻含硫化氢的天然气井，一定要使用密度大的钻井液，不能让硫化氢进入井内，应指定专人认真观察井口，发现溢流及时关井，尽快提高钻井液密度，组织压井。在井场硫化氢易积聚处（如井口、钻井液池、振动筛附近和钻台上）应安装硫化氢监测仪报警系统。

（2）井场工作人员必须配备便携式硫化氢监测仪。

（3）钻开油气层后要加强对钻井液中硫化氢的监测。

（4）当空气中硫化氢含量超过 10mg/L 时，监测器应能自动报警。

（5）配备足够数量的防毒面具、供氧呼吸器，并能正确使用，掌握救护硫化氢中毒的技能。

（六）人员培训和井控演习

（1）严格执行“井控操作证”制度，钻井队长、技术人员、技师、正副司钻等井场工作人员必须经过井控技术培训，取得合格证才能上岗操作。

（2）钻开油气层前，二级单位技术、安全部门要检查钻井队长、技术人员、技师、正副司钻等井场工作人员熟悉井控操作程序、岗位分工和岗位责任制的落实情况。二级单位领导应监督检查，认真执行。

（3）钻开油气层前应认真搞好井控演习，钻井班应在 2min 内完成任一钻井作业（钻进中、起下钻时）的关井程序，控制住井口。

（七）全面验收

钻开油气层前由钻井级单位组织安全科、技术部门、地质部门到现场对上述各项工作进行逐项检查，验收合格，经批准后才能钻开油层。不合格，不能钻开油气层。

二、钻井作业对油气储层性质的影响

在钻开储层岩石时，钻井液与岩石相接触。由于两者处于不同压力体系、浓度体系及化学物质的体系之中，因而钻井液会对储层岩石造成伤害。另外，由于岩石被钻开形成了井眼，应力状态重新分布，因此也会对储层造成影响。

（一）压力体系的影响

在一般情况下，钻开油气层时钻井液的液柱压力比地层压力要大。在这个钻井液柱压力之下，钻井液中的液相和固相都会进入储层岩石孔隙或裂缝之中，造成孔道的堵塞，使油气层受到伤害。

井眼内的钻井液柱静压力小于地层压力，会引起井涌，也是不允许的。

（二）化学物质体系的影响

钻井液中的化学物质不可能与构成储层岩石的物质和岩石中所含流体物质的化学成分完全相同。有些时候两种化学物质会发生反应，生成不溶于水的物质沉淀在孔道边壁，将孔道堵塞，或是钻井液的化学物质将岩石某些成分溶蚀、剥蚀，使胶结物受到破坏，使岩石坍塌、膨胀，也会使储层岩石的渗透性发生变化。

（三）浓度不平衡的影响

由于钻井液和地层流体这两种液体体系中的化学物质的浓度不一致，会发生化学物质的渗透现象，产生一定的渗透压力。在渗透压力的作用下使岩石胶结物产生破坏，或是使油气流动受阻。

由于液相、固相物质与储层岩石的相互作用，会使岩石胶结物破坏、孔道堵塞、岩石的润湿性变化、孔道产生水锁，造成了油气储集层结构的永久性伤害。其表现为：

（1）固相、液相物质进入油气储层的孔道之中，堵塞了油的流通通道，使一部分油不能被驱出，使孔隙度下降，渗透率减少，使井的开采储量下降，产量减少。

（2）固相、液相堵塞孔道造成渗透性变化，表现为孔道的水锁、结垢、胶结物脱落等现象。

（3）固相与液相进入储层岩石，还会使岩石骨架遭到破坏，造成出砂等问题。

（四）应力状态变化的影响

岩石在井下未被钻开时是处于稳定状态的。由于被钻开形成了井眼，则使应力状态重新分布，不仅给非储层的岩石带来了缩径、坍塌等岩石应力分布造成的问题，而且也对储集层造成影响。

岩石被钻开之后，井眼的岩石被钻掉，形成一个空洞穴，井壁周围的岩石失去了支撑，应力将重新分布，其结果是产生岩石将向井眼中心挤的趋势。由于井眼中有钻井液，可以起到一定的弥补应力的作用。

岩石的变形情况与岩石侧向变形能力有关。当岩石的侧向变形能力强（其表现为泊松比大）时，岩石向井眼中突出的现象就严重。石灰岩等高强度的岩石的侧向变形能力较小。变形能力也与钻井液的密度有关，密度小弥补侧向应力及变形的能力差，井眼变形严重；密度大，弥补能力会强。但超过了岩石的抗压强度，又会使岩石被压裂。

油气储层被钻开之后，岩石的侧向变形对储油结构也会有影响。对于孔隙较多、较大的砂岩储层，这一影响不太明显；但对于裂缝性储层，则有相当严重的影响。当产生侧向变形时，有些微小裂缝的张开程度会明显变小，甚至会闭合，使这些裂缝储层的渗透率降低，抵消了岩石的侧向变形。

在采油生产中，井筒内的压力降低使砂岩储层受到侧向挤压力的作用，同时受到油气流的冲刷，给砂粒一个拖曳力，会造成油气井的出砂。由于长期的采油生产，使产层内的压力下降，砂岩的骨架受力增加，砂岩也会被压碎而造成出砂。

三、钻开油气层的工艺技术

在钻开油气层的过程中，应尽量保持油气层的原始状态，岩石尽可能少受到完井液的伤害和少产生有害的变形，需要从选用合理的完井液体系和采用合理的钻井工艺技术两个方面入手。钻开油气层的工艺技术主要包括以下几个方面。

（一）确定合理井身结构

地层孔隙压力、破裂压力、地应力和坍塌压力是钻井工程设计和施工的基础参数，依据上述四个压力才有可能进行合理的井身结构设计，确定出合理的钻井液密度，为井身结构和钻井液密度设计提供科学依据，实现近平衡和欠平衡压力钻井，从而减少压差对储层所产生伤害。

井身结构设计原则有许多条，其中最重要的一条是满足保护储层、实现近平衡压力钻井的需要，因为我国大部分油气田均属于多压力层系地层，只有将储层上部的不同孔隙压力或破裂压力地层用套管封隔，才有可能采用近平衡压力钻井钻开油气储层。如果不采用技术套管封隔，裸眼井段仍处于多压力层系，当下部储层压力大大低于上部地层孔隙压力或坍塌压力时，如果用依据下部储层压力系数确定的钻井液密度来钻进上部地层，则钻井中可能出现井喷、坍塌、卡钻等井下复杂情况，使钻井作业无法继续进行；如果依据上部裸眼段最高孔隙压力或坍塌压力来确定钻井液密度，尽管上部地层钻井工作进展顺利，但钻至下部低压储层时，就可能因压差过高而发生卡钻、井漏等事故，并且因高压差而给储层造成严重伤害。

综上所述，选用合理的井身结构是实现近平衡钻进储层的前提，是实现近平衡压力钻井的基本保证。选用合理的井身结构是保护油气层少受伤害的一项重要措施。在钻入油气产层之前，用技术套管将上部地层封闭起来，在钻开油气层时换用优质钻井液，既可保护产层，又可减少产层在钻井液中的浸泡时间，使油层受到的伤害最小。合理的井身结构还可减少井下复杂情况的发生。对存在较薄弱地层、高压层、膨胀层的上部井段，用技术套管封闭，可避免钻井液密度调整的困难和钻井复杂情况的发生，有利于提高钻井速度。

（二）降低浸泡时间

钻井过程中，储层浸泡时间从钻开储层开始直至固井结束，包括纯钻进时间、起下钻接单根时间、处理事故与井下复杂情况时间、辅助工作与非生产时间、完井电测时间、下套管及固井时间。为了缩短浸泡时间，减少对储层的伤害，可从以下几方面着手：

（1）采用优选参数钻井，并依据地层岩石可钻性选用合适类型的牙轮钻头或 PDC 钻头及喷嘴，提高机械钻速。

（2）采用与地层特性相匹配的钻井液，加强钻井工艺技术措施及井控工作，防止井喷、井漏、卡钻、坍塌等井下复杂情况或事故的发生。

（3）提高测井一次成功率，缩短完井时间。

（4）加强管理，降低机组修停、辅助工作和其他非生产时间。

（三）搞好中途测试

为了早期及时发现储层、准确认识储层的特性、正确评价储层产能，中途测试是一项最有效打开新区勘探局面指导下一步勘探工作部署的技术手段。大量事实表明，只要在钻井中采用与储层特性相匹配的优质钻井液，中途测试就有可能获得储层真实的自然产能。

中途测试时，需依据地层特性选用负压差，不宜过大，以防止储层微粒运移或泥岩夹层坍塌。

（四）近平衡压力钻井

根据液柱压力与地层压力的关系，可将钻井技术划分为过平衡钻井、近平衡钻井、欠平衡钻井、精细控压钻井和自动（闭环）控压钻井技术。近平衡钻井技术是指在油气井钻井过程中，井筒液柱压力接近地层孔隙压力，压差范围从零（包含零）至过平衡规定正压差的下限，并能有效实施安全钻井的钻井技术，简称 NBDT（near balanced drilling technology）。

平衡压力钻井技术的要点就是选用合理的钻井液密度，使钻井液液柱压力与地层压力基本相等，减少压力差，使储层的伤害降低。钻井时井内钻井液柱有效压力等于所钻地层孔隙压力，即压差 $\Delta p=0$。此时，钻井液对油层伤害程度最小。

近平衡钻井时，考虑到起钻时的抽吸压力，井筒液柱压力可能会低于地层孔隙压力。但是在近平衡钻井概念上，井底压差应始终为正压差，所以钻开油气层后，要加强地层对比，及时预告地层，进行压力监测，钻井液密度比地层孔隙压力大些，即：

$$钻井液液柱压力=地层孔隙压力+\Delta p$$

式中，Δp 为压力附加值，油层为 1.5~3.5MPa，气层为 3.0~5.0MPa；如果用压力系数表示，油层为 0.05~0.10，气层为 0.07~0.15。

对于探井，油层情况不易掌握准，油层不要一次钻穿。及早发现溢流是井控的关键，从钻开油气层到完井每个工序均要落实专人坐岗观察井口和钻井液池液面的变化，发现溢流及时报告。钻进中遇钻时加快、放空、井漏、蹩钻、跳钻、气测异常、油气水显示，应立即停钻，通过节流管汇循环观察，发现溢流及时发出报警信号。

近平衡压力钻井中应使钻井完井液在某一井深处的静液柱压力小于该地层岩石的破裂压力，也就是说，在全井筒中任何井深的裸露岩石处都不会因钻井完井液液柱的静压力过高而使该处的岩石被压裂，在井筒中的薄弱岩层不会被选定的钻井完井液压漏。如果出现岩层可能被压漏的情况，应下技术套管将这一薄弱地层封固。

在近平衡压力钻井中，要准确地控制钻井完井液的密度，应尽可能准确地掌握地层压力、地层破裂压力和地层坍塌压力剖面，按地层压力及时调整钻井完井液的密度，并做好井控的准备。

（五）欠平衡压力钻井

在钻井液柱压力低于地层压力的条件下钻开油气层的技术是欠平衡压力钻井，也称为边喷边钻技术。所用的钻井液可以是空气或低密度的泡沫液。井场所用设备较常规钻井复杂。

在实施欠平衡压力钻井时，地层压力高于井筒液柱压力，地层流体会在钻进阶段不断地涌进井筒中。为防止大量的地层流体进入井筒而失控，在井口处必须安装旋转防喷器。旋转防喷器的作用是在钻具旋转的情况下能将方钻杆密封，既不影响钻具的上提下放，又可控制井口压力，防止大量的地层流体涌进井筒，造成井的失控。

在钻开油气层时地层流体有控制地从岩石孔隙进入井筒，可防止钻井液中的液、固相进入岩石孔隙中，几乎可完全避免油气层受到伤害。进入井筒的液体经旋转防喷器的放喷管线引到井场之外安全处理。

在这种技术中，旋转防喷器的质量和可靠程度是欠平衡压力钻井能否成功的关键。另一个关键是地层压力与钻井液柱压力差值的控制。压力差太大，大量的地层流体进入井筒中，使旋转防喷器负载过大，喷出的流体量过大，即使喷出物（主要是可燃气体）处理量大又带来危险；同时过大的压力差也有可能将岩石压破，使井壁坍塌。地层压力与液柱压力差太小，虽然排出的气体减少，但不能有效地防止钻井液中的液、固相伤害油气层。通常是根据旋转防喷器的承载能力、井场处理喷出流体的能力和被钻开岩层的岩石强度确定适当的压差。压力差应为地层岩石强度的1/3~1/2。

采用泡沫液体为钻井液时，通常是用发泡剂，配合发泡设备在钻井液中形成大量的小直径气泡，使气泡占据液体的空间，降低密度，密度可降低到0.3~0.9g/cm^3。泡沫液体从井筒中返出后一般是废弃掉。泡沫液体的清除固相技术和再循环技术尚不成熟，因此对环境污染较严重，成本也比较高。

应用这种技术钻开油气层后如果没有适当的完井技术，须用密度较高的液体压井后再下完井管柱，故在完井阶段的液体污染问题仍待解决。

四、钻开油气层的完井液

钻开油气层的完井液（即钻井液）不仅要满足安全快速、优质、高效的钻井工程施工需要，而且要满足保护油气层的技术要求。目前我国已形成较完整的用于钻开油气层的完井液。钻开复杂储层的主要完井液技术归纳为以下几方面。

（一）屏蔽暂堵技术

屏蔽暂堵技术建立在油气藏物性基础上，是在充分认识油气藏岩石的矿物组成，敏感性矿物的组分、含量、产状以及储层的孔隙结构、孔隙度、渗透率、温度、地层水成分等之后，提出的一项对钻井作业和完井液无特殊要求的保护储层技术。该项技术的要点是利用完井液中已有固相粒子对储层的堵塞规律，人为地在完井液中加入一些与储层孔喉的堵塞机理相匹配的架桥粒子、填充粒子和可变形的封堵粒子，使这些粒子能快速地（几分钟至十几分钟）在井壁周围10cm以内形成有效的、渗透率几乎为零的屏蔽环，阻止完井液中的固相和液相进一步侵入储层。这样既消除了钻井完井和固井时钻井完井液、水泥浆对储层的伤害，也消除了浸泡时间过长对储层的伤害。然后，利用射孔把屏蔽环射开，达到对储层没有伤害或伤害很小的目的。这项技术在保护储层观念上的突破就在于提出了把近井壁地带的储层堵死以防止外来物质的侵入。这与传统的保护储层的概念是完全不一样的。

屏蔽暂堵带的形成是有条件的，除需要有一定的正压差外，还与完井液中所选用暂堵剂的类型、含量及其颗粒的尺寸密切相关，其技术要点是：

（1）用压汞法测出油气层孔喉分布曲线及孔喉的平均直径。

（2）按平均孔喉直径的1/2~2/3选择架桥颗粒（通常用细目$CaCO_3$）的粒径，并使这类颗粒在完井液中的含量大于3%。

（3）选择粒径更小的颗粒（大约为平均孔喉直径的1/4）作为充填颗粒，其加量应大于1.5%。

（4）再加入1%~2%可变形的颗粒，其粒径应与充填颗粒相当，软化点应与油气层温度相适应。这类颗粒通常从磺化沥青、氧化沥青、石蜡、树脂等物质中进行选择。

通过实施屏蔽暂堵保护油气层完井液技术（简称屏蔽暂堵技术），可以较好地解决裸眼井段多套压力层系储层的保护问题。

（二）复杂储层的完井液

钻开复杂储层的完井液技术的特殊性体现在两个方面：一方面在于井下地层给安全正常钻进带来的复杂问题，如钻进过程中的漏、喷、塌、卡事故，也包括由于特殊钻井工艺对钻井提出的更高要求；另一方面敏感性储层的保护问题将更进一步增加其技术难度，而且往往复杂的钻井问题和储层保护问题交织在一起互相影响而使问题更加复杂化，从而成为当前需要解决的主要技术难题之一。实践表明，复杂地质条件下的完井液大多为改性完井液。

1. 易漏易塌井的完井液

井漏和井塌本身就是钻井所需解决的技术难题之一，它要求完井液必须具备防塌、防漏和保护储层的三种功能。首先是如何保证安全、正常地钻开储层，即必须防漏、防塌、防喷，其后在此基础上实施保护储层技术。

第一，要确定合理的完井液密度。此密度必须大于造成井壁力学不稳定的侧应力（或坍塌应力），但又必须小于地层破裂压力，同时应很好地调整完井液的流变性及注意钻井工艺（合理的水力参数、合理的钻具组合及适当的起下钻速度），以防止抽汲和压力激动所造成的井塌或井漏。

第二，必须提高完井液的抑制性。这是井壁稳定的需要，同时也是对敏感性储层进行保护的需要。提高完井液抑制性的办法很多，如使用无机盐（特别是K^+、NH_4^+、Ca^{2+}）、高分子聚合物（非离子聚合物、阳离子聚合物、两性离子聚合物等）、无机聚合物、正电胶等。但同时能满足井壁稳定又保护储层的办法却并不十分普遍，因此必须分别用井壁稳定和储层保护的评价方法进行筛选，以获得同时能满足防塌和保护储层抑制性需要的完井液体系。

第三，必须提高体系的造壁和封堵能力。针对地层特点，选择其最佳方式及办法，不仅防塌，而且兼顾保护储层。在采用屏蔽暂堵技术后，有可能提高地层破裂压力，减少井漏的可能性。

第四，若漏层与产层同层，则必须首先堵漏，而且最好是堵漏与屏蔽暂堵统一起来，先堵漏层，以此为基础进行屏蔽暂堵。

第五，必须采用适当的钻井工艺措施。

显而易见，钻开这类储层大多采用改性完井液，并且采用屏蔽暂堵技术。

2. 调整井的完井液

调整井所钻油气层的原始平衡状态已破坏，因此，无论从钻井角度还是从保护储层角度，都应针对这种已发生变化的油藏采取针对性的措施。

一般有两种情况。一是注水开发后，有的单层见到注水效果，压力异常，大大高于其他各层。这种情况下钻井调整过程中，若完井液密度过高就可能漏失，若完井液密度偏低又会发生井涌或井喷。二是溶解气驱开采或多轮次的蒸汽吞吐开采井，油层压力异常低，在钻调整井过程中，会经常出现完井液大量漏失。

遇到上述第一种情况，若高压层在上部，则可采用高密度完井液压住高压层，再对低压层堵漏或加入屏蔽暂堵剂，直至低压层能承受高密度完井液的液柱压力而不漏失时，则可钻完全井各油层。若低压层在上部，则可先堵漏或加入屏蔽暂堵剂，然后逐步加大钻井完井液的密度，钻开高压层。至于第二种情况，则可以采用屏蔽暂堵完井液钻穿全井段。若低压层的薄互层中有高压层，也可以采用与第一种情况类似的方法处理。目前，钻井工程已有解决上述情况的技术和能力。

3. 深井及超深井的完井液

深井及超深井的完井液的最大特点是应用于高温高压条件下，而且深井、超深井经常使用高密度的完井液（有时密度超过 2.00g/cm^3）会对储层产生高正压差。因此，深井、超深井钻井必须首先考虑高温的影响，包括高温改变和破坏完井液性能两个方面。

高温的复杂作用使深井及超深井的完井液的井下高温性能及热稳定性变得十分复杂，需要专门的评价方法和专用的耐温处理剂，从而形成了一项特殊的技术。另一方面，由于高温的作用使一些专用完井液（如气基完井液、清洁盐水、有固相无黏土相盐水体系等）不宜采用，还是采用改性钻井液做完井液为好。同时由于高温高压和高正压差的存在，井越深浸泡时间越长，为使用屏蔽暂堵技术提供了良好条件。但两大技术问题需要解决：一是要有在对应高温度（150~180℃）下发生形变的填充粒子；二是其暂堵效果必须在深井温度、压差条件下进行评价，这样才对应用具有实际指导意义。

4. 定向井及水平井的完井液

作为定向井及水平井的完井液，钻开储层时必须解决三大技术难题：一是携带岩屑问题（包括解决垂沉现象）；二是大斜度井段、水平井段的井眼稳定问题；三是润滑降摩阻的问题。

定向井、水平井钻井对储层伤害的机理与垂直井相同，但其评价方法有差异，因为水平井应该考虑三向渗透率。定向井，特别是水平井，在对储层伤害的因素上与直井的差异主要有：

（1）储层与完井液接触面积比直井大得多，对储层伤害的可能性更大，其储层保护的技术难度更大。

（2）储层浸泡时间长。水平井钻井时间一般比直井长，而且从钻开目的层到完钻所用时间比直井长，伤害范围增加，伤害带半径增大，特别是在储层中的初始水平井段。

（3）对储层压差大。储层中进行水平钻进时，随水平段增长，流动附加压力作用于所钻储层上，使其压差不断增大。

（4）储层伤害各向异性明显。由于钻具与井壁岩石作用，在井眼下方位的伤害程度要强于侧方位和上方位。

（5）一定压差下，自然返排解堵效果不如直井好，辅助性的清除滤饼的方法是必要的，如酸洗、氧化解堵、微生物解堵、复合解堵等。

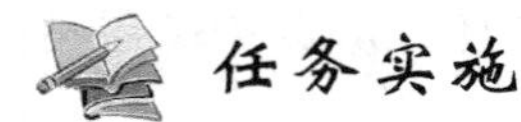

一、任务要求

掌握钻开油气层的工艺技术，钻开油气层时的完井液。

二、资料、工具

一口井钻开储层的工艺技术及完井液配方。

任务考核

一、理论考核

（一）填空题

（1）完井工艺过程包括：________、________、安装井底（下套管固井或下入筛管）、使井眼与产层连通并安装井口装置等环节。

（2）井眼内的钻井液柱静压力________地层压力，会引起井涌，这是不允许的。

（3）________、________、________和________是钻井工程设计和施工的基础参数，依据上述四个压力才有可能进行合理的井身结构设计。

（4）在钻井液柱压力低于地层压力的条件下钻开油气层的技术是________，也称为边喷边钻技术。所用的钻井液可以是空气或低密度的泡沫液。

（5）提高完井液抑制性的办法很多，可以用________、________、无机聚合物、正电胶等。

（6）作为定向井及水平井的完井液，钻开储层时必须解决三大技术难题：一是________；二是________；三是________。

（二）简答题

（1）钻开油气层前的准备工作包括哪些？

（2）简述钻开油气层的工艺技术。

（3）什么是近平衡压力钻井？什么是欠平衡压力钻井？

（4）什么是屏蔽暂堵技术？其技术要点是什么？

（5）易漏易塌井的完井液具有哪些特点？

二、技能考核

（一）考核项目

分析一口井钻开储层的工艺技术及完井液。

（二）考核要求

（1）准备要求：查阅相关信息。

（2）考核时间：30min。

（3）考核形式：笔试。

项目二　完井方式选择

任务描述

完井方式选择是完井工程的重要环节之一，目前完井方式有多种类型，但都有其各自的适用条件和局限性，只有根据地质特性和开发方式选择最合适的完井方式，才能有效地开发油气田，延长油气井寿命和提高其经济效益。本任务要求学生掌握各类完井方法的特点与原理，能根据地质特性和开发方式选择最合适的完井方式。

任务分析

进行完井作业方式选择之前，了解完井方式选择的原则、思路及依据，认识目前常用的完井方式的特点和原理是非常必要的。油气藏类型、油气层岩性不同，所选的完井方法就不同。即使在同一油气藏中，井所处的地理位置不同，所选完井方法也可能有差别。完井方法的选择必须依据油气田地质和油气藏工程特点，同时要考虑到采油（采气）工程技术要求，要有预见性。

学习材料

一、完井方式选择的原则及思路

在制订钻井设计过程中，应以满足勘探开发的需要、提高最终采收率和获得最长的油井寿命为目标，对油气层的物性、开采方式和综合经济指标进行分析对比，合理地选择完井方法。

（一）选择原则

（1）最大限度地保护油气层，防止对油气层造成伤害。

（2）减少油气流入井筒的阻力，提高完善系数。

（3）有效封隔油气水层，防止各层之间互相窜扰。

（4）克服井塌或油层出砂，保障油气井长期稳产，延长生产期限。

（5）可以实施注水、压裂、酸化等特殊井下作业，便于修井。

（6）工艺简便易行，施工时间少，成本低，经济效益好。

（二）完井方式选择的思路

（1）根据井眼稳定性判据，从大的方面选择是否采用能支撑井壁的完井方法。

（2）根据地层出砂判据，从大的方面选择是否采用防砂型的完井方法。

（3）根据油气藏类型、油气层特性和工程技术及措施要求等方面的因素，从流程图初步选择完井方法（选出的完井方法可能有几种）。

（4）针对初选的几种完井方法，对每一种完井方法的完井产能进行预测。

（5）根据每一种完井方法的完井产能预测结果，再进行单井动态分析。

（6）根据单井动态分析，结合钻井、完井投入与生产的收益进行经济效益评价，最终优选出经济效益最佳的完井方法。

二、完井方式选择依据

完井方式选择必须依据油气田地质和油气藏工程特点，同时要考虑到采油、采气工程的技术要求，如图 5-1 所示。

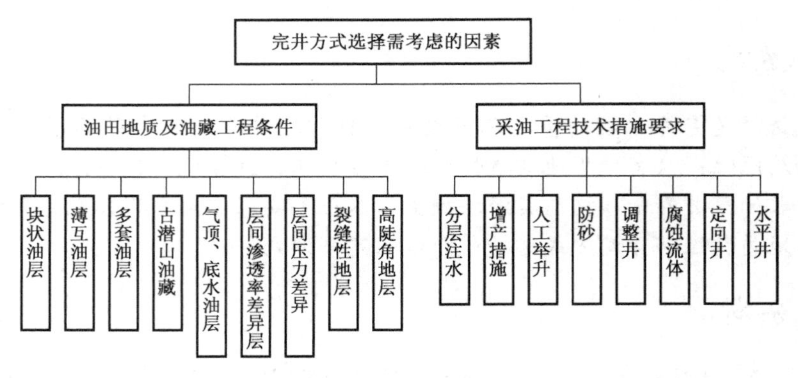

图 5-1　完井方式选择依据

（一）注水

我国的砂岩油田主要是陆相沉积，其特点是层系多、薄互层多，低渗透油层占有不小比例，油层压力普遍偏低。因此油田大多采用早期注水开发，而且是多套层系同井开采，常采用分层注水工艺。由于注水贯穿于油田开发的全过程，特别是深井低渗透油层的注水压力较高（注水压力接近油层破裂压力），因此在选择完井方法时不仅要求能分隔层段，而且还应保证注水井在长期承受高压下正常工作。注水井一般采用射孔完井方法。

（二）压裂、酸化

砂岩地层大多需要压裂投产或者注水开发后压裂增产，砂岩地层多因层系多而需要采取分层压裂。在从油管注压裂液时，由于排量大、摩阻高，因而施工压力高，在选择完井方法时只能选择套管射孔完井。

对于碳酸盐岩，不论是裂缝性还是孔隙性地层，大多需要进行常规酸化投产，有时还需要进行大型酸化、酸压，因此必须采用套管射孔完井。

（三）气顶、底水控制

不论砂岩或碳酸盐岩油气藏都存在气顶和底水控制问题，有的油藏可能同时存在气顶、底水，或者仅有气顶或底水，完井时必须充分考虑如何发挥气顶和底水的有利作用，同时又要能有效地控制其不利影响。

（四）注蒸气热采

稠油，特别是特稠油和超稠油，因地下黏度高导致油几乎不能流动，用常规方法无法开采，必须热采。当前，世界各国主要使用注蒸汽热采。此外，由于稠油油藏大多为黏土或原油胶结，油层极易出砂，因此需要考虑防砂的问题。大厚稠油层若无气顶、底水、夹层水，可采用裸眼砾石充填完井。但另一方面，大厚油层裸眼完井难以调整吸气剖面，采用裸眼完井应慎重考虑。一般来说，多采用套管射孔井在管内砾石充填完井。

（五）防砂

若判定油层生产时会出砂，则应选择防砂型完井方法。一般情况下，厚油层、无气顶、无底水时，可采用裸眼或套管射孔完井防砂；薄层或薄互层则应采用套管射孔完井防砂。根据出砂程度和砂粒直径的大小可选择不同的防砂方法。

（六）防腐

硫化氢（H_2S）或二氧化碳（CO_2）含量较高的天然气井，应考虑使用防腐套管和油管，完井时应下永久封隔器，防止腐蚀性气体进入油套管环形空间。有的油田地层水矿化度很高，如中原油田的地层水高达 200000～300000mg/L，塔里木东河塘砂岩地层水矿化度达 200000～260000mg/L。这些高矿化度地层水对套管腐蚀严重，完井时必须采用防腐套管，同时应下永久封隔器，开采时采取相适应的防腐措施保护套管。

（七）地层砂粒度大小及地层砂均质性

地层砂粒分级方法见表 5-1。地层砂均质性是指砂粒分选的均匀性，一般用均匀性系数 $c(c=d_{40}/d_{90})$ 来表示，$c<3$ 为均匀砂；$c>5$ 为不均匀砂；$c>10$ 为极不均匀砂。

表 5-1　地层砂粒分级

粒径，mm	级别
≤0.1	特细砂或粉砂
0.1～0.25	细砂
0.25～0.5	中砂
0.5～1.0	粗砂
≥1.0	特粗砂

如果地层出砂，对粗砂地层，可用割缝衬管完井；对中、细砂粒的地层，可用绕丝筛管完井；而对细砂和粉砂地层，可用井下砾石充填完井、预充填砾石筛管完井及金属纤维防砂筛管完井、多孔冶金粉末防砂筛管完井、多层充填井下滤砂器完井等。

三、完井井底结构类型

选择井底结构要考虑的因素有储层类型、储层岩性和渗透率、油气分布情况、完井层段的稳定程度，以及附近有无高压层、底水或气顶等。例如，对于均质硬地层可采用裸眼完井，而非均质硬地层则采用套管完井；非稳定地层采用非固式筛管完井；产层胶结性差，存在出砂问题，则应采用防砂筛管完井。

根据不同的储层条件，完井井底结构大体可分为四大类。

第一类是封闭式井底，即钻达目的层后下油层套管或尾管固井，封堵产层，再用射孔法打开产层。

第二类是敞开式井底，即钻开产层后不封闭井底，产层裸露，或是下带孔眼的筛管但不固井。

第三类是混合式井底，即产层下部是裸眼，上部下套管封闭后射孔。

第四类是防砂完井，主要是用砾石充填在筛管或其他生产管柱及产层之间用于防止出砂的完井。

四、完井方式

完井方式是指油气井井筒与油气层的连通方式，以及为实现特定连通方式所采用的井身结构、井口装置和有关的技术措施。目前国内外最常见的完井方式有射孔完井、割缝衬管完井、裸眼完井、裸眼或套管砾石充填完井等。

（一）射孔完井

射孔完井是指下入油层套管封固产层后再用射孔弹将套管、水泥环、部分产层射穿，形成油气流通道的完井方法。射穿产层后的油气井的生产力能受产层压力、产层性质、射孔参数及质量的影响。在石油勘探开发中，射孔完井是目前主要的完井方法，大约要占完井总数的90%以上。

1. 射孔完井的适用性

射孔完井是使用最多的完井方式，几乎所有的储层都可用此法打开，因而产生许多误解，认为射孔是最好的完井方式。但研究发现，并不是所有的储层都适合于射孔完井。

射孔完井可应用于各种储层，无论是孔隙型、裂缝型、孔隙—裂缝型还是裂缝—孔隙型的储层；无论储层的强度是大是小，是否均质，压力体系是否相等都可用这种完井方法。也就是说大多数的储层都可采用射孔完井方式。虽说如此，但只有非均质储层，才最适合用射孔完井。非均质储层的特点是稳定性岩层和非稳定岩层相互交错，不同压力体系的岩层相互交错，有含水、含气的夹层，或是有底水和气顶。均质的储层更适合于其他的完井方式。

2. 射孔完井的优缺点

射孔完井法的主要优点包括：

（1）能比较有效地封固和支持疏松易塌的生产层。

（2）能够分隔不同压力和不同特点的油气层，可进行分层开采和作业。

（3）可进行无油管完井和多油管完井。

（4）可避开气顶、底水和夹层。

射孔完井法的主要缺点包括：

（1）打开生产层和固井过程中，钻井液和水泥浆对生产层的伤害较严重。

（2）由于射孔数目、孔径、孔深有限，油气层与井眼连通面积小，油气入井阻力较大。

3. 射孔完井的类型

射孔完井是国内外使用最为广泛的一种完井方式，包括套管射孔完井和尾管射孔完井。

1）套管射孔完井

套管射孔完井是钻穿油层直至设计井深，然后下油层套管至油层底部注水泥固井，最后射孔，射孔弹射穿油层套管、水泥环并穿透油层某一深度，建立起油流的通道，如图 5-2 所示。套管射孔完井既可选择性地射开不同压力、不同物性的油层，以避免层间干扰，还可避开夹层水、底水和气顶，避开夹层的坍塌，具备实施分层注采和选择性压裂或酸化等分层作业的条件。

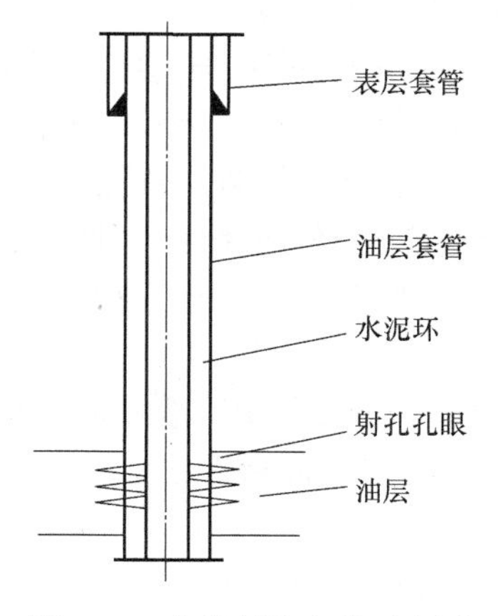

图 5-2　套管射孔完井示意图

2）尾管射孔完井

尾管射孔完井是在钻头钻至油层顶界后，下技术套管注水泥固井，然后用小一级的钻头，钻穿油层至设计井深，用钻具将尾管送下并悬挂在技术套管上。尾管和技术套管的重合段一般不小于50m，再对尾管注水泥固井，然后射孔，如图5-3所示。尾管射孔完井时，由于在钻开油层以前上部地层已被技术套管封固，因此可以采用与油层相配伍的钻井液以平衡压力、低平衡压力的方法钻开油层，有利于保护油层。此外，这种完井方式可以减少套管重量和油井水泥的用量，从而降低完井成本，由于产层多数都存在层间干扰问题，加之射孔工艺技术的发展使完井的某些缺点已经得到克服。因此，目前国内外90%以上的油气井都是采用套管射孔完井，较深的油气井大多采用尾管射孔完井。

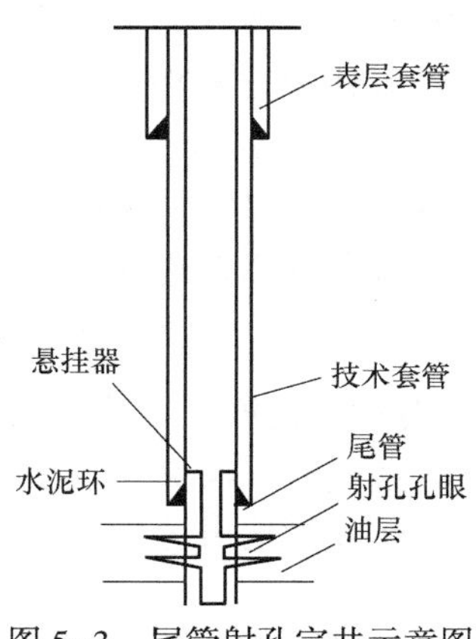

图 5-3　尾管射孔完井示意图

4. 射孔工艺

射孔工艺是指选择射孔完井方式所采用的射孔方法。应根据油藏和流体特性、地层状况、套管程序和油田生产条件选择恰当的射孔工艺。在射孔作业时，根据射孔枪下入（输送）方式和井眼状况的不同，射孔工艺可划分为电缆传输射孔和油管传输射孔，根据井筒压力与地层孔隙压力之间的关系不同又可划分为负压射孔、正压射孔。

正压射孔是井筒内的液柱压力高于储集层压力时进行射孔。射孔时，用绞车将缆式射孔枪下到预定深度，由地面通过电缆点火击发射孔弹，射开储层。射开储层时井筒内液柱压力大于产层压力，地层流体不会立即进入井中，不会产生井喷。将所有产层射完后，起出射孔工具，下入油管排出射孔液，使井筒内的压力降低，使高渗层产液。正压射孔时孔道得不到及时的清洗，射孔的残渣不能随流体排出孔外，而是留在孔道内堵塞产层孔隙。射孔液在正压下侵入孔道，会对储层造成伤害。虽然可采用各种方法解堵，但对储层的伤害是难以消除的。正压射孔所用工具简单，无井喷危险。由于对储层有较大的伤害，目前在国外已基本停止使用。今后我国也将停止使用。

所谓负压射孔是采用低密度射孔液或是降低液柱高度使井筒的液柱压力低于储层压力时进行的射孔。负压射孔的优点是能减少储层在射孔中的伤害。过油管射孔是负压射孔的一种。

过油管射孔是先把油管下到射孔层位以上 10~20m，装好井口，通过井口防喷器用电缆下入射孔枪，关闭防喷器，通过磁定位器准确定位，在地面点火射孔。

过油管射孔时所选用的负压值应恰当：太大，工具难下入；太小，起不到应有的作用。高渗透区，可采用 1.378~3.477MPa（产液）及 6.89~13.78MPa（产气），低渗透区可采用上值的两倍。

负压射孔也可采用油管传输射孔。油管传输射孔也称无电缆射孔。这是一种国内外推广的新射孔技术。它是将射孔枪直接装在油管上，配好油管的尺寸下到井中，校正好射孔位置，装好采油井口，关住井口，用投棒的方法或环空加压的方法击发射孔弹，进行射孔。

射孔的工具是射孔枪。射孔枪分为电缆枪和无缆射孔枪。电缆枪分为管式枪和绳式枪。有过油管射孔枪、钢丝射孔器、钢管射孔枪等。电缆枪是靠电缆或钢丝绳送入井下，由电点火击发。无缆枪由油管送入井下，也称为油管传输射孔枪。常用的射孔弹是聚能射孔弹，也有使用子弹进行射孔的。

射孔的参数包括射孔密度、射孔孔道直径、孔道深度、射孔相位角、油层射开长度等。这些参数由岩石强度、产层性质、油藏开发方案来决定。射孔密度一般为 10~20 孔/m，最大可达 36 孔/m。射孔孔道直径一般为 10~16mm，最大可达 25mm。孔道应接近圆柱形。射孔的相位角常在 72°~180°，沿螺旋状分布。在同一横截面上不允许有一个以上的射孔孔道。射孔的深度除应穿透套管、水泥环外应尽可能地超过产层伤害带。

5. 射孔液

射孔液是指射孔施工过程中采用的工作液。以往，没有专门的射孔液，往往使用固井时的顶替钻井液进行射孔，由于射孔孔眼穿入油层一定深度，所以对产层造成严重伤害。因此，要保证最佳的射孔效果，就必须研究筛选出适合于油气层及流体特征的优质射孔液。

1）射孔对射孔液的要求

射孔液总的要求是保证与油层岩石和流体配伍，防止射孔过程中和射孔后对油层的进一步伤害，同时又能满足射孔施工工艺要求，并且成本低、配制方便。因此，射孔液体系的选择必须结合实际地层情况和射孔工艺类型，选择既能保护储层又能顺利完成施工作业的最佳射孔液体系。

选择射孔液时，首先应根据油气层的特性和现场所能提供的条件确定最适宜的射孔液体系，然后根据油气层的岩心矿物成分资料、孔隙特征资料、油水组成资料及五敏试验资料进行射孔液的配伍性试验。通过上述工作才能确定出对本地区油气层无伤害或基本无伤害的优质射孔液。为此，提出了以下射孔液的设计要求：

（1）要求体系应有与地层相适应的密度，密度可调。

（2）与油气藏岩石配伍（包括黏土稳定、不堵塞孔喉和产生润湿反转等）。

（3）与油气藏流体配伍（包括不结垢、不结晶、不产生水合物、水乳化等）。

（4）可以保护油管、套管和井下设备（低腐蚀）。

（5）在地面和井下等条件下具有良好的稳定性（温度稳定性）。

（6）体系可通过常规程序进行安全处理。

（7）有利于保护环境和安全，一是考虑对环境的污染，二是考虑对操作人员的安全。

（8）射孔液必须与射孔工艺相适应。

（9）成本低廉，原材料来源广，还要考虑工艺的复杂性和重复使用性能。

2）常用射孔液体系及其特点

（1）无固相清洁盐水射孔液。

无固相清洁盐水射孔液是由各种盐类及清洁淡水加入适当的外加剂配制而成的。该射孔液保护油层的机理是利用体系中各种无机盐及其矿化度与地层水中的各种无机盐及其矿化度相匹配，液体中的无机盐改变了体系中的离子环境，降低了离子活性，减少了黏土的吸附能力。在滤液侵入油层后，油层中的黏土颗粒仍然保持稳定，不易发生膨胀运移，因而尽可能地避免油层中敏感性黏土矿物产生变化。同时，由于射孔液中无固相颗粒，不会发生外来固相侵入油层孔道的问题。此种射孔液具有成本低、配置方便、使用安全的特点，但对于裂缝性地层、渗透率较高且速敏效应严重的油层不宜使用。

这类射孔液的优点是：无人为加入的固相侵入伤害；进入油气层的液相不会造成水敏伤害；滤液黏度低，易返排。缺点是：要通过精细过滤，对罐车、管线、井筒等循环线路的清洗要求很高；滤失量大，不宜用于严重漏失的油气层；无机盐稳定黏土的时间短，不能防止后续施工过程中的水敏伤害；清洁盐水黏度低，携岩能力差，清洗炮眼的效果不好。

（2）聚合物射孔液。

聚合物射孔液主要用于可能产生严重漏失（裂缝）或滤失（高渗透）以及射孔压差较大、速敏较严重的油层。它是在无固相盐水射孔液的基础上，根据需要添加不同性能的高分子聚合物配制而成的。加聚合物的主要目的是调整流变特性和控制滤失量。

有时为了获得更好的滤失效果，还可以加入不同类型的固相作为桥接剂。桥接剂可以是酸溶液（如 $CaCO_3$、$MgCO_3$）、水溶性（如盐粒）或油溶性（油溶性树脂）溶液。该体系常加入的聚合物增黏剂有 HEC（羟乙基纤维素）、改性 HEC、生物聚合物 XC（黄胞胶）、聚丙烯酰胺（PAM）及其衍生物、木质素磺酸钙或合成聚合物等。

聚合物类型和浓度的选择主要根据滤失量和滤液伤害率来确定，总的要求是滤失量小、对油层的伤害小。

常用的聚合物射孔液包括以下几种：阳离子聚合物黏土稳定剂射孔液、无固相聚合物盐水射孔液、暂堵性聚合物射孔液。

（3）油基射孔液。

油基射孔液可以是油包水型乳状液，或者直接用原油或柴油加入一定量的外加剂制成。油基射孔液由于滤液为油相，避免了油层的水敏作用。但应注意由于某些外加剂（如表面活性剂）的作用可能导致油层润湿反转（由亲水变为亲油），或者是用作射孔液的原油中的沥青或石蜡等乳化剂进入油层会形成乳状液，使油层渗透率降低，因此使用前应进行防乳破乳试验，使用中应注意防火和安全。

（4）酸基射孔液。

酸基射孔液是由醋酸或稀盐酸加入适量不同用途的外加剂配制而成的。由于盐酸或醋酸本身具有一定的溶解岩石矿物或杂质的能力，可使射孔后孔眼中以及孔壁附近压实带的物质得到一定的溶解，从而预防射孔后压实带渗透率降低及残留颗粒堵塞孔道。一般采用10%左右的醋酸溶液或5%左右的盐酸溶液对油层进行处理。

与水基射孔液类似，该类射孔液必须加入黏土稳定剂、破乳剂、防腐剂。此外，还应加入铁离子稳定剂（螯合剂）、抗酸渣外加剂（酸与原油接触可能形成酸渣）。酸的类型和浓度的选择应是本体系重点考虑的因素。

酸基射孔液的使用应当注意两个问题：一是防止酸与岩石或油层流体反应生成沉淀和堵塞，尤其是酸敏矿物较多的油层更应当慎重选用；二是要考虑设备和管线的防腐问题，尤其是在含硫化氢的油气层会引起钢材严重腐蚀和脆裂。

（二）裸眼完井

裸眼完井是指完井时井底的储集层是裸露的，只在储层以上用套管封固的完井方法。裸眼完井只适用于在孔隙型、裂缝型、裂缝—孔隙型或孔隙—裂缝型坚固的均质储层中使用。比较适用的储层岩石是石灰岩、坚硬的砂岩、泥页岩等。裸眼完井法的优点是储层直接和井眼连通，油气流进入井眼的阻力最小。尤其是先期裸眼完井的优点更为明显。当然，裸眼完井也有缺点。

1. 裸眼完井法的优缺点

1）裸眼完井法的优点

（1）排除了上部地层的干扰，可以在受伤害最小的情况下打开储层。

（2）在打开储集层的阶段如遇到复杂情况，可及时提起钻具到套管内进行处理，避免事故的进一步复杂化。

（3）缩短了储层在洗井液中的浸泡时间，减少了储层的受伤害程度。

（4）由于是在产层以上固井，消除了高压油气对封固地层的影响，提高了固井质量。储层段无固井中的伤害。

2）裸眼完井法的缺点

（1）适应面窄，不适应于非均质、弱胶结的产层，不能克服井壁坍塌、产层出砂对油井生产的影响。

（2）不能克服产层间的干扰，如油、气、水的互相影响和不同压力体系的互相干扰。

（3）油井投产后难以实施酸化、压裂等增产措施。

（4）先期裸眼完井法是在打开产层之前封固地层，但此时尚不了解生产层的真实情况，如果在打开产层的阶段出现特殊情况，会给后一步的生产带来被动。

（5）后期裸眼完井没有避免洗井液和水泥浆对产层的伤害和不利影响。

2. 裸眼完井法的分类

裸眼完井分为先期裸眼完井、复合型完井和后期裸眼完井三种方法。

先期裸眼完井法是钻头钻至油层顶部附近后，取出钻具下套管注水泥浆固井，水泥浆从套管和井壁之间的环形空间上返至预定高度，待水泥浆凝固后，从套管中下入直径较小的钻头，钻穿水泥塞和油层，直至达到设计井深，如图5-4所示。

复合型完井法是指对于油层较厚、油层上部有气顶或顶界附近有水层，此时可以将生产套管下过油气界面，用以封隔上部的气顶，然后下部裸眼完成，必要时可以再将上部的含油段射开，如图 5-5 所示。

后期裸眼完井是当钻头钻至油层顶部附近后，不用更换钻头，用同一尺寸的钻头钻穿油气层直至设计井深，然后下套管至油气层顶部，注水泥固井。为了防止固井时水泥浆伤害套管鞋以下的油层，通常在油层段垫砂或替入低失水、高黏度的钻井液，以防止水泥浆下沉。或者在套管下部安装套管外封隔器和注水接头，以承托环空的水泥浆防止其下沉，这种完井工序一般情况下不采用，如图 5-6 所示。

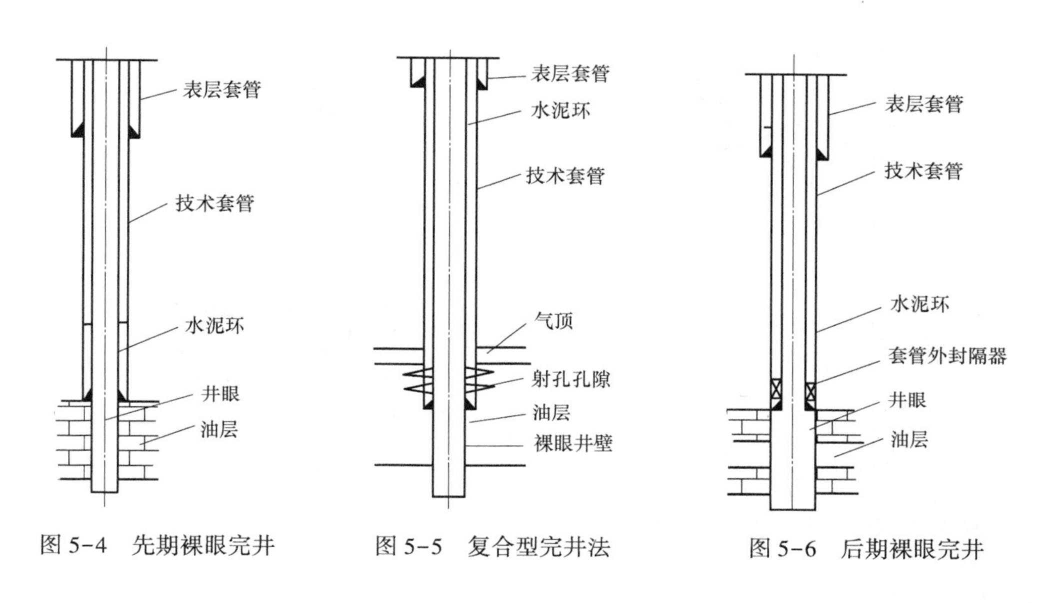

图 5-4　先期裸眼完井　　图 5-5　复合型完井法　　图 5-6　后期裸眼完井

（三）防砂完井

1. 割缝衬管完井

割缝衬管完井是在裸眼完井的基础上，在裸眼井内下入割缝衬管。在直井、定向井、水平井中都可采用。割缝衬管完井是一种机械防砂完井方式。

1）割缝衬管完井的适用性

割缝衬管完井既起到裸眼完井的作用，又防止了裸眼井壁坍塌堵塞井筒的作用，同时在一定程度上起到防砂的作用。这种完井方法工艺简单、操作方便、成本低，是当前主要的完井方法之一。具体适用的地质条件如下：

（1）无气顶、无底水、无含水夹层及易塌夹层的储层；

（2）单一厚储层，或压力、岩性基本一致的多层储层；

（3）不准备实施分隔层段，选择性处理的储层；

（4）岩性较为疏松的中、粗砂粒储层。

2）割缝衬管完井的类型

与裸眼完井相对应，割缝衬管完井方法也有两种完井工序，即先期固井和后期固井。

（1）割缝衬管完井（先期固井）：钻头钻至油层顶界后，先下技术套管注水泥固井，再从技术套管中下入直径小一级的钻头钻穿油层至设计井深。最后在油层部位下入预先割缝的衬管，依靠衬管顶部的衬管悬挂器（卡瓦封隔器），将衬管悬挂在技术套管上，并密封衬管和套管之间的环形空间，使油气通过衬管的割缝流入井筒，如图 5-7 所示。这种完井工序油层不会遭受固井水泥浆的伤害，可以采用与油层相配伍的钻井液或其他保护油层的钻井技术钻开油层，当割缝衬管发生磨损或失效时，也可以起出修理或更换。

（2）割缝衬管完井（后期固井）：用同一尺寸钻头钻穿油层后，套管柱下端连接衬管下入油层部位，通过管外封隔器和注水泥接头固井封隔油层顶界以上的环形空间，如图 5-8 所示。在衬管壁上沿着轴线的平行方向或垂直方向割成多条缝眼。由于此种完井方式井下衬管损坏后无法修理或更换，一般不采用。

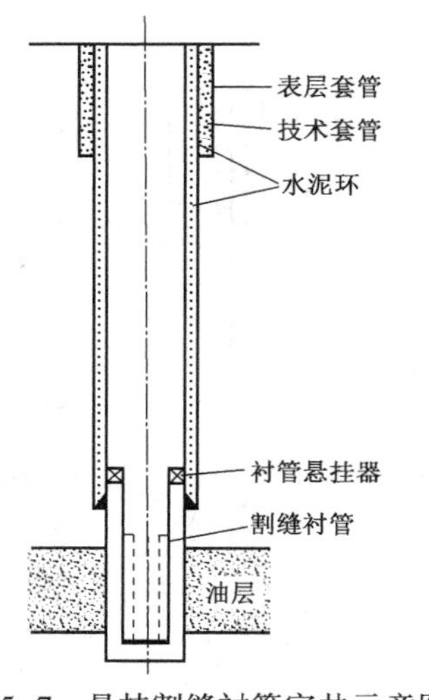

图 5-7　悬挂割缝衬管完井示意图

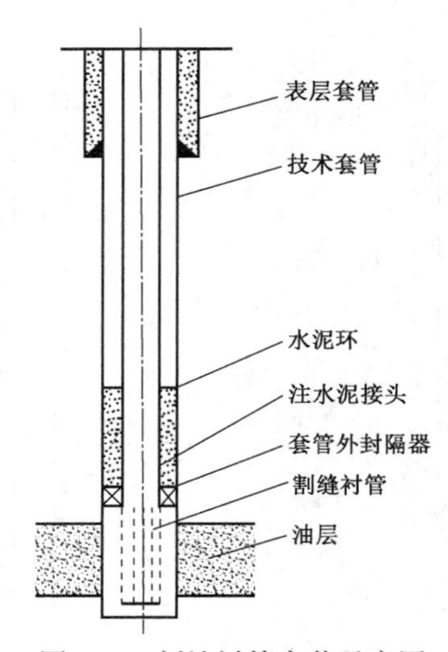

图 5-8　割缝衬管完井示意图

2. 筛管完井

筛管完井是在钻穿产层后，把带筛管的套管柱下入油层部位，然后封隔产层顶界以上的环形空间完井，如图 5-9 所示。

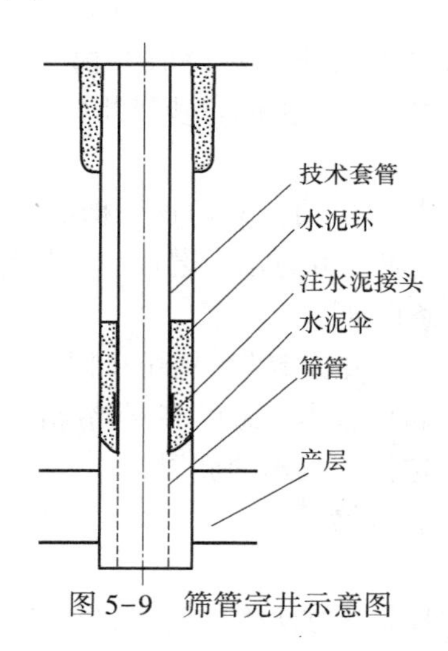

图 5-9　筛管完井示意图

1）使用条件

（1）在低压、低渗、不产水的单一裂缝性产层，或井壁较为破碎的石灰岩产层中使用，能避免完井过程中水泥浆和射孔作业对产层的伤害。

（2）在一般情况下，不推荐使用筛管完井。

2）技术要求

（1）技术套管串中的注水泥接头和水泥伞（或管外封隔器）工作可靠。

（2）水泥伞（或管外封隔器）置于井径规则及相对坚硬的井段。

（3）注水泥封固井段的长度不少于 50m，固井质量合格。

（4）注水泥后用小钻头通井至井底洗井，测声幅检查固井质量。

（5）筛管完井一般不单独使用，而是与砾石充填相结合。

3. *砾石充填完井方式*

对于胶结疏松砂严重的地层，一般应采用砾石充填完井方式。它是先将绕丝筛管下入井内油层部位，然后用充填液将在地面上预先选好的砾石泵送至绕丝筛管与井眼或绕丝筛管与套管之间的环形空间内构成一个砾石充填层，以阻挡油层砂流入井筒，达到保护井壁、防砂入井的目的。砾石充填完井一般都使用不锈钢绕丝筛管而不用割缝衬管。

1）裸眼砾石充填完井方式

在地质条件允许使用裸眼而又需要防砂时，就应该采用裸眼砾石充填完井方式。其工序是钻头钻达油层顶界以上约 3m 后，下技术套管注水泥固井，再用小一级的钻头钻穿水泥塞，钻开油层至设计井深，然后更换扩张式钻头将油层部位的井径扩大到技术套管外径的 1.5~2 倍，以确保充填砾石时有较大的环形空间，增加防砂层的厚度，提高防砂效果。一般砾石层的厚度不小于 50mm，如图 5-10 所示。

2）套管砾石充填完井方式

套管砾石充填的完井工序是：钻头钻穿油层至设计井深后，下油层套管于油层底部，注水泥固井，然后对油层部位射孔。要求采用高孔密（30 孔/m 左右）、大孔径（20mm 左右）射孔，以增大充填流通面积，有时还把套管外的油层砂冲掉，以便于向孔眼外的周围油层填入砾石，避免砾石和地层砂混合而增大渗流阻力。由于高密度充填（高黏充填液）紧实，充填效率高，防砂效果好，有效期长，故当前大多采用高密度充填。套管砾石充填如图 5-11 所示。

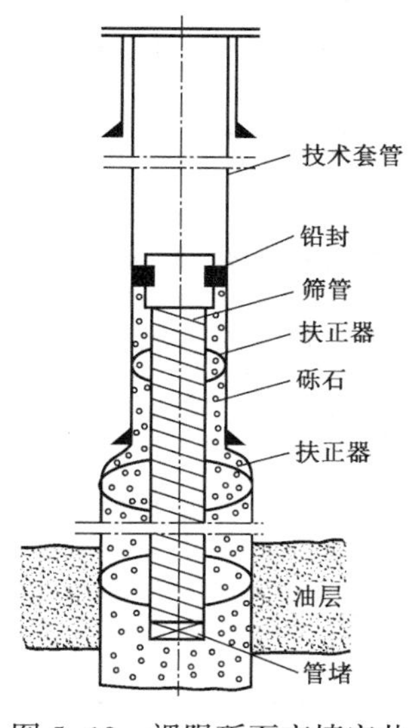

图 5-10　裸眼砾石充填完井

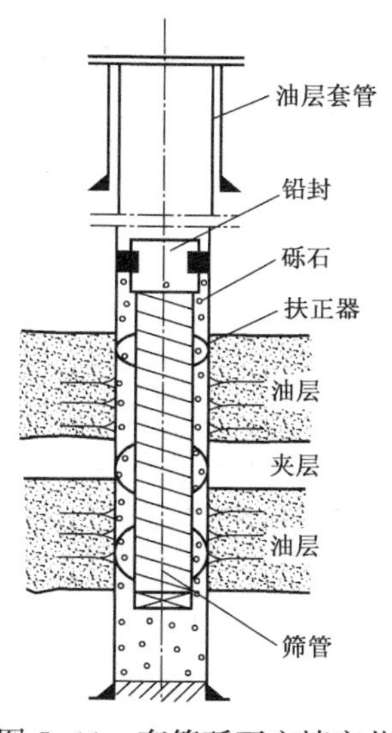

图 5-11　套管砾石充填完井

4. 人工井壁防砂

人工井壁防砂是利用可凝固的渗透性材料注入出砂层，形成阻挡砂粒的人工井壁用以防砂的完井技术，是一种化学防砂技术。

这种完井方式有：渗透性人工井壁完井法，即在裸眼井段注入渗透性材料形成人工井壁的完井方法［图 5-12(a)］；渗透性固井射孔完井法，即用渗透性良好的材料注入套管和地层之间，再用小功率射孔弹射开套管但不破坏注入的渗透层的完井方法［图 5-12(b)］；渗透性衬管完井法，即在衬管与裸眼之间注入渗透性材料的完井方法［图 5-12(c)］。

这种完井方式的关键是选择可凝固的渗透性材料如水泥加砂形成的渗透性材料、树脂砂浆类材料等。

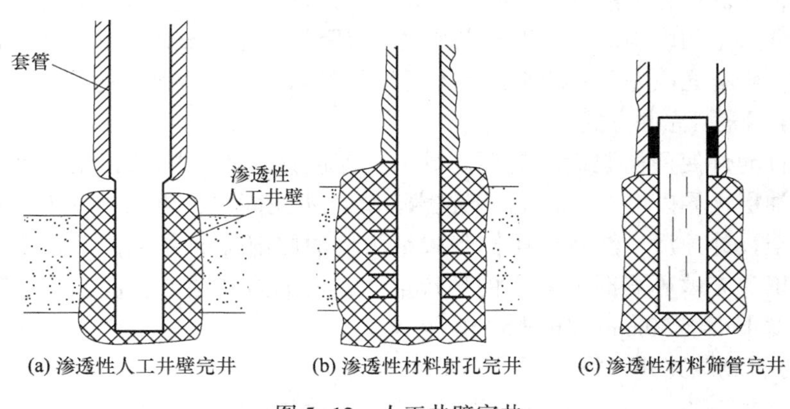

图 5-12　人工井壁完井

五、直井完井方式选择

相对来讲，直井完井的工艺技术较简单、建井周期短、造价低。油藏类型、渗流特征和原油性质不同，完井方式也会不同。直井完井方式包括射孔完井、裸眼完井、割缝衬管完井、砾石充填完井等，不同的完井方式有各自适用的地质条件，具体见表 5-2。

表 5-2　各种完井方式适用的地质条件（垂直井）

完井方式	适用的地质条件
射孔完井	(1) 有气顶、或有底水、或有含水夹层、易塌夹层等复杂地质条件，因而要求施分隔层段的储层； (2) 各分层之间存在压力、岩性等差异，因而要求实施分层测试、分层采油、分层注水、分层处理的储层； (3) 要求实施大规模水力压裂作业的低渗透储层； (4) 砂岩储层、碳酸盐岩裂缝性储层
裸眼完井	(1) 岩性坚硬致密，井壁稳定不坍塌的碳酸盐岩或砂岩储层； (2) 无气顶、无底水、无含水夹层及易塌夹层的储层； (3) 单一厚储层，或压力、岩性基本一致的多层储层； (4) 不准备实施分隔层段，选择性处理的储层

续表

完井方式	适用的地质条件
割缝衬管完井	（1）无气顶、底水、无含水夹层及易塌夹层的储层； （2）单一厚储层，或压力、岩性基本一致的多层储层； （3）不准备实施分隔层段，选择性处理的储层； （4）岩性较为疏松的中、粗砂粒储层
裸眼砾石充填	（1）无气顶、无底水、无含水夹层的储层； （2）单一厚储层，或压力、物性基本一致的多层储层； （3）不准备实施分隔层段，选择性处理的储层； （4）岩性疏松出砂严重的中、粗、细砂粒储层
套管砾石充填	（1）有气顶、或有底水、或有含水夹层、易塌夹层等复杂地质条件，因而要求实施分隔层段的储层； （2）各分层之间存在压力、岩性差异，因而要求实施选择性处理的储层； （3）岩性疏松出砂严重的中、粗、细砂粒储层
复合型完井	（1）岩性坚硬致密，井壁稳定不坍塌的储层； （2）裸眼井段内无含水夹层及易塌夹层的储层； （3）单一厚储层，或压力、岩性基本一致的多储层； （4）不准备实施分隔层段，选择性处理的储层； （5）有气顶（或储层顶界附近有高压水层但无底水）的储层

按油气井地层岩性可分为砂岩、碳酸盐岩和其他岩性三大类，现就不同岩性特点阐述选择完井方式选择流程。

（一）砂岩油气藏

砂岩油气藏完井方式选择流程如图 5-13 所示。

1. 按油层产状选择

砂岩分为层状油藏、块状油藏和岩性油藏。在陆相沉积地层中，层状油藏所占比例大。块状或岩性油藏中其物性、原油性质和压力系统大致是一致的，因而完井方式无须作特殊考虑。但层状油藏，特别是多套层系同井合采时，就应认真考虑其完井方式。根据各层系间压力、产量差异，决定采用单套层系开采还是多套层系开采，有时单套层系的储量丰度又不足以单独开采，此时可以采用同井双管采油。

2. 按原油性质选择

砂岩油藏按原油黏度可分为稀油油藏、稠油油藏。砂岩油藏不论为何种油藏类型，若为低渗透油藏，则需要进行压裂增产措施；若为高渗透油藏，油层胶结疏松，油层易坍塌或出砂，就需要防砂。再就是稀油油藏需要注水开发，稠油油藏需要注蒸汽开采，而且要分层控制及调整其吸水、采油和吸汽剖面，因此适合采用套管射孔完井。至于一些单一油层，无气顶底水，油层渗透率适中，依靠天然能量开采，不进行压裂增产措施，采用下割缝衬管完井也是可行的。

砂岩气藏大多为致密砂岩，渗透率低，都必须进行压裂增产措施，特别是一些底水气

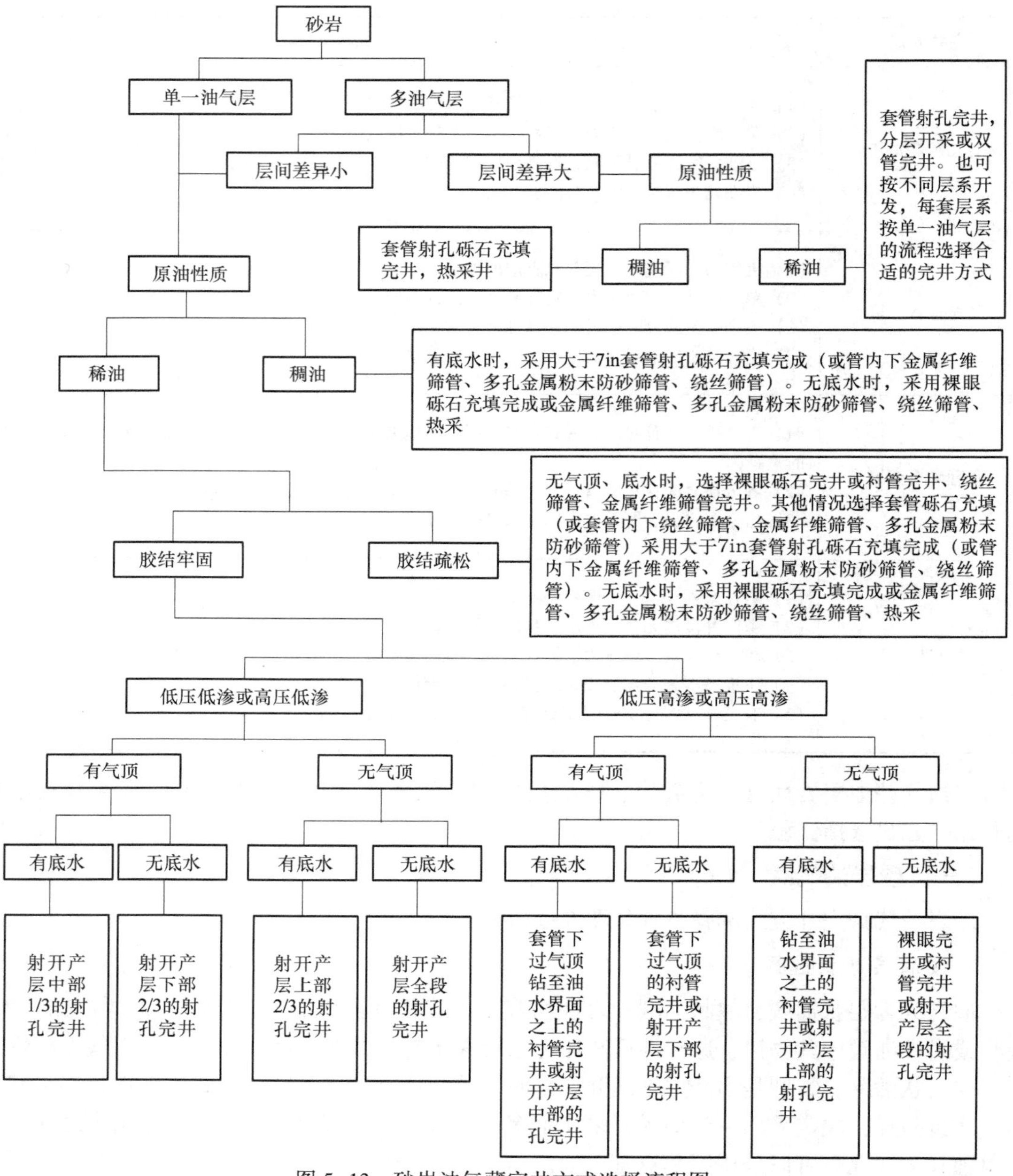

图 5-13　砂岩油气藏完井方式选择流程图

藏，要防止底水锥进，所以应采用套管射孔完井，不能采用裸眼完井。

（二）碳酸盐岩油气藏

碳酸盐岩油气藏完井选择流程如图 5-14 所示。

碳酸盐岩油藏按渗流特征可分为孔隙性油藏、裂缝性油藏、裂缝和孔隙双重介质油藏。孔隙性油藏完全可以按砂岩油藏一样完井，采用套管射孔完井；裂缝性油藏、裂缝和孔隙双重介质油藏，如有气顶和底水，采用套管射孔完井；若无气顶和底水，则可采用裸眼完井。

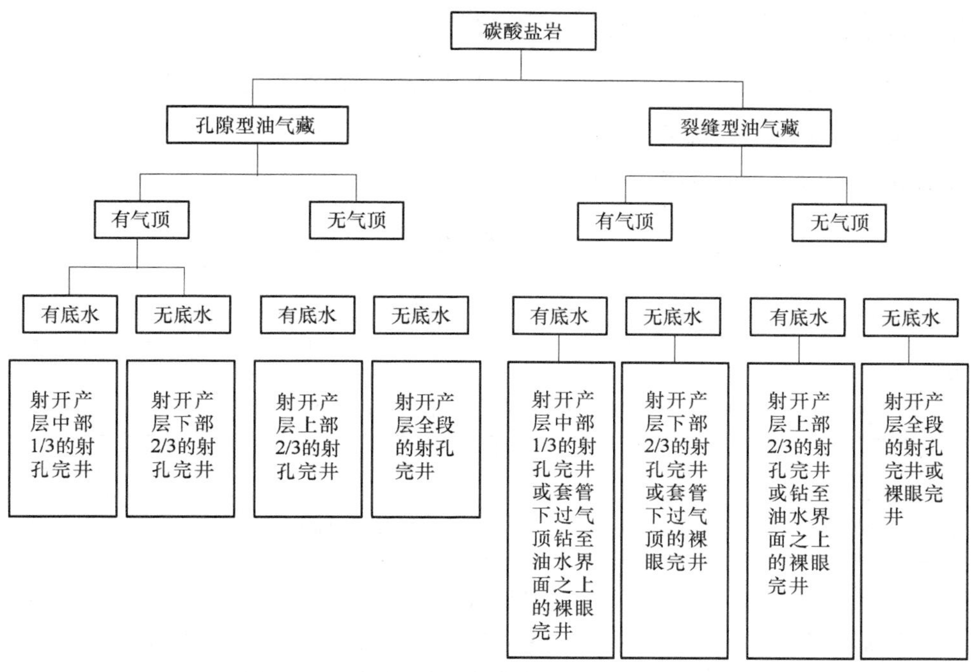

图 5-14　碳酸盐岩油气藏完井方式选择流程图

碳酸盐岩气藏中的孔隙性气藏完全可以按孔隙性油藏完井一样对待，多采用套管射孔完井；底水裂缝性气藏适合采用套管射孔完井，有时也可选择裸眼完井。

（三）火成岩、变质岩等油气藏

这类油藏是指火山岩、安山岩、喷发岩、花岗岩、片麻岩等油藏，这些类型油藏都属次生古潜山油藏，是由生油层的原油运移至上述岩石的裂缝或孔隙中而形成的。这种类型的油藏都为坚硬的岩石，可按裂缝性碳酸盐岩油气藏的完井方法，其完井方式选择流程如图 5-15 所示。

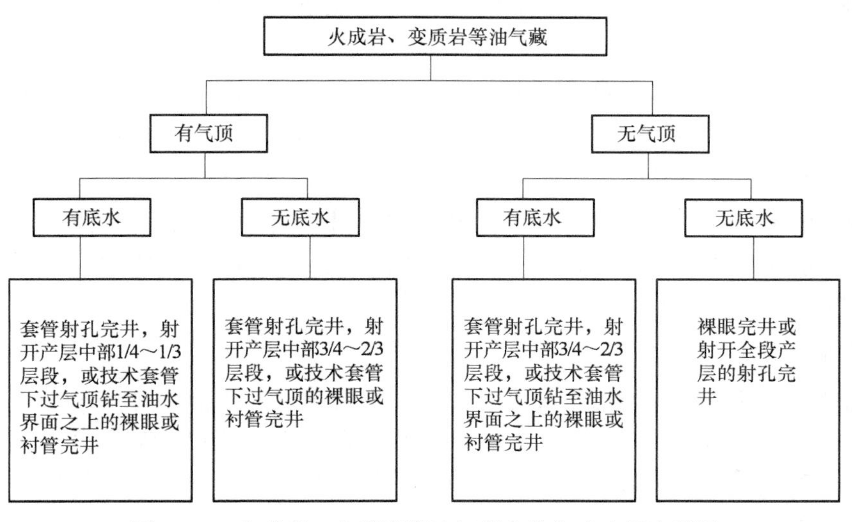

图 5-15　火成岩、变质岩等油气藏完井方式选择流程图

六、水平井及定向井完井方式选择

水平井完井方式大致可分为按曲率半径、开采方式及增产措施这两类方式来选择。

(一) 按曲率半径选择完井方式

水平井按其造斜率和曲率半径可分为短、中、长 3 类，见表 5-3。

表 5-3 水平井类型

类型		短	中	长
曲率半径	ft	20~40	165~700	1000~3000
	m	6~12	50~213	305~914
造斜	°/ft	1.5~3	8/100~30/100	2/100~6/100
	°/m	5~10	26/100~98/100	7/100~20/100

短曲率半径的水平井，目前基本上是裸眼完井，它主要在坚硬垂直裂缝的油层中完成，或者是在致密裂缝砂岩中完成，因为这些地层都不易坍塌，虽然是裸眼，仍能保持正常生产。

中、长曲率半径的水平井则可以根据岩性、原油物性、增产措施等因素选择完井方式。当今水平井技术发展很快，水平井水平段也不断增长，在这些长水平井段中，特别是在砂岩中，生产过程中地层难免不坍塌，因而不宜采用裸眼完井，通常采用的是割缝衬管加套管外封隔器（ECP）完井或套管射孔完井。

(二) 按开采方式及增产措施选择完井方式

对水平井采用注蒸汽开采稠油，其完井方式大多采用割缝衬管完井，再下金属纤维或预充填绕丝筛管防砂，如我国胜利安乐油田采用了割缝衬管和套管射孔完井；对低渗透油层的水平井，需要进行压裂措施，因此只能套管射孔完井，即使采用割缝衬管加套管外封隔器完井，因为分隔层段太长，只能进行小型酸化措施，而无法进行压裂措施。

水平井完井方式选择流程如图 5-16 所示。至于定向井完井方式的选择，因其井斜角大致在 50°左右，其完井方式基本上可以同直井一样进行选择。

(三) 水平井完井方式

目前常见的水平井完井方式有裸眼完井、割缝衬管完井、带管外封隔器（ECP）的割缝衬管完井、射孔完井和砾石充填完井 5 类。各种水平井完井方式的优缺点及适用地质条件见表 5-4 和表 5-5。

1. 裸眼完井方式

裸眼完井是一种最简单的水平井完井方式，即技术套管下至预计的水平段顶部，注水泥固井封隔，然后换小一级钻头水平井段至设计长度完井，如图 5-17 所示。

裸眼完井主要用于碳酸盐岩等坚硬不坍塌地层，特别是在一些垂直裂缝地层，如美国奥斯汀白垩系地层。

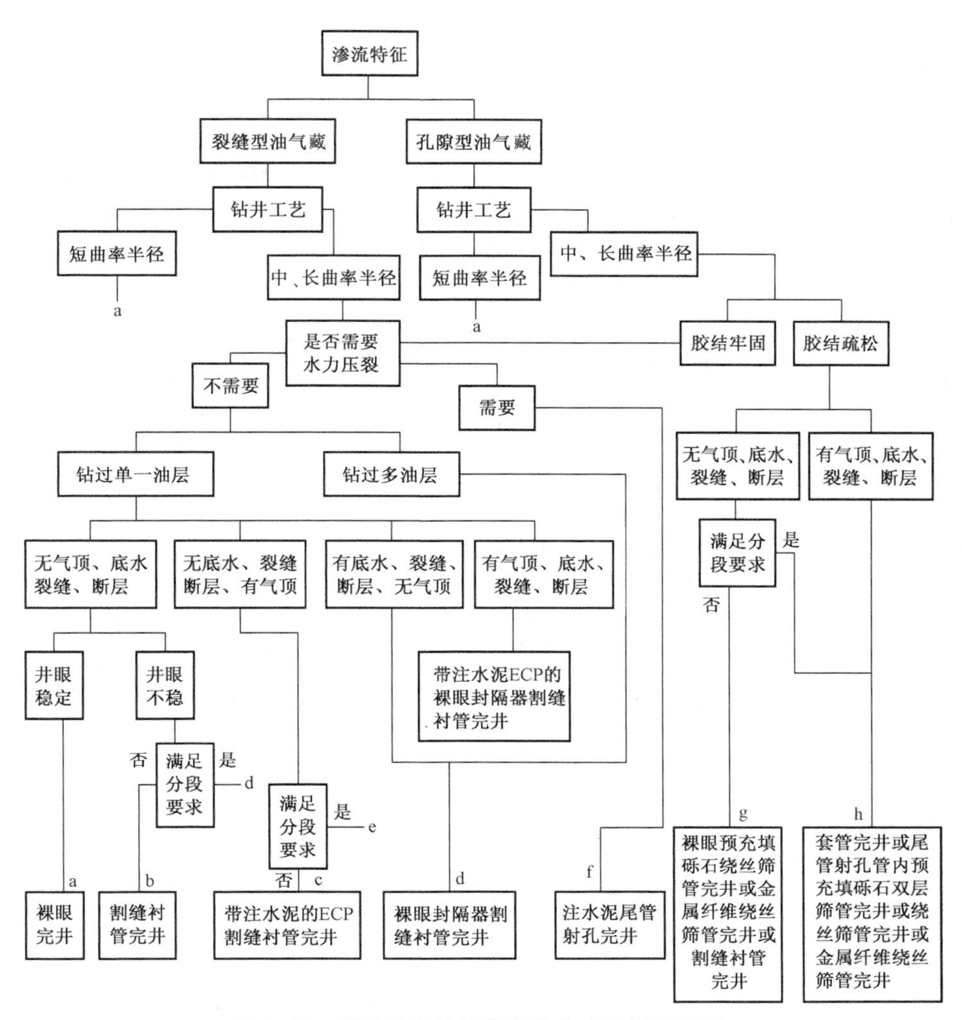

图 5-16 碳酸盐岩油气藏完井方式选择流程图

a—裸眼完井；b—割缝衬管完井；c—注水泥的 ECP 割缝衬管完井；d—裸眼封隔器割缝衬管完井；e—满足分段要求的裸眼封隔器割缝衬管完井；f—注水泥尾管射孔完井；g—裸眼预充填砾石绕丝筛管完井或金属纤维绕丝筛管完井或割缝衬管完井；h—套管完井或尾管射孔管内预充填砾石双层筛管完井或绕丝筛管完井或金属纤维绕丝筛管完井

表 5-4 各种水平井完井方式的优缺点

完井方式	优点	缺点
裸眼完井	(1) 成本最低； (2) 储层不受水泥浆的伤害； (3) 使用可膨胀式双封隔器，可以实施生产控制和分隔层段的增产作业； (4) 使用转子流量计，可以实施生产检测	(1) 疏松储层，井眼可能坍塌； (2) 难以避免层段之间的窜通； (3) 可以选择的增产作业有限，如不能进行水力压裂作业； (4) 生产检测资料不可靠
割缝衬管完井	(1) 成本相对较低； (2) 储层不受水泥浆的伤害； (3) 可防止井眼坍塌	(1) 不能实施层段分割，不可避免有层段之间的窜通； (2) 无法进行选择性增产增注作业； (3) 无法进行生产控制，不能获得可靠的生产测试资料

续表

完井方式	优点	缺点
带管外封隔器（ECP）的割缝衬管完井	（1）中等完井成本； （2）储层不受水泥浆的伤害； （3）依靠管外封隔器实施层段分割，可以在一定程度上避免层段之间的窜通； （4）可以进行生产控制、生产检测和选择性的增产增注作业	管外封隔器分隔层段的有效程度，取决于水平井眼的规则程度以及封隔器的密封和密封件的耐压、耐温等因素
射孔完井	（1）最有效的层段分隔，可以完全避免层段之间的窜通； （2）可以进行有效生产控制、生产检测和包括水力压裂在内的任何选择性的增产增注作业	（1）成本相对较高； （2）储层受水泥浆的伤害； （3）水平段固井质量尚难保证； （4）要求较高的射孔操作技术
裸眼预充填砾石完井	（1）储层不受水泥浆的伤害； （2）可防止疏松储层出砂及井眼坍塌； （3）特别适宜于热采稠油油藏	（1）不能实施层段分割，不可避免有层段之间的窜通； （2）无法进行选择性增产增注作业； （3）无法进行生产控制等
套管内预充填砾石完井	（1）可防止疏松储层出砂及井眼坍塌； （2）特别适宜于热采稠油油藏； （3）可以实施选择性地射开层段	（1）储层受水泥浆的伤害； （2）必须起出井下预充填砾石筛管后，才能实施选择性的增产增注作业

表 5-5　各种完井方式适用的地质条件

完井方式	适用的地质条件
裸眼完井	（1）岩性坚硬致密、井壁稳定不坍塌的碳酸盐岩储层； （2）不准备实施分隔层段、不进行选择性处理的储层； （3）天然裂缝性碳酸盐岩或硬质砂岩储层； （4）短或极短曲率半径的水平井
割缝衬管完井	（1）井壁不稳定、有可能发生井眼坍塌的储层； （2）不准备实施分隔层段、不进行选择性处理的储层； （3）天然裂缝性碳酸盐岩或硬质砂岩储层
带管外封隔器（ECP）的割缝衬管完井	（1）要求不用注水泥实施层段分隔的注水开发储层； （2）要求实施分隔层段、但不要求水力压裂的储层； （3）井壁不稳定，有可能发生井眼坍塌的储层； （4）天然裂缝性或横向非均质的碳酸盐岩或硬质砂岩储层
射孔完井	（1）要求实施高度层段分隔的注水开发储层； （2）要求实施水力压裂的储层； （3）裂缝性砂岩储层
裸眼预充填砾石完井	（1）岩性疏松出砂严重的中、粗、细砂粒储层； （2）不要求实施分隔层段的储层； （3）热采稠油油藏
套管内预充填砾石完井	（1）岩性疏松出砂严重的中、粗、细砂粒储层； （2）裂缝性砂岩储层； （3）热采稠油油藏

2. 割缝衬管完井方式

完井工序是将割缝衬管悬挂在技术套管上，依靠悬挂封隔管外的环形空间。割缝衬管要加扶正器，以保证衬管在水平井眼中居中，如图 5-18 所示。

割缝衬管完井主要用于不宜用套管射孔完井，又要防止裸眼完井时地层坍塌的井。该完井方式简单，既可防止井塌，又可将水平井段分成若干段进行小型措施，当前水平井多采用此方式完井。

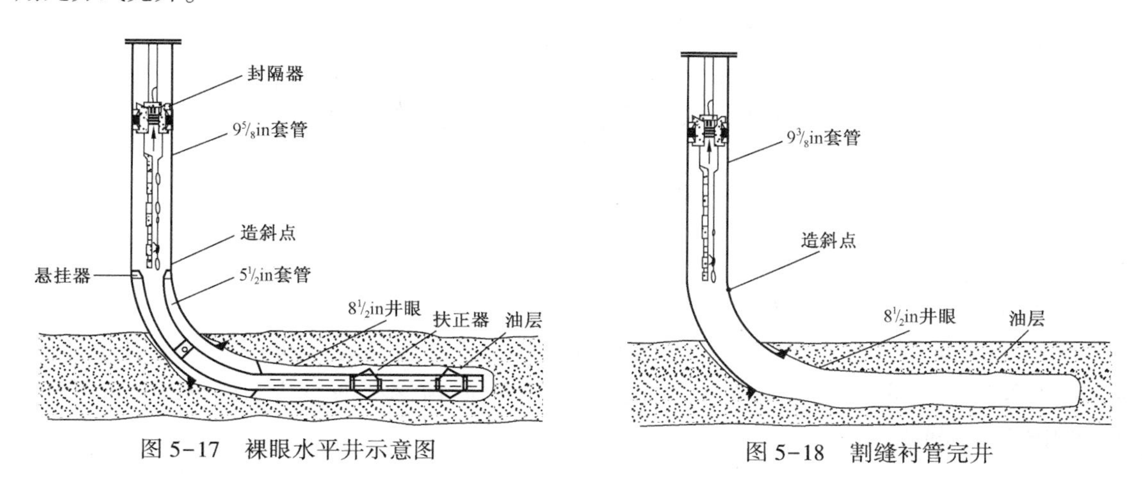

图 5-17　裸眼水平井示意图　　图 5-18　割缝衬管完井

目前水平井发展到分支井及多底井，其完井方式也多采用割缝衬管完井，如图 5-19 所示。

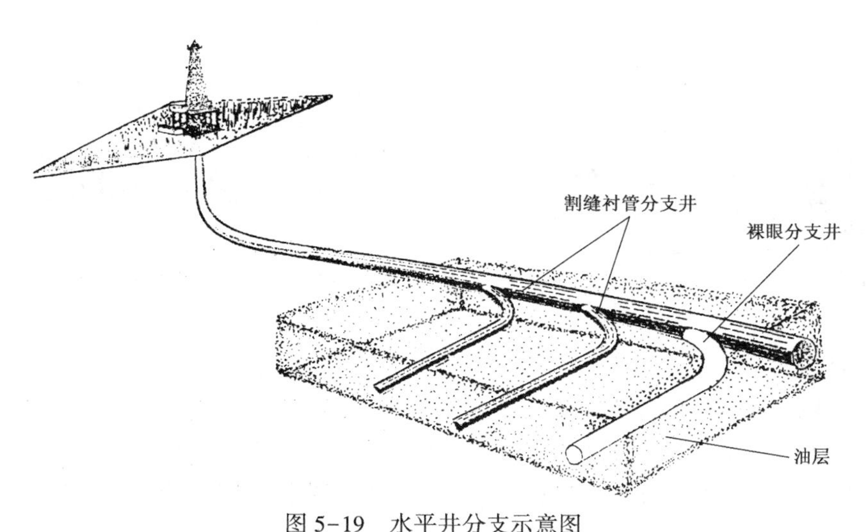

图 5-19　水平井分支示意图

3. 射孔完井方式

射孔完井方式是将技术套管下过直井段，注水泥固井后在水平井段内下入完井尾管、注水泥固井，完井尾管和技术套管宜重合 100m 左右，最后在水平井段射孔，如图 5-20 所示。

这种完井方式将层段分隔开，可以进行分层增产及注水作业，可在稀油油藏和稠油油

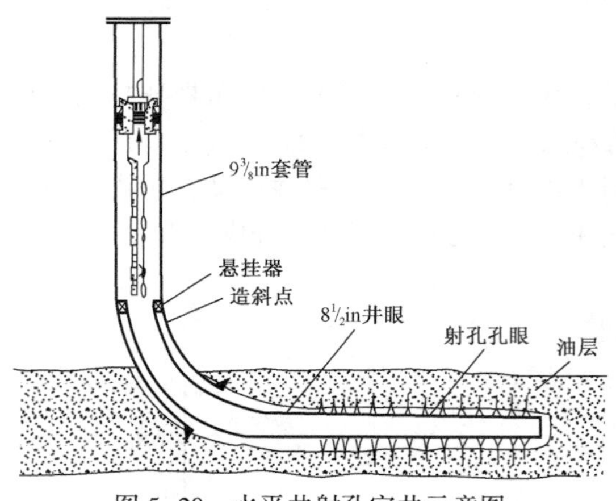

图 5-20　水平井射孔完井示意图

藏中使用，是一种非常实用的方法。

4. 管外封隔器（ECP）完井方式

管外封隔器（ECP）完井方式是依靠管外封隔器实施层段的分隔，可以按层段进行作业和生产控制，这对于注水开发的油田尤为重要。管外封隔器的完井方法，可以分为两种形式，如图 5-21 和图 5-22 所示。

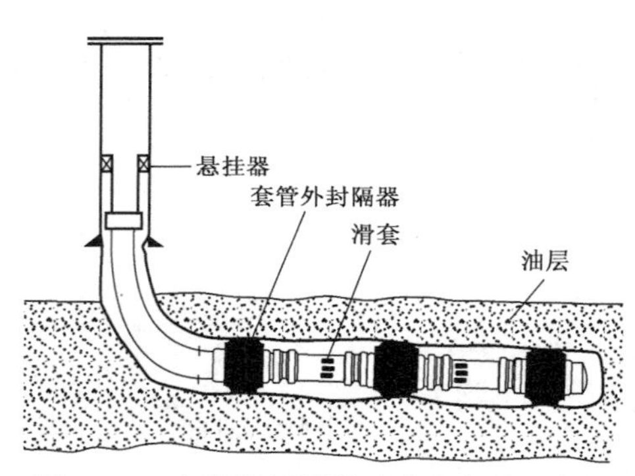

图 5-21　套管外封隔器及滑套完井示意图

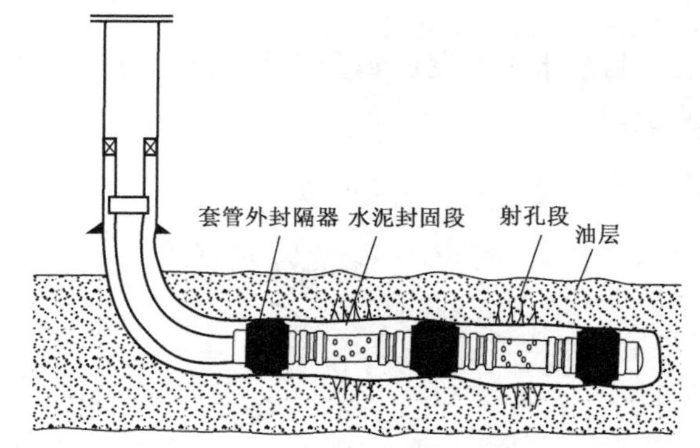

图 5-22　套管外封隔器及衬管射孔完井示意图

5. 砾石充填完井方式

在水平井段内，不论是进行裸眼井下砾石充填或是套管内井下砾石充填，其工艺都很复杂。

裸眼井下砾石充填时，在砾石完全充填到位之前，井眼有可能已经坍塌；裸眼井下砾石充填时，扶正器有可能被埋置在疏松地层中，因而很难保证长筛管居中；裸眼水平井预充填砾石绕丝筛管完井，其筛管结构及性能同垂直井，但使用时应加扶正器，以便使筛管在水平段居中，如图 5-23 所示。套管射孔水平井预充填砾石绕丝筛管完井如图 5-24 所示。

裸眼及套管井下充填时，充填液的滤失量大，不仅会造成油层损害，而且在现有泵送设备及充填液性能的条件下，其充填长度将受到限制。据国外资料报道，$K>0.1\mu m^2$ 的高渗透油层，一次充填长度不到 60m；$K<0.1\mu m^2$ 的低渗透油层，一次充填长度也不到 120m。因此，长井段水平井无法采用此种方法。目前水平井的防砂完井多采用预充填砾石筛管完井、金属纤维筛管完井或割缝衬管完井等方法。

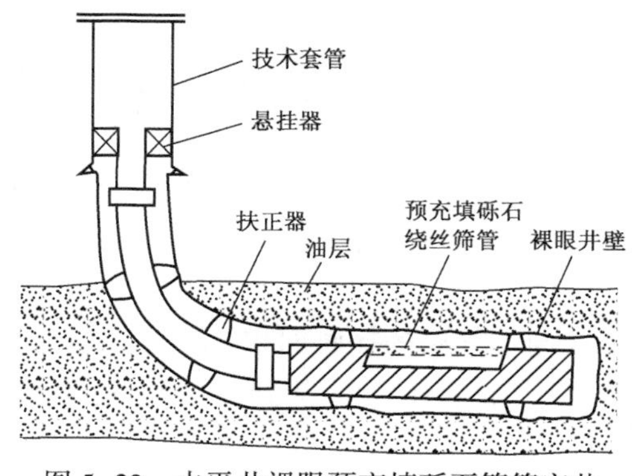

图 5-23　水平井裸眼预充填砾石筛管完井

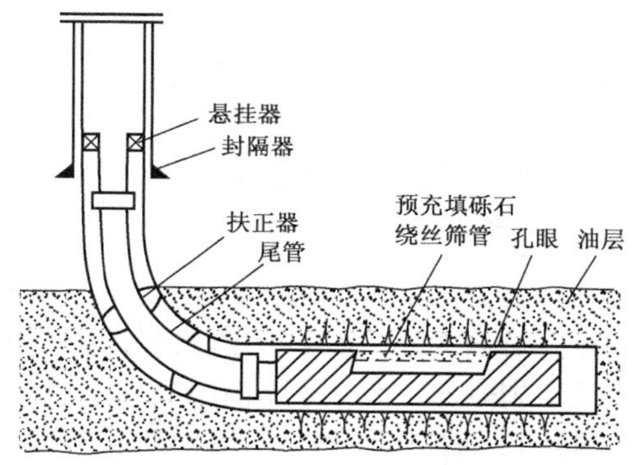

图 5-24　套管射孔水平井预充填砾石绕丝筛管

任务实施

一、任务要求

掌握不同完井方式的井底结构特征和适应的地质条件，根据油田地质条件、油藏类型和开采方式选择完井方式。

二、资料、工具

（1）一组由完井方式名称、井底结构特征和地质条件构成的三列表格。
（2）油田地质条件、油藏类型和开采方式相关资料。

三、完成表格连线

（1）把完井方式和井底结构及适应的地质条件连接起来，完成表格连线。
（2）选择适合要求的完井方式。

任务考核

一、理论考核

（一）填空题

（1）根据不同的储集层条件，完井井底结构大体可分为________、________、________、________四大类。

（2）目前国内外最常见的完井方式有________完井、________完井、________完井、________完井等。

（3）射孔完井是国内最为广泛和最主要使用的一种完井方式。其中包括________、________。

（4）裸眼完井是指完井时井底的储层是裸露的，只在储层以上用套管封固的完井方法。裸眼完井分为________、________、________三种方法。

（5）与裸眼完井相对应，割缝衬管完井方法也有两种完井工序，即________和________。

（6）人工井壁防砂是利用渗透性的可凝固材料注入出砂层，形成阻挡砂粒的人工井壁用以防砂的完井技术，这种完井方式有：________、________、________。

（7）按油、气井地层岩性可分为________、________、________三大类，这三大类型岩性均可以采用直井完井。

（8）中、长曲率半径的水平井则可以根据______、______、______等因素选择完井方式。

（二）判断题

（1）完井方式的选择与采油的工艺没有关系。（ ）

（2）砾石充填完井法的主要目的是用来增加井筒与油气层的接触面积。（ ）

（3）射孔完井法是目前最常用的完井方法。（ ）

（4）负压射孔时不会产生对产层的液体污染。（ ）

（5）尾管射孔完井由于在钻开油层以前上部地层已被技术套管封固，因此可以采用与油层相配伍的钻井液以平衡压力、低平衡压力的方法钻开油层，有利于保护油层。（ ）

（6）裸眼完井只适用于在孔隙型、裂缝型、裂缝—孔隙型或孔隙—裂缝型坚固的均质储层中。（ ）

（7）目前割缝衬管完井方式常采用的工序是：用同一尺寸钻头钻穿油层后，套管柱下端连接衬管下入油层部位，通过套管外封隔器和注水泥接头固井封隔油层顶界以上的环形空间。（ ）

（8）对水平井采用注蒸汽开采稠油，其完井方式大多采用割缝衬管完井，再下金属纤维或预充填绕丝筛管防砂。（ ）

（9）短曲率半径的水平井，当前基本上是裸眼完成。（ ）

（10）高渗透油藏，油层胶结疏松，油层易坍塌或出砂，需要防砂。（ ）

（11）孔隙性油藏完全可以按砂岩油层一样完井，采用套管射孔完井。（ ）

（12）稠油层胶结疏松，地层易坍塌，能用裸眼完井。（ ）

（三）简答题

（1）完井方式选择的思路是什么？

（2）射孔完井的优缺点有哪些？

（3）裸眼完井的优缺点是什么？

二、技能考核

（一）考核项目

根据油田地质条件、油藏类型和开采方式选择完井方式。

（二）考核要求

（1）准备要求：详细查阅相关资料。

（2）考核时间：30min。

（3）考核形式：笔试。

项目三　完井井口装置

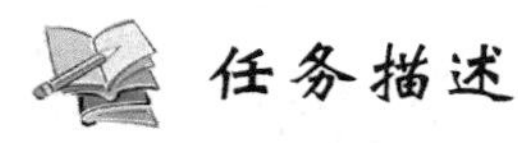

任务描述

在油气井进行测试和生产过程中都必须有一套安全可靠的井口装置，以便能有控制、有计划地进行井内作业和生产。完井井口装置是装在地面用以悬吊和安放各种井内管柱及控制和导引井内油气流出或地面流体注入的井口设备。

任务分析

井口装置的作用是悬挂井下油管柱、套管柱，密封油管、套管和套管与套管之间的环形空间以控制油气井生产，是回注（注蒸汽、注气、注水、酸化、压裂和注化学剂等）和安全生产的关键设备。完井井口装置通常包括套管头、油管头和采油（气）树三大主要部件。本项目要求学生能掌握完井井口装置的作用，了解各部分的结构，熟悉井口安装标准化流程。

学习材料

一、完井井口装置的组成和作用

（一）完井井口装置的作用

井口装置的作用主要是控制、调节和管理油、气井的生产；悬挂和承托井内管柱；密封井口和油、套管环形空间；录取资料；确保洗井、诱导油流、打捞、压裂、酸化等修井工作的顺利进行等。

（二）完井井口装置的组成

油气井井口装置主要包括套管头、油管头和采油（气）树三大主要部分，装置结构如图 5-25 所示。

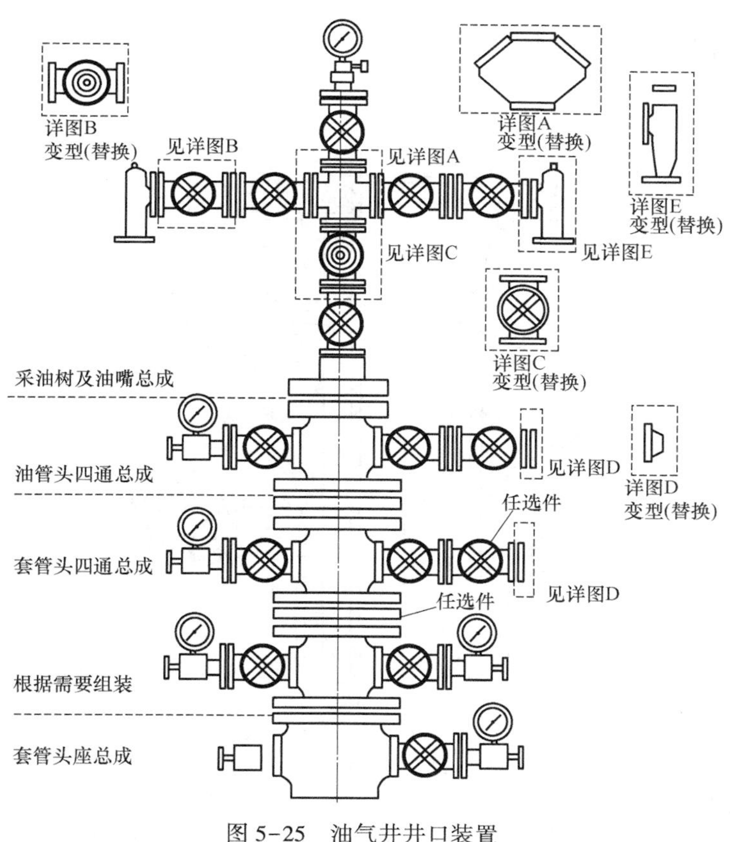

图 5-25 油气井井口装置

1. 套管头

套管头是连接套管和各种井油管头的一种部件。用以支持技术套管和油层套管的重力，密封各层套管间的环形空间，为安装防喷器、油管头和采油树等上部井口装置提供过渡连接，并且通过套管头本体上的两个侧口，可以进行补挤水泥、监控井沉和注平衡液等作业。套管头由本体、套管悬挂器和密封组件组成。套管头按悬挂套管的层数分为单级套管头（图 5-26）、双级套管头（图 5-27）、三级套管头（图 5-28）；按悬挂套管的结构形式分为卡瓦式（图 5-26、图 5-27、图 5-28）和螺纹式（图 5-29）。

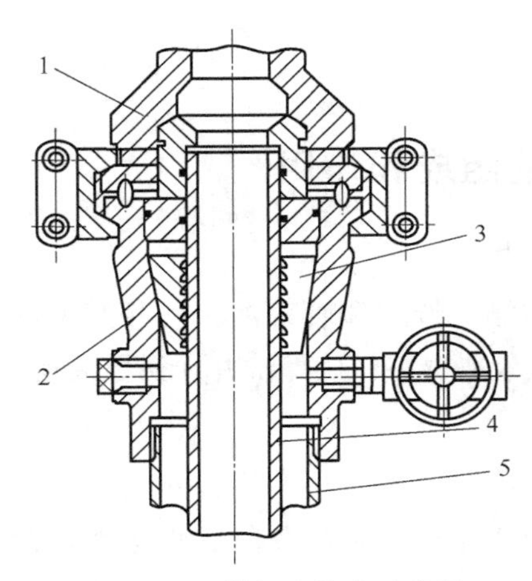

图 5-26　单级套管头示意图

1—油管头；2—套管头；3—套管悬挂器（卡瓦式）；4—悬挂套管；5—表层套管

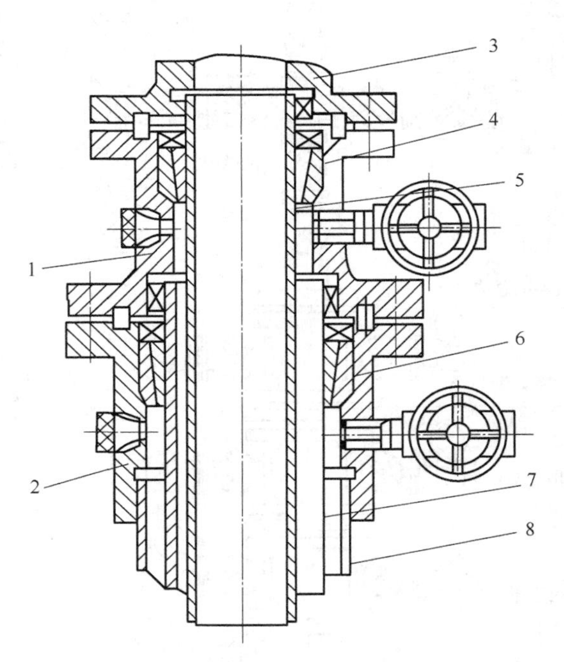

图 5-27　双级套管头示意图

1—上部套管头；2—下部套管头；3—油管头；4—上部套管悬挂器（卡瓦式）；5—上部悬挂套管；6—下部套管悬挂器（卡瓦式）；7—下部悬挂套管；8—表层套管

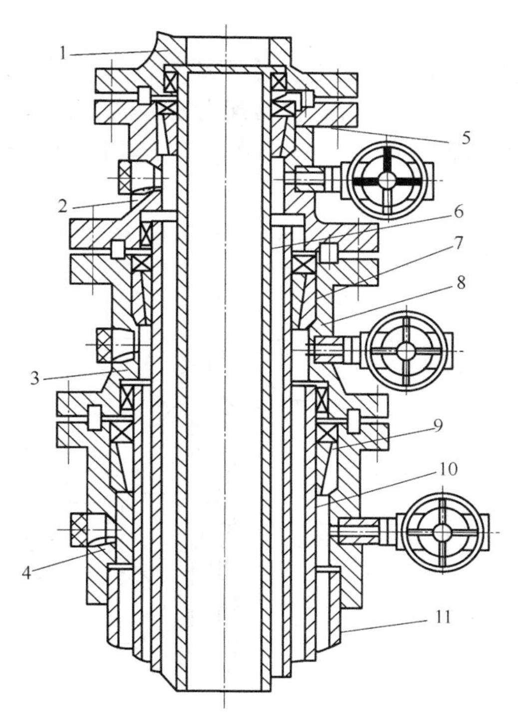

图 5-28　三级套管头示意图

1—油管头；2—上部套管头；3—中部套管头；4—下部套管头；5—上部套管悬挂器（卡瓦式）；6—上部悬挂套管；7—中部套管悬挂器（卡瓦式）；8—中部悬挂套管；9—下部套管悬挂器（卡瓦式）；10—下部悬挂套管；11—表层套管

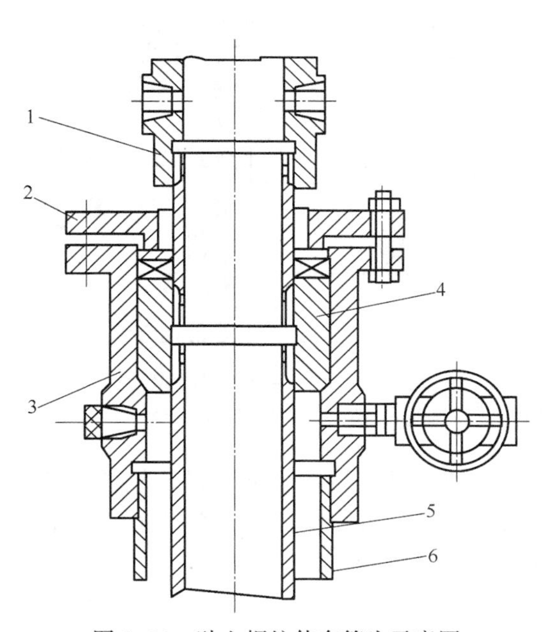

图 5-29　独立螺纹使套管头示意图

1—油管头；2—止动压盖；3—套管头；4—套管悬挂器（螺纹式）；5—悬挂套管；6—连接套管

2. 油管头

油管头是井口装置的中间部分，它由套管四通与油管悬挂器组成。油管头的功用是：(1) 支撑井内油管的重力；(2) 与油管悬挂器配合密封油管和套管的环形空间；(3) 为下接套管头，上接采油树提供过渡；(4) 通过油管头四通体上的两个侧口（接套管阀门），完成注平衡液及洗井等作业。

图 5-30 为常用的 CQ-250 型油管头。图 5-31 为 CYb-250 型油管头。

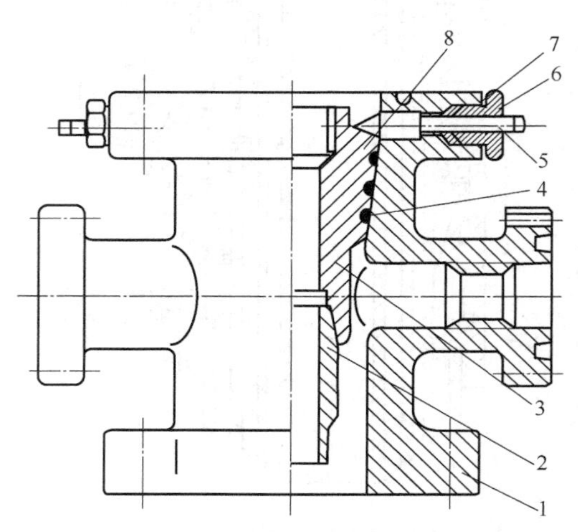

图 5-30　CQ-250 型油管头

1—特殊四通；2—油管短节；3—油管挂；4—O 形密封圈；5—顶丝；6—压盖；7—密封圈；8—油管挂

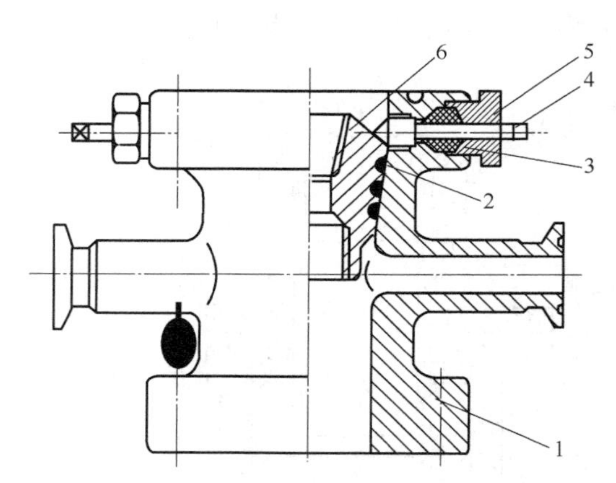

图 5-31　CYb-250 型油管头

1—特殊四通；2—O 形密封圈；3—密封圈；4—顶丝；5—丝帽；6—油管挂

油管头内锥面上可以承座油管悬挂器，下端可以连接油层套管底法兰。上端在钻井或修井过程中分别连接所使用控制器；油井投产时，在其上安装采油（气）树。油管头的主要作用是悬吊油管、密封油套管环形空间。

3. 采油（气）树

采油（气）树是阀门和配件的组成总成，用于油气井的流体控制，并为生产管柱提供入口。它包括油管头上法兰以上的所有设备，可以对采油树总成进行多种不同的组合，以满足任何一种特殊用途的需要。采油树按不同的作用可分为采油（自喷、人工举升）、采气、注水、热采、压裂、酸化等专用装置，并根据使用压力等级的不同而形成系列。

采油（气）树主要由各类闸阀、四通、三通、节流器（或油嘴、针形阀等）组成，安装在油管头的上部。其主要作用是控制与调节油气流，合理地进行生产，确保顺利地实施压井、测试、打捞、注液等修井与采油作业。

选择采油树应考虑的因素包括井的类别、地质条件、温度因素、安装采油树的平台井口条件、安全要求、特殊作业的要求、经济效益等。目前，目前，油田上常用的有 CYb-250 型采油树、胜 254 型采油（气）树、庆 150 型采油（气）树等。采气井多用 CQ-250 型采气树。

1）采油树

CYb-250 型采油树的结构如图 5-32 所示。其主要特点是用油嘴来控制油井的压力和流量。油嘴孔眼每相差 0.5mm 为一级。一般油嘴孔眼直径为 2～20mm，油嘴孔眼直径超过 20mm 以上者为特殊油嘴。该采油树耐压 $250kg/cm^2$，能够满足一般高压油井的要求。该采油树采用特殊四通与油管挂，能满足钻井、完井与修井的多种作业要求。采油树采用卡箍连接，结构简单，重量轻，体积小，拆装方便。

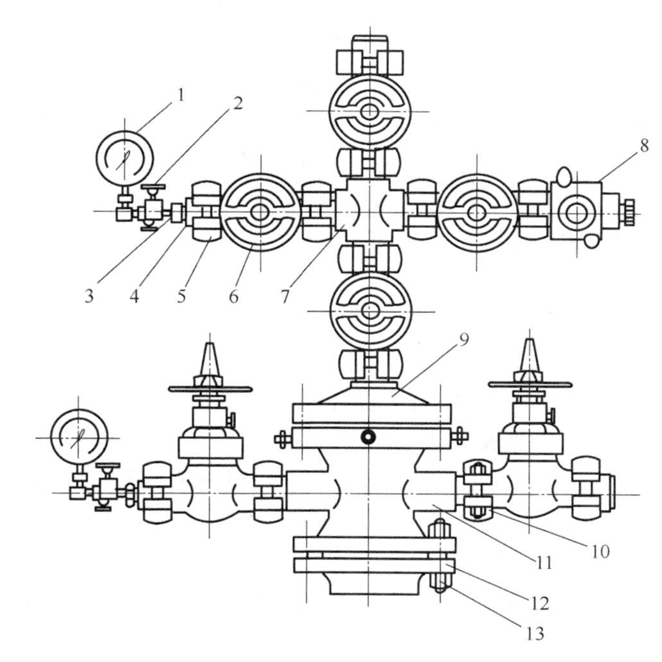

图 5-32　CYb-250 型采油树

1—压力表；2—压力表截止阀；3—缓冲器；4—卡箍短节；5—卡箍；6—闸阀；7—小四通；8—节流器；9—四通上法兰；10—卡箍螺栓；11—特殊四通；12—套管法兰

2）采气树

目前国内采气井广泛使用的采气树是 CQ-250 型采气树，如图 5-33 所示。该采气树的特点是：采用锥形油管挂，密封性好；明杆式阀门，能明显看出开关情况；操作使用方便；采用特殊结构形式四通，其两旁的旁通管可以装单流阀（堵头），配备有特殊的装卸工具，便于在不压井的条件下拆换套管闸阀；具有良好的防硫化氢腐蚀性能等。

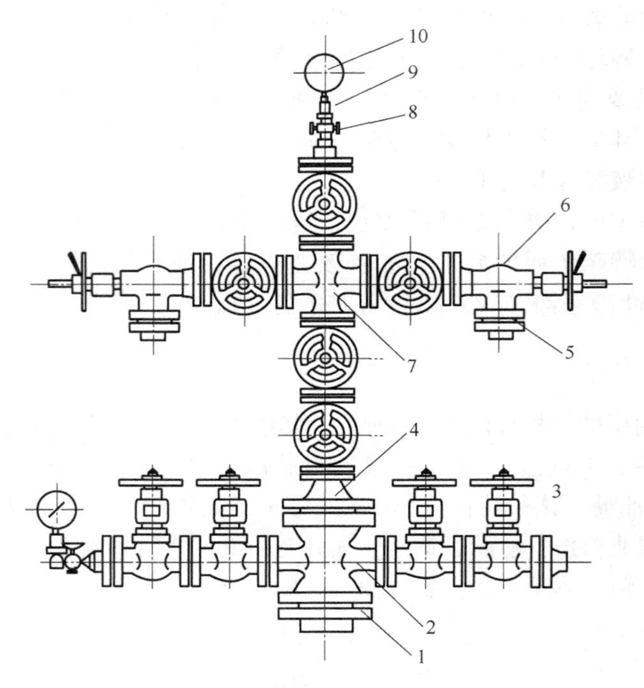

图 5-33　CQ-250 型采气树

1—底法兰；2—油管头；3—闸阀；4—上法兰；5—法兰接头；6—针形阀；7—四通；8—截止阀；9—压力缓冲器；10—压力表

二、井口安装标准化流程

（一）13⅜in 套管头安装

套管头安装见视频 8。

视频 8　套管头安装演示动画

（1）17½in 钻头钻至设计井深，起出钻具，下入 13⅜in 表层套管到预定位置，固井候凝。

（2）切割 20in 导管，然后将上部割断的导管吊起，在与 20in 导管的高度差为 510mm 左右，划线粗割 13⅜in 套管。

（3）吊出被割断的套管。

（4）测量导管的高度后精割，在距导管高度差为 505mm 左右，再精割 13⅜in 套管，要尽可能割平。

（5）用水平尺检查 13⅜in 套管端原水平情况，如不水平，须将高出的部位割去，直至水平为止。

（6）用气割法割出 13⅜in 套管端面的初步坡口，再用砂轮将坡口打磨成 10×30°，要求坡口无棱角且手感光滑。

（7）用砂布将套管柱外表面的密封部位和 BT 密封圈将要经过的部位打磨光滑，检查有无沟槽（若有应去除），然后用润滑油（脂）涂抹 BT 密封圈将要经过的套管柱外表面。

（8）用大钩吊起 13⅜in 套管头，尽可能地保持水平，检查 BT 密封圈是否安装合适及完好情况（如损坏，须更换），清洗 BT 密封圈，然后均匀地涂抹薄层润滑油（脂）。

（9）调整套管头两侧口的方位，扶正，平稳地下放套管头，注意观察，防止挤坏“BT”密封圈。

（10）套管头下放到位后，调整套管头底部支承圆底盘上的调节螺栓，使环形钢板接触导管。

（11）焊接环形钢板和导管端面的焊缝（环形钢板是否和13⅜in 套管焊接由用户自己决定）。

（12）用水平尺检查 13⅜in 套管头法兰平面的水平情况，如不水平，可调整套管头底部支承圆底盘上的调节螺栓，调整水平后，锁紧支承圆底盘上的四只锁紧螺栓。

（13）卸去套管头下部的两只堵头，并从对面 180°对称的注塑接头，注入密封膏进行BT 密封注塑作业。

（14）试压合格后，卸下试压泵，并将卸压帽连到试压接头上将压力卸掉。

（15）分别对称地拧入卡瓦座底部的 8 只 M30×3.5 卡瓦压紧螺栓，拧入的力矩应大于（或等于）250N · m，以保证卡瓦牙切入套管。

（16）松开支承圆底盘中的四只锁紧螺栓，调整支承圆底盘上的四只调节螺栓，以检查套管头卡瓦是否与套管卡牢（或用大钩上提 5～10t 的拉力，以检查套管头卡瓦是否与套管卡牢），然后再将四只锁紧螺栓锁紧。

（17）为了保持刚性的节流，压井管汇出口管线距离地面高度不变，防止浅层气，需在13⅜in 套管头上安装替代四通、防喷器组、泥浆出口管。

（18）将 13⅜in 试压塞与钻杆相连，并通过钻井液出口管、防喷器组、替代四通将试压塞送入，使其坐落在 13⅜in 套管头台肩上。

（19）关防喷器，由钻杆泵入 5000psi（35MPa）水压，对各连接部位进行试压，检查各处密封情况。

（20）试压成功后，先泄压，后打开防喷器，取回 13⅜in 试压塞。

（21）由钻杆连接送入取出工具和 13⅜in 防磨套，并通过防喷器组下入 13⅜in 防磨套，做好有关标记，拧进法兰上四只顶丝，以顶住防磨套，注意触及防磨套即可，不要顶得过紧，以免挤扁防磨套，退回送入取出工具。

（二）9⅝in 套管四通安装程序

（1）用 12¼in 钻头钻至设计井深，起出钻具，退回四只顶丝，用送入取出工具收回 13⅜in 防磨套。

（2）下入 9⅝in 套管至预定位置固井，候凝。

（3）拆去 13⅜in 套管头与替代四通之间螺栓、螺帽，上提防喷器组。

（4）在 13⅜in 套管头法兰上，横跨放置两块木板用以支承 9⅝in 套管挂组件。

（5）上提 9⅝in 套管，使其产生 4～5t 超张力。

（6）对准剖分式 9⅝in 套管挂的导向定位销，旋转套管挂，合抱住 9⅝in 套管由下而上逐一卸出手柄，移去木板，使 9⅝in 套管挂组件坐落到 13⅜in 套管头的台肩上，然后放松 9⅝in 套管，让卡瓦抱住套管，把 4～5t 重量加于卡瓦上激发橡胶密封，进而密封环形空间。

（7）在距法兰面大约 5¾in（170mm）处，切割 9⅝in 套管，并将切口倒成 10×30°坡口。

（8）清洁 13⅜in 套管头、钢圈槽，并在钢圈槽内放置清洁无损的 BX160 密封钢圈，然后小心地将 9⅝in 套管四通从 9⅝in 套管上方慢慢套入，用螺栓上紧两法兰。

（9）卸去9⅝in套管四通下部法兰上的两只接头，并从对面180°对称的注塑接头处注入密封膏，进行BT密封注塑作业。

（10）9⅝inBT密封试压合格后，安装替代四通防喷器组，泥浆出口管下9⅝in试压塞，对各连接部位试压，检查各处密封情况，试压合格后，先卸压，后打开防喷器。

（11）取出试压塞，通过钻杆和送入取出工具，下9⅝in防磨套，做好标记，拧进法兰上的四只顶丝，以顶住防磨套，注意触及防磨套即可，不要顶得过紧，以免挤扁防磨套，退回送入取出工具。

（三）7in套管安装程序

（1）用8½in钻头钻至设计井深，起出钻具，退回顶丝，用送入取出工具收回防磨套。

（2）下入7in套管至预定位置，固井，候凝。拆去套管四通与替代四通之间的螺栓、螺帽，上提防喷器组。

（3）在套管四通法兰上，横跨放置两块木板用以支承7in套管挂组件。

（4）上提7in套管，使其产生4～5t超张力。

（5）对准剖分式7in套管挂的导向定位销，旋转套管挂，合抱住7in套管由下而上逐一卸出手柄，移去木板，使7in套管挂组件坐落到9⅝in套管头的台肩上，然后放松9⅝in套管，让卡瓦抱住套管，把4～5t重量加于卡瓦上，激发橡胶密封，进而密封环形空间。

（6）在距法兰面上大约5¾in（170mm）处，切割7in套管，并将切口倒成10×30°坡口。

（7）当钻井至所下完井技术套管深度时，下完套管且套管悬挂器座挂完毕，切割7in套管距离法兰面约170mm，套管外圆用砂布去锈，并涂油，套管顶部倒6×30°倒角且打磨光滑。

（8）清洁套管头钢圈槽，并在钢圈槽内放置清洁无损的BX158密封钢圈，然后小心地将油管四通从7in套管上方慢慢套入，用螺栓固定两法兰，上紧至规定扭矩。

（四）油管头安装

（1）吊装前应认真检查油管头下部法兰规格和密封部位是否与套管头匹配，密封件及密封部位是否有损伤，若有应及时采取措施。

（2）洗净套管悬挂器（或套管）密封部位，并涂抹黄油。若有毛刺应打磨光整，若密封部位是套管则应打坡口并修磨光整。

（3）用密封脂EM08塞满套管悬挂器（或套管）与套管四通的环形空间，然后在套管头上放入清洁无损的密封垫环。

（4）吊装油管头（注意吊装位置）于套管头上，对称连接好螺栓、螺母。

（5）油管头安装就位后，进行套管悬挂器BT密封试压。为使油管头下部法兰密封（BT密封）起作用，必须加注密封脂和试压：

① 卸下一只注脂阀的压帽和堵头，同时拆去对面的堵头（两零件呈180°分布）。

② 将注脂枪（装有密封脂7903）连于注脂阀接头螺纹上，加压注脂，直到密封脂从对面孔中溢出。

③ 装上被拆下的堵头，继续加压注脂，压力至15～30MPa。

④ 卸下注脂枪，装堵头和压帽，加注密封脂完毕。

⑤ 用上述方法向另一只BT密封圈加注密封脂。

⑥ 另一注脂阀（与试压阀呈180°分布），仍用注脂枪加注密封脂。

⑦ 卸去试压阀的压帽和堵头，连接试压泵，对悬挂器外密封BT密封试压：试压压力为法兰额定工作压力或套管抗挤压强度的80%（取二者小值）、稳压10min，各部无渗漏为合格。

（6）悬挂器外密封BT密封试压合格后，进行套管悬挂器与油管头本体、套管头本体、BX密封垫环组成的环形空间试压：卸去试压阀的压帽和堵头，连接试压泵，对悬挂器环形空间试压；试压压力为法兰额定工作压力或套管抗挤压强度的80%（取两者较小值）、稳压10min；各部无泄漏为合格。

（五）采油（气）树安装

（1）洗净油管悬挂器密封部位并涂抹黄油，若有毛刺应打磨光整。

（2）吊装采油（气）树（注意吊装位置）于油管头上，对称连接好螺栓、螺母。

（3）油管悬挂器环空密封试压：

① 卸去试压阀的压帽和堵头，连接试压泵，对悬挂器进行外密封试压；

② 试压压力为法兰额定工作压力，稳压10min；

③ 稳压期内压力变化值应保持在试验压力的5%或3.45MPa（取两者较小值）以内，合格后释放压力。顶丝处若出现泄漏，则拧紧密封圈压帽（或更换密封圈）。

（4）连接好吊装时拆卸的截止阀、压力表等。在法兰式平行闸阀和可调式节流阀的使用、操作前，仔细阅读使用说明书。

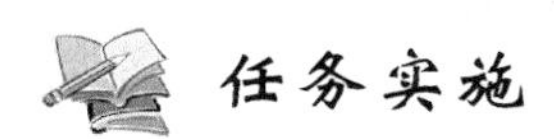

任务实施

一、任务内容

通过对各个井口装置作用、结构、特点的学习使学员掌握井口装置的基本知识。

二、资料、工具

抽油井采油树及油管头示意图、套管头示意图。

任务考核

一、理论考核

（一）填空题

（1）油气井井口装置主要包括________、________和________三大主要部分。

（2）采油树按不同的作用可分为________、________、________、________、________、________等专用装置。

（3）目前，我国油田上广泛使用油田上常用的有________型采油树、________采油（气）树、________型采油（气）树等。采气井多用________型采气树。

（4）注平衡液及洗井等作业通过油管头四通体上的________完成。

（5）________是井口装置的中间部分，它由套管四通与油管悬挂器组成。

（6）套管头由__________、__________、__________组成。套管头按悬挂套管的层数分为________、________、________。

（二）简答题

简述套管头、油管头、采油树的安装流程。

二、技能考核

（一）考核项目

指出抽油井采油树及油管头示意图上各部分的名称。

（二）考核要求

（1）准备要求：查阅相关信息。

（2）考核时间：10min。

（3）考核形式：笔试。

参考文献

［1］ 中国石油天然气集团公司人事服务中心. 固井工［M］. 东营：中国石油大学出版社，2006.

［2］ 万仁溥. 现代完井工程［M］. 北京：石油工业出版社，2008.

［3］ 陈平. 钻井与完井工程［M］. 北京：石油工业出版社，2005.

［4］ 董长银. 油气井防砂技术［M］. 北京：中国石化出版社，2009.

［5］ 张宏军. 固井工［M］. 东营：石油大学出版社，1996.

［6］ Erik B Nelson. 现代固井技术［M］. 刘大为，等译. 沈阳：辽宁科学技术出版社，1994.

［7］ 柳世杰. 固井数据手册［M］. 四川石油管理局井下作业处，1997.

［8］ 道威尔斯伦贝谢公司. 注水泥技术［M］. 张允昌，等译. 北京：石油工业出版社，1987.

［9］ 刘崇建，黄柏宗，徐同台，等. 油气井注水泥理论与应用［M］. 北京：石油工业出版社，2001.

［10］ 陈庭根，管志川. 钻井工程理论与技术［M］. 东营：中国石油大学出版社，2006.

［11］ 樊宏伟，于久远. 固井与完井作业［M］. 北京：石油工业出版社，2012.

［12］ 白兴伟. 浅析固井现场常见复杂情况处理综述［J］. 西部探矿工程，2013，25（4）：65-68.

［13］ 杨玉豪，徐璧华，张凯敏，等. 提高挤水泥成功率对策的综述［J］. 西部探矿工程，2014，26（3）：45-48.

［14］ 李克向. 实用完井工程［M］. 北京：石油工业出版社，2002.

［15］ 陶煜征. 油田修井作业挤水泥技术［J］. 石油和化工设备，2010，13（8）：72-75.

［16］ 刘崇建，等. 油气井注水泥理论与应用［M］. 北京：石油工业出版社，2001.

［17］ 史密斯 DK. 美国油井注水泥技术［M］. 北京：石油工业出版社，1980.

［18］ 固井作业规程　第 2 部分. 特殊固井：SY 5374. 2—2006［S］.

［19］ 杨玉豪. 挤水泥设计计算及软件开发［D］. 成都：西南石油大学，2014.

［20］ 张明昌. 固井工艺技术［M］. 北京：中国石化出版社，2017.